普通高等教育人工智能专业系列教材

人工智能导论

主 编 张翼英 张 茜 张传雷

中国水利水电出版社
www.waterpub.com.cn
·北京·

内 容 提 要

  人工智能是电子信息技术领域发展最为迅速的新兴交叉学科。本书作为人工智能学科的入门基础，由浅入深、化繁为简，全方位阐述人工智能相关理论背景、关键技术及部分典型应用。本书共 12 章：第 1 章阐述人工智能的定义、发展史，并展望其发展趋势；第 2～4 章是人工智能学科的理论基础，分别介绍知识的表示与理解方法、感知与连接以及判断与控制方法；第 5～10 章从人工智能的应用领域出发，主要阐述网络空间安全、计算机视觉、语音、机器人、自然语言处理、无人驾驶等方面的技术及方法；第 11～12 章分别从行业视角，以案例分析的形式详细介绍人工智能在电子商务行业和医疗行业的具体应用。

  本书是人工智能学科的"零基础"入门级教材，可以作为高等院校人工智能、计算机科学与技术、大数据、软件工程等相关专业学生的教材和参考书，也可以作为人工智能爱好者及相关研究人员、企事业单位人员的重要参考资料。

图书在版编目（ＣＩＰ）数据

人工智能导论 / 张翼英，张茜，张传雷主编. -- 北京 : 中国水利水电出版社，2021.6

普通高等教育人工智能专业系列教材

ISBN 978-7-5170-9609-2

Ⅰ．①人… Ⅱ．①张… ②张… ③张… Ⅲ．①人工智能－高等学校－教材 Ⅳ．①TP18

中国版本图书馆CIP数据核字(2021)第097432号

策划编辑：石永峰　　责任编辑：石永峰　　加工编辑：王玉梅　　封面设计：梁　燕

书　　名	普通高等教育人工智能专业系列教材 人工智能导论 RENGONG ZHINENG DAOLUN
作　　者	主编　张翼英　张　茜　张传雷
出版发行	中国水利水电出版社 （北京市海淀区玉渊潭南路 1 号 D 座　100038） 网址：www.waterpub.com.cn E-mail：mchannel@263.net（万水） 　　　　sales@waterpub.com.cn 电话：(010) 68367658（营销中心）、82562819（万水）
经　　售	全国各地新华书店和相关出版物销售网点
排　　版	北京万水电子信息有限公司
印　　刷	三河市航远印刷有限公司
规　　格	210mm×285mm　16 开本　15.5 印张　397 千字
版　　次	2021 年 6 月第 1 版　2021 年 6 月第 1 次印刷
印　　数	0001—3000 册
定　　价	48.00 元

前　言

人工智能（Artificial Intelligence，AI）是近年来电子信息技术领域发展最为迅速的新兴交叉学科。人工智能以算法为核心，研究智能的表现与实现（以与人类智能相似的方式做出反应的智能机器或智慧系统）。该领域的研究包括机器人、语音识别、图像识别、自然语言处理和专家系统等。从 2018 年 3 月人工智能专业被列入新增审批本科专业名单，截至 2020 年已有 215 所国内高校开设了人工智能专业。从产业领域到教育领域，在移动互联网、大数据、超级计算、传感网、脑科学等新理论新技术以及经济社会发展强烈需求的共同驱动下，人工智能领域加速发展，呈现出深度学习、跨界融合、人机协同、群智开放、自主操控等新特征，我国已将发展人工智能提高到国家战略层面。2020 年人工智能总体技术和应用与世界先进水平同步，人工智能产业成为新的重要经济增长点，人工智能核心产业规模超过 1500 亿元，带动相关产业规模超过 1 万亿元。

人工智能的理论基础涉及数学、控制理论、计算机科学、电子技术等专业领域，读者理解和掌握有一定的难度。本书编委组织教育领域和产业领域的相关专业博士和专家，对人工智能相关理论知识点进行分类总结，并结合其各自在人工智能研究开发相关领域的理论研究和实践经验，由浅入深、化繁为简，全方位阐述人工智能学科的发展现状、关键技术及其典型应用。本书共 12 章，具体内容如下：

第 1 章主要阐述人工智能的定义、发展史，并展望其发展趋势。

第 2 章介绍知识表示和理解方法，主要从知识表示的方法、推理方式和搜索策略三个方面展开论述，深刻阐述人工智能对操作对象的表示和理解这两个基本问题。

第 3 章从人工智能感知功能出发，详细阐述人工智能迅速发展的基础支撑技术——感知技术、传输技术和计算技术等的相关理论。

第 4 章主要介绍判断与控制技术。判断与控制是人工智能的核心和方向，是实现智能功能承载的具体支撑。本章重点讨论了机器学习的相关概念和群体智能算法。

第 5 章主要阐述人工智能新技术为网络空间安全方面带来的伴生效应，包括人工智能安全体系架构、人工智能助力安全、内生安全和衍生安全问题。

第 6 章主要介绍智能视觉技术，包括计算机视觉的基本原理、基于深度学习的数字图像处理技术、三维视觉技术以及智能视觉技术的典型应用。

第 7 章主要介绍智能语音技术，包括智能语音基础知识、语音信号处理原理、语音公开数据集和语音识别工具包等。

第 8～10 章从应用领域出发，分别对智能机器人、自然语言处理和无人驾驶这三类具体应用展开论述，详细介绍其核心技术及典型应用案例。

第 11～12 章从行业实践出发，分别阐述人工智能在电子商务行业和智能医疗行业的具体开发方法和典型应用案例。

本书由张翼英、张茜、张传雷任主编。全书由张翼英组织，张翼英参与了全部章节的编写。张翼英、张茜对全书进行了审校。

本书具体编写分工如下：第 1 章由张翼英博士等编写，第 2 章由张传雷博士等编写，第 3 章由张翼英博士、梁琨等编写，第 4 章由王嫄博士等编写，第 5 章由王聪博士、张翼英博士等编写，第 6 章由张茜博士等编写，第 7 章由党鑫博士等编写，第 8 章由刘尧猛、戴凤智等编写，第 9 章由周保先、王嫄博士等编写，第 10 章由张亚男博士、于文平博士等编写，第 11 章由张文、李龙等编写，第 12 章由马兴毅博士、李冰博士等编写。

在本书的编写过程中，中国水利水电出版社给予了大力支持，同时，尚静、阮元龙、王鹏凯、马彩霞、张楠、柳依阳、王德龙、罗剑、李英卓、刘晶晶、翟俊武等同学也参与了本书的编写工作，在此一并表示感谢。

希望本书能够对关心人工智能技术和产业发展的各级领导和行业监管部门人员、高校师生，以及产业链相关各领域的从业人员、投融资人士等读者有所裨益，能够为我国人工智能产业发展添砖加瓦。由于编者水平及时间所限，书中难免会有疏漏和不足之处，欢迎广大专家和读者不吝指正。

编 者

2021 年 3 月

目 录

第 1 章　人工智能

本章导读

作为最前沿的交叉学科，人工智能经过半个多世纪的发展，在很多应用领域取得革命性的进展，进入高速繁荣时期。我国《人工智能标准化白皮书（2018 年）》给出了人工智能的定义："人工智能是利用数字计算机或者由数字计算机控制的机器，模拟、延伸和扩展人类的智能，感知环境、获取知识并使用知识获得最佳结果的理论、方法、技术和应用系统。"

人工智能学科研究的主要内容包括知识表示、自动推理和演绎、搜索方法、机器学习与知识获取、专家系统、自然语言理解、计算机视觉、智能机器人、自动程序设计等方面。人工智能的五大研究领域包括搜索、推理、规划、学习和应用，其中应用领域包括沟通、感知和动作。目前人工智能在技术研究层面仍面临着巨大的挑战。

本章要点

- 人工智能定义
- 人工智能发展史
- 人工智能发展趋势

1.1　人工智能定义

人工智能的研究具有高度技术性和专业性，各分支领域都是深入且各不相通的，因而涉及范围极广。人工智能技术将广泛渗入新型基础设施（包括特高压、新能源汽车充电桩、5G 基站、大数据中心、人工智能、工业互联网、城际高速铁路与城市轨道交通七大领域）建设，且获得越来越多元的应用场景和更大规模的受众。

人工智能的核心思想在于构造智能的人工系统。人工智能是一项知识工程，利用机器模仿人类完成一系列动作。根据是否能够实现理解、思考、推理、解决问题等高级行为，人工智能可分为强人工智能和弱人工智能。强人工智能指的是机器能像人类一样思考，有感知和自我意识，能够自发学习知识；弱人工智能指的是机器不能像人类一样进行推理思考并解决问题。

1.1.1　人工智能概述

1956 年夏，麦卡锡（McCarthy）、明斯基（Minsky）等科学家在美国达特茅斯学院开会研讨"如何用机器模拟人的智能"，首次提出"人工智能（Artificial Intelligence，AI）"这一概念，标志着人工智能学科的诞生。2011 年至今，随着物联网、大数据、云计算、互联网等信息通信技术的发展，泛在感知数据、网络共享数据和高速数据处理单元得到飞快发展，数据获取能力、数据计算能力及数据存取能力得到大幅提升，推动以深度神经网络为代表的人工智能技术飞速发展，成功跨越了科学与应用之间的"技术鸿沟"。诸如图像分类、语音识别、知识问答、人机对弈、无人驾驶等人工智能技术实现了从"不能用、不好用"到"可以用"的技术突破，迎来爆发式增长的新高潮。

人工智能是当前全球最热门的话题之一，也是最活跃的研究、应用方向之一，是 21 世纪引领世界未来科技领域发展和生活方式转变的风向标。人工智能技术已经应用到人们日常生活中的方方面面，比如网上购物的个人化推荐系统、人脸识别门禁、人工智能医疗影像、人工智能导航系统、人工智能写作助手、人工智能语音助手等。

人工智能的定义可以分为两部分，即"人工"和"智能"。"人工"比较好理解，争议性也不大。"智能"涉及诸如意识（Consciousness）、自我（Self）、思维（Mind）[包括无意识的思维（Unconscious Mind）] 等问题。人唯一了解的智能是人本身的智能，这是普遍认同的观点。但是人类对自身智能的理解非常有限，对构成人的智能的必要元素也了解有限，所以就很难定义什么是"人工"制造的"智能"了。因此人工智能的研究往往涉及对人的智能本身的研究。其他关于动物或其他人造系统的智能也普遍被认为是人工智能相关的研究课题。

人工智能的一种定义：《人工智能，一种现代的方法》书中提到人工智能是类人思考、类人行为，理性的思考、理性的行动。人工智能的基础是哲学、数学、经济学、神经科学、心理学、计算机工程、控制论、语言学。人工智能的发展经过了孕育、诞生、早期的热情、现实的困难等数个阶段。

人工智能的另一种定义：人工智能是研究、开发用于模拟、延伸和扩展人的智能理论、方法、技术及应用系统的一门新的技术科学，它是计算机科学的一个分支。

时至今日，还没有一个被大家一致认同的精确的人工智能定义。

那么人工智能是一门什么学科？人工智能是以算法为核心，以数据为基础，以算力为支撑，以智能决策为方向的一门学科。它涵盖诸如数学、逻辑学、归纳学、统计学、系统学、控制学、工程学、计算机科学等；同时，还包括对哲学、心理学、生物学、神经科学、认知科学、仿生学、经济学、语言学等其他学科的研究。因此说人工智能是一门综合学科。

1.1.2 人工智能流派

目前，人工智能主要分为三大流派：符号主义、连接主义和行为主义。三大流派对智能有不同的理解，延伸出了不同的发展轨迹。

1. 符号主义

符号主义（Symbolicism）又称为逻辑主义（Logicism）、心理学派（Psychologism）或计算机学派（Computerism），其原理主要为物理符号系统（即符号操作系统）假设和有限合理性原理，这一派认为实现人工智能必须用逻辑和符号系统。自动定理证明起源于逻辑，初衷就是把逻辑演算自动化。符号派的思想源头和理论基础就是定理证明。逻辑学家戴维斯在 1954 年完成了第一个定理证明程序。

符号主义认为人工智能源于数理逻辑。数理逻辑从 19 世纪末起得以迅速发展，到 20 世纪 30 年代开始用于描述智能行为。计算机出现后，又在计算机上实现了逻辑演绎系统。

其有代表性的成果为启发式程序逻辑理论家（Logic Theorist，LT），证明了38条数学定理，表明了可以应用计算机研究人的思维过程，模拟人类智能活动。正是这些符号主义者，早在1956年就首先采用"人工智能"这个术语。后来又发展了启发式算法→专家系统→知识工程理论与技术，并在20世纪80年代取得很大发展。符号主义曾长期一枝独秀，为人工智能的发展做出重要贡献，尤其是专家系统的成功开发与应用，对人工智能走向工程应用和实现理论联系实际具有特别重要的意义。在人工智能的其他学派出现之后，符号主义仍然是人工智能的主流派别。这个学派的代表人物有纽厄尔（Newell）、西蒙（Simon）和尼尔逊（Nilsson）等。

2. 连接主义

连接主义（Connectionism）又称为仿生学派（Bionicsism）或生理学派（Physiologism），这一学派认为人工智能源于仿生学，特别是对人脑模型的研究。1943年，生理学家麦卡洛克（McCulloch）和数理逻辑学家皮茨（Pitts）创立脑模型，即MP模型，开创了用电子装置模仿人脑结构和功能的新途径。它从神经元开始进而研究神经网络模型和脑模型，开辟了人工智能的又一发展道路。20世纪60—70年代，连接主义，尤其是对以感知机（perceptron）为代表的脑模型的研究出现过热潮，由于受到当时的理论模型、生物原型和技术条件的限制，脑模型研究在20世纪70年代后期至80年代初期落入低潮。直到霍普菲尔德（Hopfield）教授在1982年和1984年发表两篇重要论文，提出用硬件模拟神经网络以后，连接主义才又重新抬头。1986年，鲁梅尔哈特（Rumelhart）等人提出多层网络中的反向传播（Back Propagation，BP）算法。此后，连接主义势头大振，从模型到算法，从理论分析到工程实现，为神经网络计算机走向市场打下基础。现在，对人工神经网络（Artificial Neural Network，ANN）的研究热情仍然较高，但研究成果没有像预想的那样好。

3. 行为主义

行为主义（Actionism）又称为进化主义（Evolutionism）或控制论学派（Cyberneticsism），其原理为控制论及感知-动作型控制系统。这一学派认为人工智能源于控制论。控制论思想早在20世纪40—50年代就成为时代思潮的重要部分，影响了早期的人工智能工作者。维纳（Wiener）和麦克洛克（McCulloch）等人提出的控制论和自组织系统以及钱学森等人提出的工程控制论和生物控制论，影响了许多领域。控制论把神经系统的工作原理与信息理论、控制理论、逻辑以及计算机联系起来。早期的研究工作重点是模拟人在控制过程中的智能行为和作用，如对自寻优、自适应、自镇定、自组织和自学习等控制论系统的研究，并进行"控制论动物"的研制。到20世纪60—70年代，上述这些控制论系统的研究取得一定进展，播下智能控制和智能机器人的种子，并在20世纪80年代诞生了智能控制和智能机器人系统。行为主义是20世纪末才以人工智能新学派的面孔出现的，引起许多人的兴趣。这一学派的代表作首推布鲁克斯（Brooks）的六足行走机器人，它被看作新一代的"控制论动物"，是一个基于感知-动作模式模拟昆虫行为的控制系统。

1.2　人工智能发展史

从20世纪50年代开始，许多科学家、程序员、逻辑学家和理论家促进和巩固了当代人对人工智能思想的整体理解。创新和发现更新了人工智能领域的基本知识，不断的历史进步推动着人工智能从一个无法实现的幻想发展到当代和后代可以实现的现实。

人工智能发展史

1.2.1 代表人物

最近几十年是人工智能科学发展跌宕起伏的时期，其中有很多人工智能领域的代表人物在不同的方向做出重大贡献，其中典型人物如图 1.1 所示。下面介绍其中 5 位。

（a）唐纳德·赫布　　（b）阿兰·图灵　　（c）赫伯特·西蒙　　（d）亚瑟·塞缪尔

（e）罗森布拉特　　（f）马文·明斯基　　（g）杰弗里·辛顿　　（h）燕乐存

图 1.1　人工智能领域的代表人物

1. 唐纳德·赫布

1949 年，唐纳德·赫布（Donald Hebb）基于神经心理学的学习机制开启机器学习的第一步，并提出 Hebb 学习规则。Hebb 学习规则是一个无监督学习规则，无监督学习的结果是使网络能够提取训练集的统计特性，从而把输入信息按照它们的相似性程度划分为若干类。这一点与人类观察和认识世界的过程（根据事物的统计特征进行分类）非常吻合。

$$deltaW_j = kf(W_j^T X)X$$

从上面的公式可以看出，权值调整量与输入输出的乘积成正比，显然经常出现的模式将对权向量有较大的影响。在这种情况下，Hebb 学习规则需预先设置权饱和值，以防止输入和输出正负始终一致时出现权值无约束增长。Hebb 学习规则与"条件反射"机理（比如巴甫洛夫的条件反射实验：每次给狗喂食前都先响铃，时间一长，狗就会将铃声和食物联系起来）一致，并且已经得到了神经细胞学说的证实。

2. 阿兰·图灵

1950 年，阿兰·图灵（Alan Turing）发表了一篇题为《计算机器和智能》的论文，提出了模仿游戏的想法，考虑机器是否可以思考的问题。这一建议后来发展成为图灵测试（图1.2），其测量机（人工）智能。图灵测试认为，如果一台机器能够与人类展开对话（通过电传设备）而不能被辨别出其机器身份，那么称这台机器具有智能。这一简化使得图灵能够令人信服地说明"思考的机器"是可能的。图灵测试成为人工智能学科的重要组成部分。

3. 亚瑟·塞缪尔

1952 年，计算机科学家亚瑟·塞缪尔（Arthur Samuel）开发了一种跳棋计算机程序，如图 1.3 所示，成为第一个独立学习如何玩游戏的人。该程序纯粹通过自己与自己玩来学习跳棋游戏（是通过使用 IBM 701 电子管在真空管上完成的）。那时塞缪尔的胆识无可比拟，因为那时计算机很难编程，没有计算机显示终端，没有现代的编程语言，所有东西都必须用汇编语言编码，他有的只是一些闪烁的指示灯。

图 1.2 图灵测试

图 1.3 跳棋计算机程序

通过这个程序，塞缪尔驳倒了普罗维登斯提出的机器无法超越人类，像人类一样写代码和学习的理论，并将机器学习描述为"使计算机在没有明确编程的情况下进行学习"。

4. 罗森布拉特

1957 年，罗森布拉特（Rosenblatt）基于神经感知科学背景提出了第二模型，非常类似于今天的机器学习模型。这在当时是一个非常令人兴奋的发现，它比赫布的想法更适用。基于这个模型，罗森布拉特设计出了第一个计算机神经网络——感知机（the perceptron）（图 1.4），它模拟了人脑的运作方式。

图 1.4 罗森布拉特（右）和合作伙伴调试感知机

罗森布拉特实验的训练数据是 50 组图片，每组两幅，由一张标识向左和一张标识向右的图片组成。每一次练习都是以左面的输入神经元为开端，先给每个输入神经元都赋上随机的权重，然后计算它们的加权输入之和。如果加权和为负数，则预测结果为 0；否则，预测结果为 1（这里的 0 或 1，对应于图片的"左"或"右"，在本质上，感知机实现的就是一个二分类）。如果预测是正确的，则无须修正权重；如果预测有误，则用学习率（Learning Rate）乘以差错（期望值与实际值之间的差值）来对应地调整权重。罗森布拉特提出的感知机模型如图 1.5 所示。

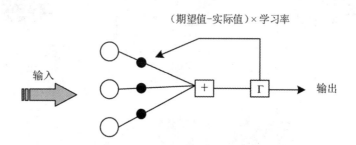

图 1.5　罗森布拉特提出的感知机模型

这部感知机就能"感知"出最佳的连接权值。然后，对于一个全新的图片，在没有任何人工干预的情况下，它能"独立"判定出图片标识为左还是为右。1960 年，维德罗首次将 Delta 学习规则用于感知器的训练步骤。这种方法后来被称为最小二乘方法。这两者的结合创造了一个良好的线性分类器，如图 1.6 所示。

图 1.6 彩图

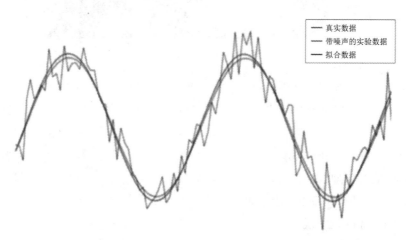

图 1.6　线性分类器

5.　马文·明斯基

1969 年，马文·明斯基（Marvin Minsky）（图 1.7）将感知器兴奋推到顶峰。他提出了著名的 XOR 问题和感知器数据的线性不可分的情形。在对人工智能技术和机器人技术的深入研究下，他构建出了世界上最早的、能够模拟人类活动的机器人 Robot C，带领机器人技术进入了一个新时代。早在 20 世纪 60 年代，明斯基就提出了 telepresence（远程介入）这一概念。通过利用微型摄像机、运动传感器等设备，明斯基让人体验到了自己驾驶飞机、在战场上参加战斗、在水下游泳这些现实中未发生的事情，这为他奠定了"虚拟现实"（Virtual Reality）倡导者的重大地位。明斯基的另一个重大举措是创建了著名的"思维机公司"（Thinking Machines, Inc.），开发具有智能的计算机。作为人工智能的先驱，明斯基一直坚信机器可以模拟人的思维过程，从而变得更加智能。明斯基建造的一台名为

Snare 的学习机如图 1.8 所示。

图 1.7 人工智能领域首位图灵奖获得者——马文·明斯基

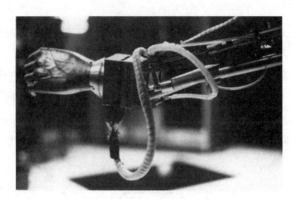

图 1.8 马文·明斯基建造的一台名为 Snare 的学习机

此后,神经网络的研究处于休眠状态,直到 20 世纪 80 年代。尽管 BP 神经的想法由林纳因马在 1970 年提出,并被称为"自动分化反向模式",但是并未引起足够的关注。

在计算机模拟人类大脑认知能力的人工智能领域,明斯基是著名的研究人员。由于他的研究引领了人工智能、认知心理学、神经网络、图灵机理论和回归函数这些领域的理论与实践的发展潮流,并在图像处理、符号计算、知识表示、计算语义学、机器感知和符号连接学习等领域做出了许多贡献,1969 年,明斯基被授予"计算机界的诺贝尔奖"——图灵奖,他是第一位获此殊荣的人工智能学者。

1.2.2 发展阶段

1. 20 世纪 60 年代中叶到 70 年代末

从 20 世纪 60 年代中叶到 70 年代末,机器学习的发展几乎处于停滞状态。虽然这个时期温斯顿(Winston)的结构学习系统和海斯·罗思(Hayes Roth)等的基于逻辑的归纳学习系统取得较大的进展,但只能学习单一概念,而且未能投入实际应用。此外,神经网络学习机因理论缺陷未能达到预期效果而转入低潮。

这个时期的研究目标是模拟人类的概念学习过程,并采用逻辑结构或图结构作为机器内部描述。机器能够采用符号来描述概念(符号概念获取),并提出关于学习概念的各种假设。

事实上,这个时期整个人工智能领域都遭遇了瓶颈。当时计算机有限的内存和处理速度不足以解决任何实际的人工智能问题。要求程序对这个世界具有儿童水平的认识，但研究者们很快发现这个要求太高了：1970 年没人能够做出如此巨大的数据库，也没人知道一个程序怎样才能学到如此丰富的信息。

2. 20 世纪 70 年代末到 80 年代中叶

从 20 世纪 70 年代末开始，人们从学习单个概念扩展到学习多个概念，探索不同的学习策略和各种学习方法。这个时期，机器学习在大量的实践应用中回到人们的视线，又慢慢复苏。

1980 年，在美国的卡内基梅隆大学（Carnegie Mellon University，CMU）召开了第一届机器学习国际研讨会，标志着机器学习研究已在全世界兴起。此后，机器归纳学习进入应用。

经过一些挫折后，多层感知机（Multilayer Perceptron，MLP）由伟博斯在 1981 年的神经网络反向传播（BP）算法中具体提出。当然 BP 仍然是今天神经网络架构的关键因素。有了这些新思想，神经网络的研究又加快了。

1985—1986 年，神经网络研究人员（鲁梅尔哈特、辛顿、威廉姆斯 - 赫、尼尔森）先后提出了 MLP 与 BP 训练相结合的理念。

一个非常著名的 ML 算法由昆兰在 1986 年提出，我们称之为决策树算法，更准确地说是 ID3 算法。这是另一个主流机器学习的火花点。此外，与黑盒神经网络模型截然不同的是，决策树 ID3 算法也被作为一个软件，通过使用简单的规则和清晰的参考可以找到更多的现实生活中的使用情况。《机器学习》中打网球的天气分类决策如图 1.9 所示。

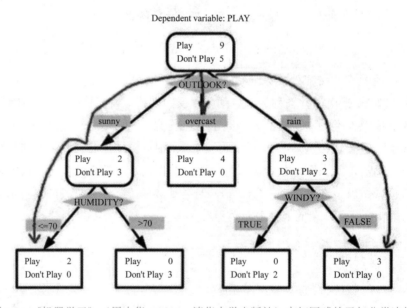

图 1.9　《机器学习》（周志华，2016，清华大学出版社）中打网球的天气分类决策

决策树是一个预测模型，它代表的是对象属性与对象值之间的一种映射关系。树中每个节点表示某个对象，而每个分叉路径则代表某个可能的属性值，每个叶节点则对应从根节点到该叶节点所经历的路径所表示的对象的值。决策树仅有单一输出，若欲有复数输出，可以建立独立的决策树以处理不同输出。在数据挖掘中，决策树是一种经常要用到的技术，可以用于分析数据，也可以用于预测。

3. 20 世纪 90 年初到 21 世纪初

1990 年，夏皮雷（Schapire）最先构造出一种多项式级的算法，这就是最初的 Boosting

算法。一年后，弗洛恩德（Freund）提出了一种效率更高的 Boosting 算法。但是，这两种算法存在共同的实践上的缺陷，那就是都要求事先知道弱学习算法学习正确率的下限。

1995 年，夏皮雷和弗洛恩德改进了 Boosting 算法，提出了 AdaBoost（Adaptive Boosting）算法，该算法效率和弗洛恩德于 1991 年提出的 Boosting 算法几乎相同，但不需要任何关于弱学习器的先验知识，因而更容易应用到实际问题当中。

同年，机器学习领域中一个最重要的突破是瓦普尼克和科尔特斯在大量理论和实证的条件下提出了支持向量（Support Vector Machines，SVM）理论（图 1.10）。从此机器学习社区被分为神经网络社区和支持向量机社区。

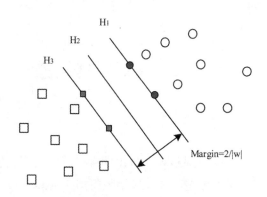

图 1.10　瓦普尼克和科尔特斯 1995 年提出的支持向量理论

支撑向量机、Boosting、最大熵方法（比如 Logistic Regression，LR）等模型的结构基本上可以看成带有一层隐层节点（如 SVM、Boosting），或没有隐层节点（如 LR）。这些模型无论是在理论分析还是在应用中都获得了巨大的成功。

另一个集成决策树模型由布雷曼博士在 2001 年提出，它由一个随机子集的实例组成，并且每个节点都是从一系列随机子集中选择的。由于这个性质，它被称为随机森林（Random Forest，RF）。随机森林也在理论和经验上证明了对过拟合的抵抗性。随机森林在许多不同的任务，如 DataCastle、Kaggle 等比赛中都表现出了成功的一面。

4. 21 世纪初至今

机器学习的发展分为两个阶段：浅层学习（Shallow Learning）阶段和深度学习（Deep Learning）阶段。浅层学习起源 20 世纪 20 年代人工神经网络的反向传播算法，虽然这时候的人工神经网络算法也被称为多层感知机，但由于多层网络训练困难，通常都是只有一层隐含层的浅层模型。

神经网络研究领域领军者辛顿（Hinton）在 2006 年提出了神经网络 Deep Learning 算法，使神经网络的能力大大提高，并向支持向量机发出挑战。同年，辛顿和他的学生萨拉赫丁诺夫（Salakhutdinov）在顶尖学术刊物 *Science* 上发表了一篇文章，在学术界和工业界掀起了深度学习的浪潮。

辛顿的学生杨立昆（Yann LeCun）的 LeNets 深度学习网络可以被广泛应用在全球的 ATM 机和银行之中。同时，杨立昆和吴恩达等认为卷积神经网络允许人工神经网络能够快速训练，因为其所占用的内存非常小，无须在图像上的每一个位置上都单独储滤镜，因此非常适合构建可扩展的深度网络，适用于识别模型。2015 年，为纪念人工智能概念提出 60 周年，杨立昆、本希奥（Bengio）和辛顿推出了深度学习的联合综述。

20 世纪 70 年代以来，人工智能被称为世界三大尖端技术（空间技术、能源技术、人工智能）之一，也被认为是 21 世纪三大尖端技术（基因工程、纳米科学、人工智能）之一。这是因为近 30 年来它获得了迅速的发展，在很多学科领域都获得了广泛应用，并取得了丰硕的成果。人工智能已逐步成为一个独立的分支，在理论和实践上都已自成一个系统。人工智能是研究使用计算机来模拟人的某些思维过程和智能行为（如学习、推理、思考、规划等）的学科，主要包括计算机实现智能的原理、制造类似于人脑智能的计算机，使计算机能实现更高层次的应用。人工智能将涉及计算机科学、心理学、哲学和语言学等学科，可以说几乎是自然科学和社会科学的所有学科，其范围已远远超出了计算机科学的范畴。人工智能与思维科学的关系是实践和理论的关系，人工智能处于思维科学的技术应用层次，是它的一个应用分支。

1.3 人工智能发展趋势

1.3.1 技术发展趋势

（1）算法模型短期和长期的发展趋势。从短期看，算法模型的发展趋势是自动化、组合化、轻量化、通用化和新深度模型，如深度增强模型在 AlphaGo 上的成功，以及在训练数据增强上的引用；深度迁移学习在一定程度上缓解了训练数据不足的困境；自动机器学习试图逐步将机器学习中部分或全部流程实现自动化。深度森林是一种新型深度网络模型，打破了深度神经网络在深度学习技术中的垄断地位。从长期看，算法模型在基础理论上的突破很有可能来源于脑神经科学和认知科学等基础研究领域的革命性突破。

（2）人工智能芯片从专用走向通用。随着 5G、物联网（Internet of Things，IoT）和云边端计算的发展，以及互补金属氧化物半导体（Complementary Metal Oxide Semiconductor，CMOS）制程的不断技术创新，图形处理器（Graphics Processing Unit，GPU）将仍然延续统治人工智能芯片领域，特别是在云端和边缘端具有巨大的市场前景，但随着深度学习等技术在功耗效率和场景应用方面的进一步发展，现场可编程门阵列（Field Programmable Gate Array，FPGA）和特殊应用集成电路（Application Specific Integrated Circuit，ASIC）的市场占有率将逐步上升。长期看，GPU、FPGA、ASIC 和基于非冯·诺依曼架构的神经形态芯片等将向通用人工智能计算平台等方向发展。

（3）机器学习训练的小样本。化海量大样本训练时间长、计算成本高、可解释性差、稳定性差。深度学习网络模型利用概率统计方法，通过逐层特征变换，自动学习数据样本特征，但样本的利用率低，还不能通过极少样本进行学习。未来深度学习技术将不仅依靠概率统计方法，还将与基于知识规则驱动的方法融合。小数据样本训练是未来的重要发展方向。

（4）随着可用计算能力和数据量的增加，深度学习技术的广泛产业化应用。随着大数据、5G、物联网、云边端计算的快速发展，基于深度学习网络的人工智能技术将在安防、金融、交通、教育、医疗和能源等多个应用领域广泛产业化落地。同时计算机视觉、语音识别、自然语言处理、机器翻译和路径规划等技术领域的探索也将持续深入。

（5）AI 取代屏幕成为新用户界面（User Interface，UI）/ 用户体验（User Experience，UX）接口。从个人计算机（Personal Computer，PC）时代到手机时代，用户接口都是通过屏幕或键盘来互动。随着智能喇叭、虚拟 / 增强现实与自动驾驶车系统陆续进入人类生活环境，在不需要屏幕的情况下，人们也能够很轻松自在地与运算系统沟通。这表示人工智能通过自然语言处理与机器学习让技术变得更为直观，也变得较易操控，未来将可以取代屏幕成为新 UI/UX 接口。人工智能除了在企业后端扮演重要角色外，也可在技术接口扮演更复杂的角色。

（6）AI 自主学习是终极目标。AI "大脑" 变聪明是分阶段进行的，从机器学习进化到深度学习，再进化至自主学习。目前，仍处于机器学习及深度学习的阶段，若要达到自主学习需要解决四大关键问题。首先，要为自主机器打造一个 AI 平台；其次，要提供一个能够让自主机器进行自主学习的虚拟环境（必须符合物理法则，碰撞、压力、效果都要与现实世界一样）；再次，要将 AI "大脑" 放到自主机器的框架中；最后，要建立虚拟世界入口。目前，NVIDIA 推出自主机器处理器 Xavier，就是在为自主机器的商用和普及做准备工作。

（7）AI 和 IoT、区块链技术的融合。人工智能将在边缘计算层与物联网相遇，届时我们将看到更多的人工智能与物联网融合的用例。例如，正因为有了人工智能和物联网的结合，无人驾驶汽车商用车已经被正式推出。AI 和 IoT 技术的结合成为了一种新的技术趋势，尤其是有 5G 技术作为驱动力。AI 是大脑，IoT 是连接，5G 是润滑剂，三者有机结合，就可以成为工业机器人、智能家居、智慧城市及自动驾驶等新兴产业的重要基础。

区块链可以应对可伸缩性等挑战，而人工智能有信任和隐私问题，这两种技术可以结合起来解决这些挑战。区块链网络为数据隐私和数据市场治理提供了基础协议，用户可分享更多数据价值。区块链实现数据确权和数据市场治理，数据资源的价值分享将向用户倾斜。未来，在强调数据上链、隐私保护的情况下，互联网巨头不必掌握用户的行为数据，只提供算法工具，通过区块链网络得到授权、完成数据使用权的费用支付，训练 AI 机器人。届时，互联网公司也许不再是数据和网络效应的垄断者，而是转变为算法产品化模块的供应商。AI 与其他技术融合如图 1.11 所示。

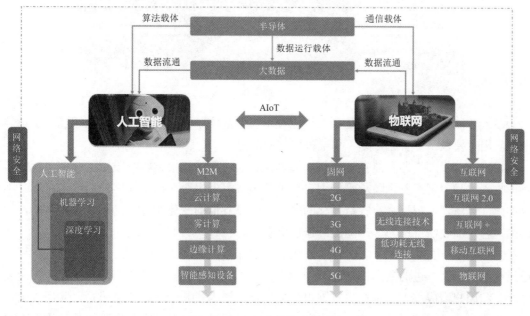

图 1.11　AI 与其他技术的融合

1.3.2 行业应用趋势

（1）人工智能在各行业垂直领域具有巨大的应用潜力。人工智能市场在零售、交通运输和自动化、制造业及农业等各行业垂直领域具有巨大的潜力。而驱动市场的主要因素是人工智能技术在各种终端用户垂直领域的应用范围不断扩大，尤其是在改善对终端消费者的服务方面。

当然人工智能市场能否起来也受到 IT 基础设施是否完善、智能手机及智能穿戴式设备是否普及的影响。其中，自然语言处理（Natural Language Processing，NLP）应用市场占人工智能市场很大一部分。自然语言处理技术的不断精进驱动消费者服务的发展。

（2）智能医疗。随着人工智能技术的不断落地，已有不少应用人工智能提高医疗服务水平的成功案例。人工智能已深入医疗健康领域的方方面面，智能诊疗、医学影像分析、医学数据治理、健康管理、精准医疗、新药研发等场景中都可以看到人工智能的身影。

过去，医生以自己的医疗知识和临床经验为基础，根据病人的症状和检查结果判定病症及病程。如今，人们将人工智能应用于医疗辅助诊断，让计算机"学习"专业的医疗知识、"记忆"海量历史病例、识别医学影像，构建智能诊疗系统，为医生提供一个"超级助手"，帮助医生完成诊断。IBM 公司的 Watson 是智能诊疗应用中的一个著名案例，Watson 可以在 17s 内阅读 3469 本医学专著、248000 篇论文、69 种治疗方案、61540 次试验数据、106000 份临床报告。2012 年，Watson 通过了美国职业医师资格考试，并部署在美国多家医院提供辅助诊疗服务。目前，Watson 提供诊治服务的病种包括乳腺癌、肺癌、结肠癌、前列腺癌、膀胱癌、卵巢癌、子宫癌等多种癌症。其未来将会有进一步发展。智能医疗如图 1.12 所示。

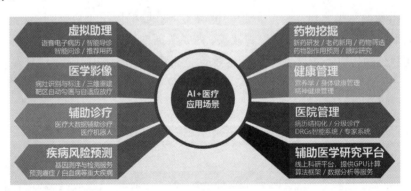

图 1.12　智能医疗

（3）智能金融。智能金融是人工智能技术与金融体系的全面融合。人工智能在金融领域的应用主要包括"智能投顾"和金融欺诈检测等。

1）"智能投顾"即智能投资顾问，通过机器学习算法，根据客户设定的收益目标、年龄、收入、当前资产及风险承受能力自动调整金融投资组合，以实现客户的收益目标。不仅如此，算法还能根据客户收益目标的变动和市场行情的变化实时自动调整投资策略，始终围绕客户的收益目标为客户提供最佳投资组合。

2）以往金融欺诈检测系统非常依赖复杂和呆板的规则，由于缺乏有效的科技手段，已无法应对日益演进的欺诈模式和欺诈技术。伪造、冒充身份等欺诈事件常有发生，给金融企业和用户造成很大经济损失。国内以猛犸反欺诈为代表的金融科技公司，应用人工智能技术构建自动、智能的反欺诈技术和系统，可以帮助企业风控系统提高用户行为追踪与分析能力和异常特征的自动识别能力，逐步达到自主、实时发现新欺诈模式的目标。

（4）智能安防。安防是人工智能落地较好的应用领域。安防以图像、视频数据为核心，海量的数据来源满足了算法和模型训练的需求，同时人工智能技术也为安防行业事前预警、事中响应和事后处理提供了保障。

目前，人工智能在安防领域的应用主要包括警用和民用两个方向。在警用方向，人工智能在公安行业的应用最具有代表性。利用人工智能技术实时分析图像和视频内容，可以识别人员、车辆信息，追踪犯罪嫌疑人，也可以通过视频检索从海量图片和视频库中对犯罪嫌疑人进行检索比对，这为各类案件侦查节省了宝贵时间。在民用方向，利用人工智能可以实现智能楼宇和工业园区的智能监控。智能楼宇包括门禁管理、通过摄像头实现"人脸打卡"、人员进出管理、发现盗窃和违规探访的行为。在工业园区，固定摄像头和巡防机器人配合，可实现对园区内各个场所的实时监控，并对潜在的危险进行预警。除此之外，民用安防方向还有一个非常重要的应用场景，就是家用安防。当检测到家庭中没有人员时，家庭安防摄像机可自动进入布防模式，有异常时，给予闯入人员声音警告，并远程通知家庭主人。而当家庭成员回家后，又能自动撤防，保护用户隐私。

（5）智能家居。智能家居基于物联网技术，以住宅为平台，由硬件、软件、云平台构成家居生态圈。智能家居可以实现远程设备控制、人机交互、设备互联互通、用户行为分析和用户画像等，为用户提供个性化生活服务，使家居生活更便捷、舒适和安全。

借助语音和自然语言处理技术，用户通过说话即可实现对智能家居产品的控制，如语音控制开关窗帘、照明系统、调节音量、切换电视节目等操作；借助机器学习和深度学习技术，智能电视、智能音箱等可以根据用户订阅或者收看的历史数据对用户进行画像，并将用户可能感兴趣的内容推荐给用户。在家居安防方面，可以利用面部识别、指纹识别等生物识别技术对智能家居产品进行解锁，通过智能摄像头实时监控住宅安全，对非法入侵者进行监测等。智能家居如图 1.13 所示。

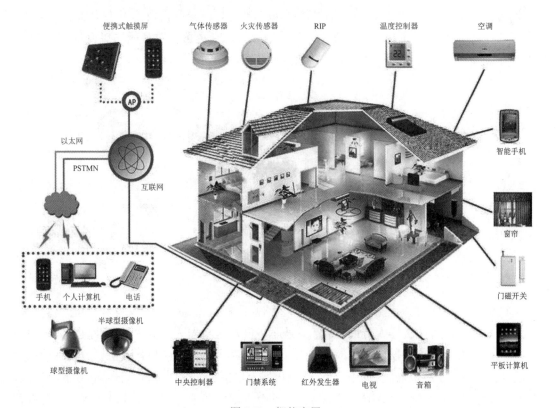

图 1.13　智能家居

（6）智能电网。伴随着电网规模日趋庞大，未来人工智能将成为智能电网的核心部分。在需求方面，人工智能技术能持续监控家庭和企业的智能电表和传感器的供需情况，实时调整电网的电力流量，实现电网的可靠、安全、经济、高效。

在供应方面，人工智能技术能协助电力网络营运商或者政府改变能源组合，调整化石能源使用量，增加可再生资源的产量，并且将可再生能源的自然间歇性破坏降到最低。生产者将能够对多个来源产生的能源输出进行管理，以便实时匹配社会、空间和时间的需求变化。

在线路的巡视巡检方面，借助智能巡检机器人和无人机实现规模化、智能化作业，提高效率和安全性。智能巡检机器人搭载多种检测仪，能够近距离观察设备，运检准确性高。在数据诊断方面，相比人眼和各类手持仪器，机器人巡检也更精确，而且全天候全自主，大大提高了设备缺陷和故障查找的准确性和及时性。同时，可以对机器人巡检的每个点位的历史数据进行趋势分析，提前预警设备潜在的劣化信息，为制定精准检修策略提供科学依据。无人机搭载高清摄像仪，具有高精度定位和自动检测识别功能，可以飞到几十米高的输电铁塔顶端，利用高清变焦相机对输电设备进行拍照，即便非常细小的零件发生松脱现象，也可通过镜头得到清晰精准的呈现。

1.3.3　终端产品趋势

目前，由于人工智能技术尚处于发展阶段，且以机器学习、深度学习为代表的新一代人工智能技术主要体现在算法层面，而成熟的实体终端产品并不多。未来会涌现出非常多的终端产品。

（1）智能音箱。搭载了人工智能语音交互系统的联网智能音箱近几年年均复合增长率超过30%，全球总市场规模将从2017年的11.5亿美元增至2021年的35.2亿美元，超过普通智能音箱市场。智能音箱是一个音箱升级的产物，是家庭消费者用语音进行上网的一个工具，比如点播歌曲、上网购物，或是了解天气，它也可以对智能家居设备进行控制，比如打开窗帘、设置冰箱温度、提前让热水器升温等，如图1.14所示。

图 1.14　智能音箱

（2）智能机器人。智能机器人的关键技术包括视觉、传感、人机交互和机电一体化等。从应用角度分，智能机器人可以分为工业机器人和服务机器人。其中，工业机器人一般包括搬运机器人、码垛机器人、喷涂机器人和协作机器人等。服务机器人可以分为行业应用机器人和个人/家用机器人。其中，行业应用机器人包括智能客服、医疗机器人、物流机器人、引领和迎宾机器人等；个人/家用机器人包括个人虚拟助理、家庭作业机器人、儿童教育机器人、老人看护机器人和情感陪伴机器人等。

（3）无人机。目前无人机市场主要由个人消费级无人机和商用无人机构成。消费级无人机主要用于航拍、跟拍等娱乐场景。商用无人机的应用范围则非常广泛，可以用于农林植保、物流、安保、巡防等多个领域。无人机有效的载荷和长时间的飞行能力，使得其在工业领域应用最为成功。

1.3.4　伦理规范趋势

（1）人工智能对隐私与安全的影响。当今，在许多生活消费场景中，人们对个性化体验的需求不断增加，个性化、场景化服务也逐渐成为人工智能驱动创新的主要方向。服务供应方在信息获取社交化、时间碎片化的情境下，着力建立更灵活便捷的消费场景，给人们带来更加友好的用户体验。与此同时，随着语音识别、人脸识别、机器学习算法的发展和日趋成熟，企业可以通过分析客户画像真正理解客户，精准、差异化的服务使得客户的被重视被满足感进一步增强。但是这在蕴藏着巨大商业价值的同时，也对现有法律秩序与公共安全构成了一定的挑战。

网络空间的虚拟性使得个人数据更易于被收集与分享，极大地便利了身份信息编号、健康状态、信用记录、位置活动踪迹等信息的存储、分析和交易过程，与此同时，人们却很难追踪个人数据隐私的泄露途径与程度。例如，以人工智能技术为支撑的智慧医疗，病人的电子病例、私人数据归属权如何界定，医院获得及使用私人数据的权限界限如何规范。再比如人工智能技术生成作品的著作权问题等。开放的产业生态使得监管机构难以确定监管对象，也令法律的边界变得越来越模糊。

人工智能的普遍使用使得"人机关系"发生了趋势性的改变，人机频繁互动，可以说已形成互为嵌入式的新型关系。时间与空间的界限被打破、虚拟与真实也被随意切换，这种趋势下的不可预测性与不可逆性很有可能会触发一系列潜在风险。与人们容易忽略的"信息泄露"不同，人工智能技术也可能被少数别有用心的人有目的地用于欺诈等犯罪行为。如基于不当手段获取的个人信息形成"数据画像"，并通过社交软件等冒充熟人进行诈骗。再比如，使用人工智能技术进行学习与模拟，生成包括图像、视频、音频、生物特征在内的信息，突破安防屏障。曾有新闻报道的新款苹果手机"刷脸"开机功能被破解即是这类例子。而从潜在风险来看，无人机、无人车、智能机器人等都存在遭到非法侵入与控制，造成财产损失或被用于犯罪目的的可能。用户画像如图1.15所示。

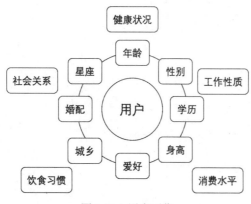

图 1.15　用户画像

（2）人工智能对社会公平的影响。随着人工智能研发与应用的突飞猛进，一系列价值难题也正逐渐显现在人们面前。目前还有大量不会上网、由于客观条件无法使用互联网及不愿触碰互联网的人群，已经被定义为人工智能时代的"边缘人"，而人工智能对人们的文化水平、信息流的掌握程度又有了更高的要求。人工智能技术越发达，信息鸿沟就越深，进而演变为服务鸿沟、福利鸿沟，而在人工智能时代，"边缘人"将越来越难享受到便捷的智能信息服务，也更不易获得紧缺的服务资源。

在人类社会，按照公正原则，人工智能技术应该使尽可能多的人群获益，技术所带来的福利和便捷应让尽可能多的人群共享。2017年年初，在美国阿西洛马召开的Beneficial AI会议上提出的"阿西洛马人工智能原则"强调，应以安全、透明、负责、可解释、为人类做贡献和多数人受益等方式开发人工智能。实实在在的公共服务将极大限度地促进和谐良好的人机关系，使均等的智能服务惠及各地区、不同行业和不同群体。因此人工智能技术突飞猛进的同时，要积极思考与研究如何利用其提高基本公共服务平台的建设水平，不断缩小信息鸿沟，建设高效、发达、宜居的智能社会，推动社会包容与可持续发展，让全体公民都能共享科技创造的美好未来。

课后题

1. 什么是人工智能？
2. 什么是符号智能与计算智能？请举例说明。
3. 人工智能主要有哪几种研究途径和技术方法？请简单说明。
4. 人工智能的主要研究和应用领域有哪些（至少列出7个）？其中，哪些是新的研究热点（至少列出3个）？
5. 在人工智能的发展过程中，有哪些思想和思潮起了重要作用？
6. 人工智能的发展对人类有哪些方面的影响？试结合自己了解的情况和理解，从经济、社会和文化等方面加以说明。

第 2 章　表示与理解

本章导读

　　对操作对象的表示和理解是人工智能面对的两个基本问题。而符号表示、符号处理是经典人工智能技术定义和表示对象的主要手段。知识的搜索与推理是人工智能研究"问题理解能力"的核心问题。表示问题是为了进一步解决问题。从问题表示到问题的解决，是一个求解的过程，即搜索过程。

本章要点

- 知识表示及方法
- 推理方法及实现
- 搜索策略及算法

2.1　知识表示与利用

人工智能之知识表示

2.1.1　知识与知识表示的概念

1. 知识的概念

　　在长期的社会生活实践和科学研究中，我们人类积累了对客观世界认知的经验。将获取的经验信息关联在一起就形成了知识。

2. 知识的特性

　　（1）相对正确性。知识是我们人类对客观世界认知的成果积累，在长期实践的过程中受到了检验。所以在特定的环境和条件下，知识具有正确性。

　　（2）不确定性。因为世界具有复杂性和不确定性，那么在世界中所存在的信息也就表现出不确定性。所以获取到的信息可能是精确的，也可能是模糊的。这使得知识不仅仅有单纯的两种状态——"真（对）"和"假（错）"，而且在这两种状态之间还存很多中间状态，即知识"真（对）"的程度问题。知识的这个特性被称为不确定性。

　　（3）可表示性与可利用性。人类长期积累的经验可以通过世世代代的人来传承，通过这些经验人类社会得以发生巨大的变化。所以，知识具有可表示性和可利用性。知识可以通过适当的方式表示出来，这被称为知识的可表示性。通过利用一些知识可以解决很多问题，例如人类利用知识制造了高铁，解决到达目的地时间长的问题。这被称为知识的可利用性。

3. 知识表示的概念

　　知识表示是将人类所掌握的知识形式化或模型化，其目的是让计算机存储和运用知识。到现在为止，人类已提出很多知识表示方法。常用的知识表示方法有产生式、框架和状态空间等。

2.1.2　产生式表示法

早在 1943 年，美国数学家波斯特首先提出了"产生式"这一术语。如今该术语已被应用于诸多领域，成为人工智能领域中被应用最多的一种知识表示方法。产生式表示法又名产生式规则表示法。

1. 产生式

产生式一般用于表示事实、规则以及它们的不确定性度量，适合表示规则性知识和事实性知识。

（1）确定性规则的产生式表示。确定性规则的产生式表示形式如下：

IF P THEN C 或 P→C

在该式子中，产生式的前提是 P，作用是指出式子是否具有可用的条件；C 是一组结论或操作，作用是指出前提 P 指示的条件被满足时，所应当得出的结论或可执行的操作。产生式整体的含义：如果前提 P 被满足，则结论 C 成立或者执行 C 所规定的操作。例如：

r_1: IF 动物会飞 AND 会下蛋 THEN 该动物是鸟

它是一个产生式。在该式子中 r_1 是编号；"动物会飞 AND 会下蛋"是前提 P；"该动物是鸟"是结论 C。

（2）不确定性规则的产生式表示。不确定性规则的产生式表示形式如下：

IF P THEN C （置信度）　或　P→C（置信度）

例如，在专家系统 MYCIN 中有这样一条产生式：

IF 本微生物的染色斑是革兰氏阴性，本微生物的形状呈杆状，病人是中间宿主 THEN 该微生物是绿脓杆菌（0.6）

它表示当前题中列出的各个条件都得到满足时，结论"该微生物是绿脓杆菌"可以相信的程度为 0.6。这里，用 0.6 表示知识的强度。

（3）确定性事实的产生式表示。在本书中，确定性事实用三元组表示：

（对象，属性，值）或（关系，对象1，对象2）

例如，"小赵的身高是 170 厘米"表示为（Zhao，Height，170），"小赵和小朱是朋友"表示为（Friend，Zhao，Zhu）。

（4）不确定性事实的产生式表示。在本书中，不确定性事实用四元组表示：

（对象，属性，值，置信度）或（关系，对象1，对象2，置信度）

例如，"小赵的身高很可能是 170 厘米"表示为（Zhao，Height，170，0.8），"小赵和小朱不大可能是朋友"表示为（Friend，Zhao，Zhu，0.1），置信度为 0.1 表示小赵和小朱是朋友的可能性比较小。

产生式又被称为产生式规则；产生式中提到的"前提"有时候又被称为"条件""前提条件""前件"或"左部"等；而"结论"部分有时候又被称为"后件"或"右部"等。此后在本书中将不再区分地使用这些术语，便不再作单独说明。

2. 产生式系统

一组产生式可以互相配合、协同作用。一个产生式生成的结论可以供另一个产生式作为已知条件使用，用以求解问题，该系统被称为产生式系统。

一般情况下，规则库、事实库、推理机（控制系统）三部分便可以组成一个产生式系统。该系统各部分之间的关系如图 2.1 所示。

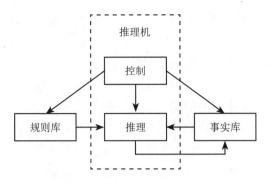

图 2.1　产生式系统的基本结构

（1）规则库。规则库是用于描述相关领域内知识的产生式集合。一个产生式系统求解问题的基础取决于规则库。所以，需要对规则库中的知识进行合理的组织和管理，检测并排除冗余以及矛盾的知识，以便保持知识的一致性；需要采用合理的结构，以避免访问那些与求解问题无关的知识，从而提高解决问题的效率。

（2）事实库。事实库又被称为综合数据库、上下文以及黑板等，它用于存放当前要求解问题的初始状态、原始证据、在推理中得到的中间结论以及最终结论等有用信息。当规则库中的一条产生式的前提 P，可以和事实库中的一些已知事实匹配时，则该产生式被激活，并将该式子推出的结论放入事实库，以作后面推理的已知事实。由此可见，事实库的内容不是一成不变的。

（3）推理机。推理机由一组程序组成，控制了整个产生式系统的运行，并实现对问题的求解，一般推理机要做以下几项工作：

- 推理。按一定的策略，从规则库中选择规则的前提条件与事实库中的已知事实进行匹配，即进行比较，若二者一致或近似一致，并且满足预先规定的条件，则匹配成功，相对应的规则可以使用。

- 冲突消解。若匹配成功的规则可能不止一条发生了冲突，此时推理机必须调用相关解决冲突的策略进行消解，以便从中选出一条进行执行。

- 执行规则。若某一规则的右部是一个或多个结论，则将这些结论加入事实库。若规则的右部是一个或者多个操作，则执行。至于不确定性知识，在执行规则时还需要按合理的算法去计算结论的不确定性程度。

- 检查推理终止条件。检查事实库中是否含有最终结论，用以决定系统是否停止运行。

3. 产生式系统的特点

（1）产生式适合表达具有因果关系的过程性知识，它是一种非结构化的知识表示方法。

（2）产生式表示法既可以表示确定性知识，又可以表示不确定性知识；既可以表示启发性知识，又可以表示过程性知识。

（3）具有结构关系的知识用产生式表达很困难，因为它不能表示出具有结构关系事物之间的区别。以下介绍的框架表示法可以很好地解决这个问题。

2.1.3　框架表示法

1975 年，美国一名人工智能学者提出了著名的框架理论。简单来说，就是把一个事物具体化。例如，一间教室就是一个框架，将教室的大小、黑板的个数、桌凳的数量以及颜色等细节，具体化到教室这个框架中，便得到了一个教室框架的具体事例。这是该学者关于一个具体教室的视觉形象的描述，称为事例框架。

人工智能之知识框架表示

框架表示法是一种结构化的知识表示方法，有很多系统已经使用了框架表示法。

1. 框架的一般结构

框架是一种描述所论对象属性的数据结构，对象可以是一个事物、一个事件或一个概念。

一个框架由若干个"槽"组成，根据实际情况，每个槽又可以被分为若干个"侧面"。一个槽用于描述当前对象某个方面的属性。一个侧面用于描述相关属性的某个方面。槽和侧面所拥有的属性值分别称为槽值和侧面值。一般情况下，一个用框架所表示的知识系统中会包含多个框架，一个框架一般都包含多个不同的槽、不同的侧面，它们都会有不同的框架名、槽名以及侧面名。框架、槽或侧面一般都会被附加一些说明性的信息，一般是一些约束条件，作用是指出能填入到槽和侧面中合适的值。

以下将给出框架的一般表示形式：

```
<框架名>
槽名1：侧面名11  侧面值111，侧面名112，…，侧面名11P1
        侧面名12  侧面值121，侧面名122，…，侧面名12P2
        …
        侧面名1m  侧面值1m1，侧面名1m2，…，侧面名1mPm
槽名2：侧面名21  侧面值211，侧面名212，…，侧面名21P1
        侧面名22  侧面值221，侧面名222，…，侧面名22P2
        …
        侧面名2m  侧面值2m1，侧面名2m2，…，侧面名2mPm
        …
槽名n：侧面名n1  侧面值n11，侧面名n12，…，侧面名n1P1
        侧面名n2  侧面值n21，侧面名n22，…，侧面名n2P2
        …
        侧面名nm  侧面值nm1，侧面名nm2，…，侧面名nmPm
约束：约束条件1
        约束条件2
        …
        约束条件n
```

由此可以看出，一个框架可以包含任意但数目有限的槽；同样地，一个槽可以包含任意但数目有限的侧面；一个侧面也可以包含任意但数目有限的侧面值。槽值、侧面值既可是数值、字符串、布尔值，也可是一个满足某个给定条件时需要执行的动作或过程，还可是另一个框架的名字，以便实现一个框架对另一个框架的调用，这样有助于表示出框架之间的横向联系。约束条件是任意选择的，若没有附加约束条件，则表示没有约束。

2. 用框架表示知识的案例

以下将举几个案例，以便说明建立框架的基本方法。

例 2.1 "学生"框架。

```
框架名：<学生>
姓名：单位（姓、名）
年龄：单位（岁）
性别：范围（男、女），默认：男
年级：范围（小学、中学、大学）
专业：单位（系）
住址：<住址框架>
```

该框架共有 7 个槽，分别描述了"学生"的 7 个属性，每个槽都给出了一些说明信息，用于限制对槽的填值。对于上述这个框架，当将具体化的信息填入槽或侧面后，就可以得到相对应框架的一个事例框架。例如，把某个学生的一组信息填入"学生"框架的各个槽，就可得到：

框架名：<学生-1>
姓名：张明
年龄：21
性别：男
年级：大学
专业：物联网工程
住址：<adr-1>

例 2.2　关于自然灾害的新闻报道中所涉及的事实经常是可以预见的，这些可预见的事实就可以作为代表所报道的新闻中的属性。例如，将下列一则地震消息用框架表示：某年某月某日，某地发生 6.0 级地震，若以膨胀注水孕震模式为标准，则三项地震前兆中的波速比为 0.45，水氧含量为 0.43，地形改变为 0.60。

解：自然灾害事件框架如图 2.2 所示。"地震框架"可以是"自然灾害事件框架"的子框架，"地震框架"中的值也可以是一个子框架，如图中的"地形改变"就是一个子框架。

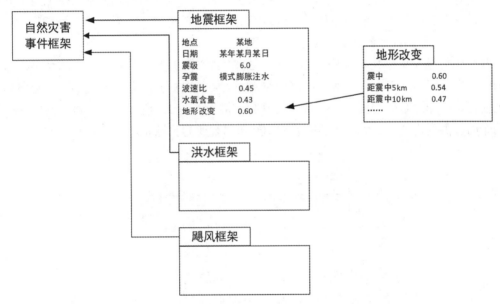

图 2.2　自然灾害事件框架

框架表示法最突出的特点是便于表达结构性知识，能够将知识的内部结构关系及知识间的联系表示出来，所以它是一种结构化的知识表示方法，这是产生式表示法所不具备的。产生式系统中的知识单位是产生式规则，这种知识单位太小而难以处理复杂问题，也不能将知识间的结构关系表示出来。产生式规则只能表示因果关系，而框架表示法不仅可以表示因果关系，还可以表示更复杂的关系。

框架表示法通过使槽值为另一个框架的名字实现不同框架间的联系，建立表示复杂知识的框架网络。在框架网络中，下层框架可以继承上层框架的槽值，也可以进行补充和修改，这样不仅减少了知识的冗余，而且较好地保证了知识的一致性。

2.1.4　状态空间表示法

1. 状态空间表示

用状态变量与操作符号表示系统或者问题的有关知识的符号体系被称为状态空间。在本书中，状态空间用一个四元组表示：

$$(S,\ O,\ S_0,\ G)$$

在该式子中，S 代表状态集合，S 中的每个元素都表示一个状态，而状态是某种结构的符号或者数据。O 代表操作算子的集合，通过算子可以把一个状态转化成另一个状态。S_0 代表问题的初始状态集合，它是 S 的非空子集。G 代表问题的目的状态集合，它是 S 的非空子集。G 既可以是若干的具体状态，也可以是满足某些性质的路径信息的描述。

从节点 S_0 到节点 G 的路径被称为求解路径。求解路径上的一个操作算子序列被称为状态空间的一个解。如图2.3所示，一个操作算子序列…可以使初始状态转化为目标状态。

$$S_0 \xrightarrow{O_1} S_1 \xrightarrow{O_2} S_2 \xrightarrow{O_3} \cdots \xrightarrow{O_i} G$$

图 2.3　状态空间的解

由此可见，…即为状态空间的一个解。一般情况下，状态空间的解往往不是唯一的。

无论什么类型的数据结构都可以描述状态，例如符号、字符串、向量、多维数组、树以及表格等。所选择的数据结构形式要与状态含有的一些特性具有相似性。例如对于八数码问题，一个3行3列的阵列便是一个合理的状态描述方式。

例 2.3　八数码问题的状态空间表示。

八数码问题（重排九宫问题）是在一个 3×3 的方格盘上，放有 1～8 的数码，另一格为空。空格四周上下左右的数码可移到空格。需要解决的问题是如何找到一个数码移动序列使初始的无序数码转变为一些特殊的排列。例如，图2.4所示的为八数码问题的一个初始布局，需要找到一个数码移动序列使初始布局转变为目标布局。

（a）初始布局　　　　　　　（b）目标布局

图 2.4　八数码问题

该问题可以用状态空间来表示。此时八数码的任何一种布局就是一个状态，所有的摆法即为状态集 S，它们构成了一个状态空间，其数目为 9!。而 G 是指定的某个或某些状态，如图 2.4（b）所示。

对于操作算子设计，如果着眼在数码上，相应的操作算子就是数码的移动，其操作算子共有 4（方向）×8（数码）=32 个。如着眼在空格上，即空格在方格盘上的每个可能位置的上下左右移动，其操作算子可简化成 4 个：①将空格向上移（Up）；②将空格向左移（Left）；③将空格向下移（Down）；④将空格向右移（Right）。

移动时要确保空格不会移出方格盘之外，所以并不是在任何状态下都能运用这 4 个操作算子。如空格在方格盘的右上角时，只能运用两个操作算子向左移（Left）和向下移（Down）。

2. 状态空间的图描述

状态空间可以用有向图这一工具来描述，问题的状态用图节点表示，而状态之间的关系用图的弧线来表示。初始状态对应实际问题的已知信息，这便是图中的根节点。在问题的状态空间描述中，寻找从一种状态转化为另一种状态的某一个操作算子序列等价于在一个图中寻找某一条路径。

图 2.5 是用有向图描述的状态空间。由该图可知，对于状态 S_0 允许使用操作算子，将状态 S_0 分别转化成状态 S_1、S_2 和 S_3。就这样利用操作算子逐步地转化，图 2.5 所示就是一个解。

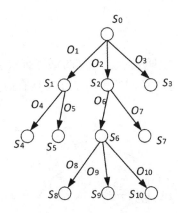

图 2.5 状态空间有向图

以上是较形式化的说明，下面将再次以八数码问题为例，以便介绍具体问题的状态空间的有向图描述。

例 2.3 中的八数码问题，若给出问题的初始状态，便可以用图来描述它的状态空间。可以用 4 个操作算子来标注图中的弧，即 Up 表示空格向上移，Left 表示空格向左移，Down 表示空格向下移，Right 表示空格向右移。该图的部分描述如图 2.6 所示。

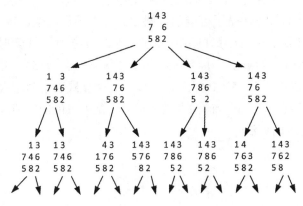

图 2.6 八数码问题空间图（部分）

在有些问题中，每种操作算子的执行代价都是不同的。例如在旅行推销员问题中，一般情况下每两个城市间的距离是不等的，只要在图中给各弧线标注距离或代价即可。以下将以旅行推销员问题为例，用以说明这类问题的状态空间的图描述，用解路径本身的特点来描述终止条件，即经过图中所有城市，当找到最短路径时搜索结束。

例 2.4 旅行推销员问题：假设某个推销员从出发城市到若干个城市去推销产品，最后回到出发城市，且必须经过每个城市，而且只能经过一次。问题的关键是要找到一条最合理的路径，使得推销员经过每个城市后回到原地所走过的路径最短或者花费的代价最小。该问题的实例如图 2.7 所示，城市用节点表示，弧上的数字代表经过该路径的距离或代价。现假设推销员从城市 A 出发。

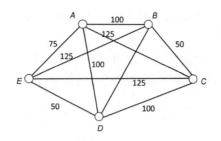

图 2.7　旅行推销员问题的一个实例图

图 2.8 是该问题的部分状态空间表示。可能的路径有很多，例如，费用为 375 的路径（*ABCDEA*）就是一个可能的旅行路径，但目的是要找具有最少费用的旅行路径。

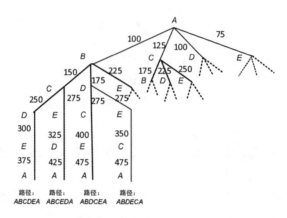

图 2.8　旅行推销员状态空间图

上面两个案例中，只绘出了问题的部分状态空间图。对于很多实际问题，要在有限的时间内绘出问题的全部状态图是不可能的。例如旅行推销员问题，每个城市存在 $(n-1)!/2$ 条路径。如果用 108 次 / 秒的计算机进行穷举，则当 $n=7$ 时，搜索时间 $t=2.5\times10^{-5}$ 秒；当 $n=15$ 时，$t=1.8$ 小时；当 $n=20$ 时，$t=350$ 年；当 $n=50$ 时，$t=5\times10^{48}$ 年；当 $n=100$ 时，$t=5\times10^{142}$ 年；当 $n=200$ 时，$t=5\times10^{358}$ 年。所以，这类显式表示对于大型问题的描述是不切实际的，对于具有无限节点集合的问题进行求解则是不可能的。所以，要研究能够在有限时间内搜索到较好解的算法。

2.2　推理

人工智能之推理技术

2.2.1　推理方式及分类

人类的智能活动有多种思维方式。人工智能作为对人类智能的模拟，相应地也有多种推理方式。下面分别从不同的角度对它们进行分类。

1. 演绎推理、归纳推理和默认推理

若从推出结论的途径来划分，推理可分为演绎推理、归纳推理和默认推理。

（1）演绎推理是从全称判断推导出单称判断的过程，即由一般性知识推出适合于某一具体情况的结论。这是一种从一般到个别的推理。演绎推理是人工智能中一种重要的推理方式。很多智能系统中采用了演绎推理。演绎推理有多种形式，经常用的是三段论式，包括以下几项。

- 大前提：已知的一般性知识或假设。
- 小前提：关于所研究的具体情况或个别事实的判断。
- 结论：由大前提推出的适合于小前提所示情况的新判断。

下面是一个三段论推理的案例。

大前提：篮球运动员的身体都是强壮的。

小前提：姚明是一名篮球运动员。

结论：姚明的身体是强壮的。

（2）归纳推理是从足够多的事例中归纳出一般性结论的推理过程，是从个别到一般的推理。

若从归纳时所选的事例的广泛性来划分，归纳推理又可分为完全归纳推理和不完全归纳推理两种。

- 所谓完全归纳推理是指在进行归纳时考察了相应事物的全部对象，并根据这些对象是否都具有某种属性，从而推出这个事物是否具有这个属性。例如，某厂进行产品质量检查，如果对每一件产品都进行了严格检查，并且都是合格的，则推导出结论"该厂生产的产品是合格的"。
- 所谓不完全归纳推理是指考察了相应事物的部分对象，就得出了结论。例如，检查产品质量时，只是随机地抽查了部分产品，只要它们都合格，就得出结论"该厂生产的产品是合格的"。

不完全归纳推理推出的结论不具有必然性，属于非必然性推理，而完全归纳推理是必然性推理。但由于要考察事物的所有对象，一般都比较困难，因此大多数归纳推理都是不完全归纳推理。归纳推理是人类思维活动中最基本、最常用的一种推理形式。人们在由个别到一般的思维过程中经常要用到它。

（3）默认推理又称为缺省推理，是在知识不完全的情况下假设某些条件已经具备所进行的推理。例如，在条件 A 已成立的情况下，如果没有足够的证据能证明条件 B 不成立，则默认 B 是成立的，并在此默认的前提下进行推理，推导出某个结论。例如，要设计一种鸟笼，但不知道要放的鸟是否会飞，则默认这只鸟会飞，所以，推出这个鸟笼要有盖子的结论。

由于这种推理允许默认某些条件是成立的，因此在知识不完全的情况下也能进行。在默认推理的过程中，如果到某一时刻发现原先所做的默认不正确，则要撤销所做的默认以及由此默认推出的所有结论，重新按新情况进行推理。

2. 确定性推理和不确定性推理

若按推理时所用知识的确定性来划分，推理可分为确定性推理与不确定性推理。

（1）所谓确定性推理是指推理时所用的知识与证据都是确定的，推出的结论也是确定的，其真值或者为真或者为假，没有第三种情况出现。

经典逻辑推理是最先提出的一类推理方法，是根据经典逻辑（命题逻辑及一阶谓词逻辑）的逻辑规则进行的一种推理，主要有自然演绎推理、归结演绎推理、与或形演绎推理等。由于这种推理是基于经典逻辑的，其真值只有"真（对）"和"假（错）"两种，因此它是一种确定性推理。

（2）所谓不确定性推理是指推理时所用的知识与证据不都是确定的，推出的结论也是不确定的。现实世界中的事物和现象大都是不确定的，或者模糊的，很难用精确的数学模型来表示与处理。不确定性推理又分为似然推理和近似推理或模糊推理，前者是基于概率论的推理，后者是基于模糊逻辑的推理。人们经常在知识不完全、不精确的情况下进行推理，所以，要使计算机能模拟人类的思维活动，就必须使它具有不确定性推理的能力。

3. 单调推理和非单调推理

若按推理过程中推出的结论是否越来越接近最终目标来划分，推理又分为单调推理与非单调推理。

（1）单调推理是在推理过程中随着推理向前推进及新知识的加入，推出的结论越来越接近最终目标。

单调推理的推理过程中不会出现反复的情况，即不会由于新知识的加入否定了前面推出的结论，从而使推理又退回到前面的某一步。本节介绍的基于经典逻辑的演绎推理属于单调推理。

（2）非单调推理是在推理过程中由于新知识的加入，不仅没有加强已推出的结论，反而要否定它，使推理退回到前面的某一步，然后重新开始。

非单调推理一般是在知识不完全的情况下发生的。由于知识不完全，为使推理进行下去，就要先作某些假设，并在假设的基础上进行推理。当以后由于新知识的加入发现原先的假设不正确时，就需要推翻该假设以及由此假设推出的所有结论，再用新知识重新进行推理。显然，默认推理是一种非单调推理。

在人们的日常生活及社会实践中，很多情况下进行的推理都是非单调推理。明斯基举了一个非单调推理的案例：当知道 X 是一只鸟时，一般认为 X 会飞，但之后又知道 X 是企鹅，而企鹅是不会飞的，则取消先前加入的 X 会飞的结论，而加入 X 不会飞的结论。

4. 启发式推理和非启发式推理

若按推理中是否运用与推理有关的启发性知识来划分，推理可分为启发式推理（heuristic inference）与非启发式推理。

如果推理过程中运用与推理有关的启发性知识，则称为启发式推理，否则称为非启发式推理。

所谓启发性知识是指与问题有关且能加快推理过程、求得问题最优解的知识。例如，推理的目标是要在脑膜炎、肺炎、流感这三种疾病中选择一个，又设有 r1、r2、r3 这三条产生式规则可供使用，其中 r1 推出的是脑膜炎，r2 推出的是肺炎，r3 推出的是流感。如果希望尽早地排除脑膜炎这一危险疾病，应该先选用 r1；如果本地区正在盛行流感，则应考虑首先选择 r3。这里，"脑膜炎危险"及"现在正在盛行流感"是与问题求解有关的启发性知识。

2.2.2　确定性推理

推理过程是求解问题的过程。问题求解的质量与效率不仅依赖于所采用的求解方法（如匹配方法、不确定性的传递算法等），而且还依赖于求解问题的策略，即推理的控制策略。

推理的控制策略主要包括推理方向、搜索策略、冲突消解策略、求解策略和限制策略等。推理方向分为正向推理、逆向推理、混合推理和双向推理 4 种。

1. 正向推理

正向推理就是正向地使用规则，从已知条件出发向目标进行推理。其基本思想：检验是否有规则的前提被动态数据库中的已知事实满足，如果被满足，则将该规则的结论放入动态数据库中，再检查其他的规则是否有前提被满足；重复该过程，直到目标被某个规则推出结束，或者再也没有新结论被推出为止。由于这种推理方法是从规则的前提向结论进行推理，因此称为正向推理。由于正向推理是通过动态数据库中的数据来"触发"规则进行推理的，因此又称为数据驱动的推理。

例 2.5 设有规则：

r1：IF A and B THEN C

r2：IF C and D THEN E

r3：IF E THEN F

并且已知 A、B、D 成立，求证 F 成立。

初始时 A、B、D 在动态数据库中，根据规则 r1，推出 C 成立，所以将 C 加入动态数据库中；根据规则 r2，推出 E 成立，将 E 加入动态数据库中；根据 r3，推出 F 成立，将 F 加入动态数据库中。由于 F 是求证的目标，结果成立，推理结束。

如果在推理过程中，有多个规则的前提同时成立，如何选择一条规则呢？这就是冲突消解问题。最简单的办法是按照规则的自然顺序，选择第一条前提被满足的规则执行。也可以对多个规则进行评估，哪条规则前提被满足的条件多，哪条规则优先执行；或者从规则的结论距离要推导的结论的远近来考虑。

2. 逆向推理

逆向推理又称为反向推理，是逆向地使用规则，先将目标作为假设，查看是否有某条规则支持该假设，即规则的结论与假设是否一致，然后看结论与假设一致的规则其前提是否成立。如果前提成立，则假设被验证，结论放入动态数据库中；否则将该规则的前提加入假设集中，一个一个地验证这些假设，直到目标假设被验证为止。由于逆向推理是从假设求解目标成立、逆向使用规则进行推理的，因此又称为目标驱动的推理。

例 2.6 在例 2.5 中，如何使用逆向推理推导出 F 成立？

首先将 F 作为假设，发现规则 r3 的结论可以推导出 F，然后检验 r3 的前提 E 是否成立。现在动态数据库中还没有记录 E 是否成立，由于规则 r2 的结论可以推出 E，依次检验 r2 的前提 C 和 D 是否成立。首先检验 C，由于 C 也没有在动态数据库中，再次找结论含有 C 的规则，找到规则 r1，发现其前提 A、B 均成立（在动态数据库中），从而推出 C 成立，将 C 放入动态数据库中。再检验规则 r2 的另一个前提条件 D，由于 D 在动态数据库中，因此 D 成立，从而 r2 的前提全部被满足，推出 E 成立，并将 E 放入动态数据库中。由于 E 已经被推出成立，因此规则 r3 的前提也成立了，从而最终推出目标 F 成立。

在逆向推理中也存在冲突消解问题，可采用与正向推理一样的方法解决。

3. 混合推理

正向推理具有盲目、效率低等缺点，推理过程中可能会推出很多与问题无关的子目标。逆向推理中，若提出的假设目标不符合实际，也会降低系统的效率。为解决这些问题，可把正向推理与逆向推理结合起来，使其各自发挥自己的优势，取长补短。这种既有正向又有逆向的推理称为混合推理。另外，在下述几种情况下，一般也需要进行混合推理。

（1）已知的事实不充分。当数据库中的已知事实不够充分时，若用这些事实与知识的运用条件相匹配进行正向推理，可能连一条适用知识都选不出来，这就使推理无法进行下去。此时，可通过正向推理先把其运用条件不能完全匹配的知识都找出来，并把这些知识可导出的结论作为假设，然后分别对这些假设进行逆向推理。由于在逆向推理中可以向用户询问有关证据，这就有可能使推理进行下去。

（2）正向推理推出的结论可信度不高。用正向推理进行推理时，虽然推出了结论，但可信度可能不高，达不到预定的要求。所以为了得到一个可信度符合要求的结论，可用这些结论作为假设,然后进行逆向推理,通过向用户询问进一步的信息,有可能得到一个可信度较高的结论。

(3)希望得到更多的结论。在逆向推理过程中,由于要与用户进行对话,有针对性地向用户提出询问,这就有可能获得一些原来没有掌握的有用信息。这些信息不仅可用于证实要证明的假设,同时还有助于推出一些其他结论。所以,在用逆向推理证实了某个假设之后,可以再用正向推理推出另外一些结论。例如,在医疗诊断系统中,先用逆向推理证实某病人患有某种病,然后再利用逆向推理过程中获得的信息进行正向推理,就有可能推出该病人还患有别的什么病。

由以上讨论可以看出,混合推理分为两种情况:一种是先进行正向推理,帮助选择某个目标,即从已知事实演绎出部分结果,然后再用逆向推理证实该目标或提高其可信度;另一种情况是先假设一个目标进行逆向推理,然后再利用逆向推理中得到的信息进行正向推理,以推出更多的结论。

先正向后逆向的推理过程如图 2.9 所示。先逆向后正向的推理过程如图 2.10 所示。

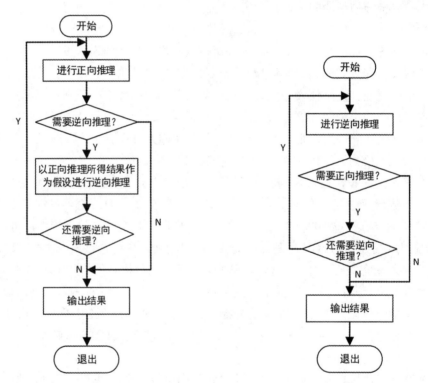

图 2.9　先正向后逆向混合推理示意图　　　　图 2.10　先逆向后正向混合推理示意图

4. 双向推理

在定理的机器证明等问题中,经常采用双向推理。所谓双向推理是指正向推理与逆向推理同时进行,且在推理过程中的某一步骤上"相遇"的一种推理。其基本思想:一方面根据已知事实进行正向推理,但并不推到最终目标;另一方面从某假设目标出发进行逆向推理,但并不推至原始事实,而是让它们在中途相遇,即由正向推理所得到的中间结论恰好是逆向推理此时所要求的证据,这时推理就可结束,逆向推理时所做的假设就是推理的最终结论。

双向推理的困难在于"相遇"判断。另外,如何权衡正向推理与逆向推理的比重,即如何确定"相遇"的时机也是一个难题。

2.2.3　非确定性推理

一般的逻辑推理都是确定性的，也就是说前提成立，结论一定成立。比如在几何定理证明中，如果两个同位角相等，则两条直线一定是平行的。但是在很多实际问题中，推理往往具有模糊性、不确定性。比如"如果阴天则可能下雨"，这就属于非确定性推理问题。本节将介绍非确定性推理问题。

随机性、模糊性和不完全性均可导致非确定性。解决非确定性推理问题至少要解决以下几个问题：事实的表示、规则的表示、逻辑运算、规则运算、规则合成。

现在有不少非确定性推理方法，各有优缺点，下面以著名的专家系统 MYCIN 中使用的可信度方法为例进行说明。

1. 事实的表示

事实 A 为真的可信度用 $CF(A)$ 表示，取值范围为 $[-1,1]$，当 $CF(A)=1$ 时，表示 A 肯定为真；当 $CF(A)=-1$ 时，表示 A 为真的可信度为 -1，也就是 A 肯定为假。$CF(A)>0$ 表示 A 以一定的可信度为真；$CF(A)<0$ 表示 A 以一定的可信度（$-CF(A)$）为假，或者说 A 为真的可信度为 $CF(A)$，由于此时 $CF(A)$ 为负，实际上 A 为假；$CF(A)=0$ 表示对 A 一无所知。在实际使用时，一般会给出一个绝对值比较小的区间，只要在这个区间就表示对 A 一无所知，这个区间一般取 $[-0.2,0.2]$。

例如：

$CF($ 阴天 $)=0.7$，表示阴天的可信度为 0.7。

$CF($ 阴天 $)=-0.7$，表示阴天的可信度为 -0.7，也就是晴天的可信度为 0.7。

2. 规则的表示

具有可信度的规则表示为如下形式：

IF　A　THEN　B　$CF(B,A)$

其中：A 是规则的前提；B 是规则的结论；$CF(B,A)$ 是规则的可信度，又称规则的强度，表示当前提 A 为真时，结论 B 为真的可信度。同样，规则的可信度 $CF(B,A)$ 取值范围也是 $[-1,1]$，取值大于 0 表示规则的前提和结论是正相关的，取值小于 0 表示规则的前提和结论是负相关的，即前提越是成立则结论越不成立。

一条规则的可信度可以理解为当前提肯定为真时，结论为真的可信度。

例如：

IF　阴天　THEN　下雨　0.7

表示：如果阴天，则下雨的可信度为 0.7。

IF　晴天　THEN　下雨　-0.7

表示：如果晴天，则下雨的可信度为 -0.7，即如果是晴天，则不下雨的可信度为 0.7。若规则的可信度 $CF(B,A)=0$，则表示规则的前提和结论之间没有任何相关性。

例如：

IF 下班 THEN 下雨 0

表示：下班和下雨之间没有任何联系。

规则的前提也可以是复合条件。

例如：

IF 阴天and湿度大 THEN 下雨 0.6

表示：如果阴天且湿度大，则下雨的可信度为 0.6。

3. 逻辑运算

规则前提可以是复合条件。复合条件可以通过逻辑运算表示。常用的逻辑运算有"与""或""非"，在规则中可以分别用"and""or""not"表示。在可信度方法中，具有可信度的逻辑运算规则如下：① $CF(A\ and\ B)=\min\{CF(A),CF(B)\}$；② $CF(A\ or\ B)=\max\{CF(A),CF(B)\}$；③ $CF(notA)=-CF(A)$。①表示"$A\ and\ B$"的可信度，等于 $CF(A)$ 和 $CF(B)$ 中小的一个；②表示"$A\ or\ B$"的可信度，等于 $CF(A)$ 和 $CF(B)$ 中大的一个；③表示"$not\ A$"的可信度等于 A 的可信度的负值。

例如，已知 $CF($阴天$)=0.7$，$CF($湿度大$)=0.5$，则 $CF($阴天 and 湿度大$)=0.5$，$CF($阴天 or 湿度大$)=0.7$，$CF(not$阴天$)=-0.7$。

4. 规则运算

前面提到过，规则的可信度可以理解为当规则的前提肯定为真时，结论的可信度。如果已知的事实不是肯定为真，也就是事实的可信度不是 1 时，如何从规则得到结论的可信度呢？在可信度方法中，规则运算按照如下方式计算。

已知：

　　IF A THEN B $CF(B,A)$

　　$CF(B,A)$

则 $CF(B)=\max\{0,CF(A)\}\times CF(B,A)$

由于只有当规则的前提为真时，才有可能推出规则的结论，而前提为真意味着 $CF(A)$ 必须大于 0；$CF(A)<0$ 的规则，意味着规则的前提不成立，不能从该规则推导出任何与结论 B 有关的信息。所以在可信度的规则运算中，通过 $\max\{0,CF(A)\}$ 筛选出前提为真的规则，并通过规则前提的可信度 $CF(A)$ 与规则的可信度 $CF(B,A)$ 相乘的方式得到规则的结论 B 的可信度 $CF(B)$。如果一条规则的前提不是真，即 $CF(A)<0$，则通过该规则得到 $CF(B)=0$，表示该规则得不出任何与结论 B 有关的信息。注意，这里 $CF(B)=0$，只是表示通过该规则得不到任何与 B 有关的信息，并不表示对 B 就一定是一无所知，因为还有可能通过其他的规则推导出与 B 有关的信息。

例如，已知：

　　IF 阴天 THEN 下雨 0.7

　　$CF($阴天$)=0.5$

则 $CF($下雨$)=0.5\times0.7=0.35$，即从该规则得到下雨的可信度为 0.35。

已知：

　　IF 湿度大 THEN 下雨 0.7

　　$CF($湿度大$)=-0.5$

则 $CF($下雨$)=0$，即通过该规则得不到下雨的信息。

5. 规则合成

一般情况下，得到同一个结论的规则不止一个，也就是说可能会有多个规则得出同一个结论，但是从不同规则得到同一个结论的可信度可能并不相同。

例如，有以下两个规则：

1）IF 阴天 THEN 下雨 0.8。

2）IF 湿度大 THEN 下雨 0.5。

且已知：

　　$CF($阴天$)=0.5$

$CF($ 湿度大 $)=0.4$

从第一个规则，可以得到：$CF($ 下雨 $)=0.5×0.8=0.4$。

从第二个规则，可以得到：$CF($ 下雨 $)=0.4×0.5=0.2$。

究竟 $CF($ 下雨 $)$ 应该是多少呢？这就是规则合成问题。

在可信度方法中，规则的合成计算如下。

设从规则 1 得到 $CF1(B)$，从规则 2 得到 $CF2(B)$，则合成后有：

$$CF(B)=\begin{cases} CF1(B)+CF2(B)-CF1(B)×CF2(B), & \text{当 } CF1(B)、CF2(B) \text{ 均大于 0 时} \\ CF1(B)+CF2(B)+CF1(B)×CF2(B), & \text{当 } CF1(B)、CF2(B) \text{ 均小于 0 时} \\ (CF1(B)+CF2(B))/(1-\min)\{|CF1(B)|, |CF2(B)|\}, & \text{其他} \end{cases}$$

这样，上面的案例合成后的结果为

$$CF($ 下雨 $)= 0.4 +0.2-0.4×0.2=0.52$$

如果是三个及三个以上的规则合成，则采用两个规则先合成一个，再与第三个合成的办法，以此类推，实现多个规则的合成。

下面给出一个用可信度方法实现非确定性推理的案例。

已知：

r_1: IF $A1$　THEN　$B1$ $CF(B1,A1)= 0.8$

r_2: IF $A2$　THEN　$B1$ $CF(B1,A2)= 0.5$

r_3 IF $B1$ and $A3$ THEN　$B2$ $CF(B2,B1$ and $A3) = 0.8$

$CF(A1)=CF(A2)=CF(A3)=1$

计算：$CF(B1)$, $CF(B2)$

由 r_1：$CF1(B1)=CF(A1)×CF(B1,A1)=1×0.8=0.8$

由 r_2：$CF2(B1)=CF(A2)×CF(B1,A2)=1×0.5=0.5$

合成得到：$CF(B1)=CF1(B1)+CF2(B1)-CF1(B1)×CF2(B1)$

$$=0.8+0.5-0.8×0.5=0.9$$

$$CF(B1 \text{ and } A3)=\min\{CF(B1), CF(A3)\}=\min\{0.9,1\}=0.9$$

由 r_3：$CF(B2)=CF(B1 \text{ and } A3)×CF(B2,B1 \text{ and } A3)=0.9×0.8=0.72$

答：$CF(B1)=0.9,CF(B2)=0.72$

2.3　搜索

人工智能之搜索技术

人的思维过程可以被认为是一个搜索的过程。很多智力游戏问题就是搜索过程，例如传教士与野人问题：在河边有 3 个传教士和 3 个野人准备渡河，岸边只有一条船，每次最多只能有 2 人乘渡。但是为了确保安全，传教士应如何规划摆渡方案，使任何时刻在河的两岸以及船上的野人数目总是不超过传教士的数目（但允许在河的某一岸或者船上只有野人而没有传教士）？若让你来规划摆渡方案，在每次渡河后都会有几种渡河方案可供选择，选择哪个方案既能满足题目的约束条件又能顺利过河呢？这便是搜索问题。当找到一种解决方案时，这个方案是否是最优解？若不是，那怎么才可以找到最优解？如何在计算机上实现这样的搜索？本节将介绍这些搜索问题。求解搜索问题的技术被称为搜索技术。

图 2.11 是一个搜索问题的示意图。其表明了如何在一个较大的问题空间中，只通过搜索较小的范围就可以寻到问题的解。不同的搜索技术找到解空间的范围是有区别的。一般情况下，对于一些大空间问题，搜索策略的关键是要解决组合爆炸问题。

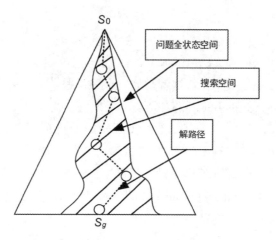

图 2.11　搜索空间示意图

　　搜索策略的主要目标是确定选取规则的方式。搜索策略主要有两种：一种是不考虑给定问题所具有的特定知识，系统根据事先确定好的某种固定排序，依次调用规则或随机调用规则，这实际上是盲目搜索的方法，一般统称为无信息引导的搜索策略；另一种是考虑问题领域可应用的知识，动态地确定规则的排序，优先调用较合适的规则使用，这就是所谓的启发式搜索策略或有信息引导的搜索策略。

　　本节将介绍一些常用的搜索技术。

2.3.1　图搜索策略

　　一般情况下，搜索问题可以转化为图搜索问题。例如先前介绍的传教士与野人问题，设初始状态传教士、野人以及船都在河的左岸，目标是到达河的右岸但需满足问题的约束条件。若用在河左岸的传教士、野人人数以及船是否在左岸表示一个状态，那么在任何时刻下，该问题的状态都可使用三元组（M，C，B）表示，其中 M 表示河左岸的传教士人数，C 表示河左岸的野人人数，B 表示船是否在左岸，船在左岸用 $B=1$ 来表示，船在右岸用 $B=0$ 来表示。显然该问题的初始状态是（3，3，1），目标状态是（0，0，0）。那么如何求解出一条从（3，3，1）到（0，0，0）的路径呢？这便是图搜索问题。路径是给出的一个状态序列，而序列的第一个状态是初始状态，最后一个状态是目标状态，序列中任意两个相邻的状态之间通过一条连线连接。如图 2.12 所示，所有满足约束条件的状态以及它们之间的联系就构成了状态图。

　　为了提高搜索效率，图搜索采用的策略是边搜索边生成图，直到找到一个满足条件的解为止，得到的解就是路径。如何衡量搜索策略的好坏呢，即在搜索过程中产生的无用状态越

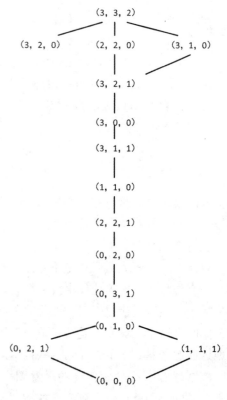

图 2.12　传教士与野人问题状态图

少——非路径上的状态越少，那么搜索效率就越高，与之对应的搜索策略就越好。

一般情况下，假定一个搜索过程的中间状态如图 2.13 所示。图中节点表示状态，实心圆表示已经扩展的节点（即已经生成了连接该节点的所有后继节点），空心圆表示还没有被扩展的节点。

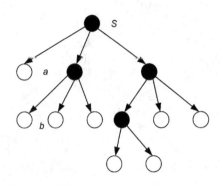

图 2.13　搜索示意图

图搜索策略就是如何从叶节点即空心圆中选择一个节点进行扩展，以便尽快地找到一条满足条件的路径。不同的选择方法就形成了不同的图搜索策略。若在选节点时利用了与问题相关的知识或启发信息，则称其为启发式搜索，否则就称其为盲目搜索。

2.3.2　盲目搜索

若在搜索过程中没有利用任何与问题有关的知识或信息，则称为盲目搜索。最常用的两种盲目搜索方法是深度优先搜索和宽度优先搜索。

1. 深度优先搜索

深度优先搜索是一种常用的盲目搜索策略，其思想是优先扩展深度最深的节点。在某个图中，初始节点的深度定义为 0，其他节点的深度定义为其父节点的深度加 1。例如，在图 2.13 中，初始节点 S 的深度为 0，则节点 a 和 b 的深度分别为 1 和 2。

深度优先搜索的策略：每次扩展一个深度最深的节点，若有多个节点的深度相同，则会根据规则从中选择一个。若该节点没有子节点，则会选择一个深度最深而又不包含该节点的节点进行扩展。按此策略进行，直到找到问题的解之后结束；或再没有可扩展节点，则结束——没有找到问题的解。

以下将介绍深度搜索策略的搜索过程，以 N 皇后问题为例。

图 2.14　4 皇后问题的一个解

N 皇后问题描述：在一个 $N \times N$ 的国际象棋棋盘上摆放 N 枚皇后棋子，所要满足的规则是每行、每列以及每个对角线上只能出现一枚皇后，即不许棋子之间相互俘获。以下将以 4 皇后问题为例进行讲解。图 2.14 是 4 皇后问题的一个解。

为了方便求解该问题，用坐标表示某个皇后的位置，例如在第 1 行第 2 列有一个皇后，用坐标表示是 (1,2)。该问题的一个解如图 2.14 所示可表示为 ((1,2),(2,4),(3,1),(4,3))。假设搜索过程从上向下按行进行、每一行从左到右按列进行，则深度优先搜索过程如图 2.15 所示。

在搜索过程中，当某行不能摆放棋子时，就"回溯"到一个深度较浅的节点，否则就一直选择深度深的节点进行扩展。只要按照规则摆放棋子，对于 N 皇后这类问题就可以找到一个解。但对于其他问题，一直扩展深度较深的节点可能会导致"错误"的路线搜索。

为了避免这样的"错误"，在深度优先搜索中一般会加上一个深度限制，即在搜索过程中若某个节点的深度超过了深度限制，无论该节点是否符合规则，都强制回溯，进而选择一个较浅的节点扩展，而不是扩展最深的节点。

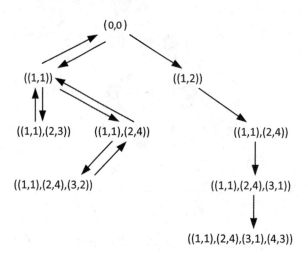

图 2.15　4 皇后问题搜索图

为了说明带有深度限制的深度优先搜索过程，以下将以八数码问题为例进行讲解。

八数码问题：在 3×3 的棋盘上摆放 8 个将牌，每个将牌都刻有 1～8 数码中的某个数码。棋盘中留下一个空格，以便其周围的某个将牌向空格移动，通过移动将牌就可以不断改变布局。该游戏求解的问题：给定某种初始将牌布局（初始状态）和某个目标布局（目标状态），那么应该怎样移动将牌才能实现从初始状态到目标状态的转换？问题的解实际上就是给出一个合理的移动序列。如图 2.16 所示为八数码问题。

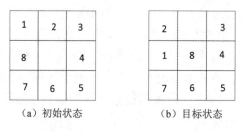

（a）初始状态　　　（b）目标状态

图 2.16　八数码问题

图 2.17 给出了运用具有深度限制的深度优先搜索策略求解八数码问题的示意图，深度限制为 4。圆圈中的序号代表扩展节点的顺序（9 之后，用字母 a、b、c、d 表示），当达到深度限制之后，回溯到较浅一层的节点继续搜索直至找到目标节点。除初始节点之外，每个节点用箭头指向其父节点，当搜索到目标节点之后，沿着箭头所指反向追踪到初始节点，即可得到问题的解答。

对于不同的问题应该合理地设定一个深度限制值。若深度限制过深，则可能降低求解效率；若限制过浅，则可能找不到解。可以采取逐步增加的方法，先设置一个较小的数值，然后再逐渐地加大。

为了避免深度优先搜索的"死循环"问题，在搜索过程中可以记录从初始节点到当前节点的路径，只要扩展一个节点，就立刻检测该节点是否出现在"死循环"这条路径上；若发现在该路径上，则强制回溯，寻找其他深度最深的节点。

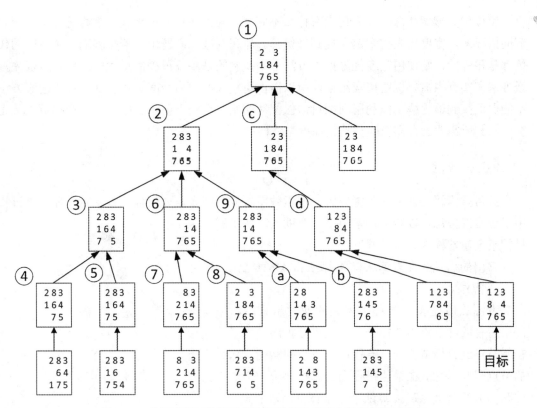

图 2.17 带深度限制的深度优先搜索策略求解八数码问题示意图

2. 宽度优先搜索

宽度优先搜索策略的基本思想是优先搜索深度浅的节点，即每次扩展节点时选择深度最浅的节点，若有深度相同的节点，则根据规则从深度最浅的几个节点中选择一个。再次以八数码问题为例，若采用宽度优先搜索策略，则示意图如图 2.18 所示。

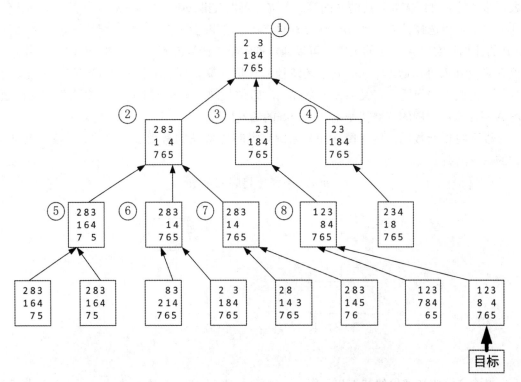

图 2.18 宽度优先搜索策略求解八数码问题示意图

宽度优先搜索和深度优先搜索有什么不同之处呢？在每一单步代价都相等并且问题有解的情况下，宽度优先搜索定会找到最优解。如在八数码问题中，若每移动一个将牌的代价都是相等的，则使用宽度优先搜索方法一定找到的是步骤最少的最优解。但宽度优先搜索方法在实行中需要保留搜索结果，所以需占用较大的搜索空间。尽管深度优先搜索方法不能保证找到最优解，但利用回溯只需保留从初始节点到当前节点的一条路径，可以节省空间，其所需要的存储空间与搜索深度呈线性关系。

2.3.3　启发式搜索

盲目搜索算法搜索的范围较大，搜索效率较低。那么，如何提高效率呢？在搜索过程中引进启发信息，以减少搜索范围，有助于尽快求解，这种搜索策略被称为启发式搜索。

常用的启发式搜索算法有 A 算法和 A* 算法，以下将介绍 A 算法。

设图 2.19 是搜索过程中得到的搜索示意图，需要从图中所有的叶节点中选择一个节点进行扩展。为了寻找从初始节点到目标节点的一条代价比较小的路径，那么所选的节点需要尽可能在最佳路径上。怎样评价一个节点在最佳路径上的概率呢？ A 算法给出了评价函数的定义：

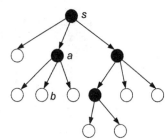

图 2.19　搜索示意图

$$f(n)=g(n)+h(n)$$

该式子中 n 为待评价的某中间节点；$g(n)$ 为从初始节点到节点 n 的最佳路径耗散值的估计值；$h(n)$ 为从节点 n 到目标节点 t 的最佳路径耗散值的估计值，称为启发函数；$f(n)$ 为从初始节点 s 经过节点 n 到达目标节点 t 的最佳路径耗散值的估计值，被称为评价函数。这里的代价指的是路径的代价，求解问题不同，代价所表示的含义也有所不同，可以表示路径的长度或需要耗费的时间等。若 $f(n)$ 可以较准确地估出 $s—n—t$ 这条路径的代价，那么每次可以选择扩展一个 $f(n)$ 值最小的节点。采用这种搜索策略的算法被称为 A 算法。$f(n)$ 的计算是实现 A 算法的关键，可以通过搜索结果计算得到 $g(n)$，例如在图 2.19 中，节点 b 的 $g(n)$ 值可以通过 $s—a—b$ 这条路径的代价计算得到，根据具体的问题计算 $g(n)$ 很容易。需要根据问题来定义启发函数 $h(n)$，即使是同一个问题也可能定义出不同的函数，用 A 算法求解问题的关键就是定义一个好的启发函数。

以下将以八数码问题（图 2.20）为例来说明 A 算法的搜索过程。首先定义八数码问题的启发函数：

$$h(n)= 不在位将牌的个数$$

2	8	3
1	6	4
7		5

1	2	3
8		4
7	6	5

（a）初始状态　　　　（b）目标状态

图 2.20　八数码问题示例

其含义：将待评价的节点与目标节点进行比较，计算一共有几个将牌所在位置与目标是不一致的，而不在位的将牌个数的多少大体反映了该节点与目标节点的距离。将图 2.20所示的初始状态与目标状态进行比较，发现 1、2、6、8 四个将牌不在目标状态的位置上，所以初始状态的"不在位的将牌数"就是 4，也就是初始状态的 h 值等于 4，其他状态的 h 值也按照此方法计算。图 2.21 是采用 A 算法求解八数码问题的搜索示意图。

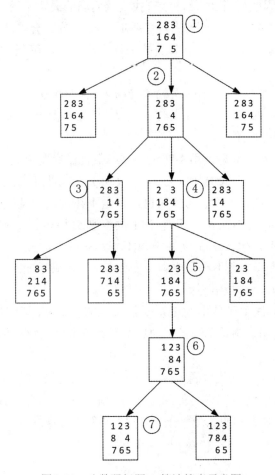

图 2.21 八数码问题 A 算法搜索示意图

A 算法的实现：设置一个变量 *OPEN*，作用是存放搜索图中的叶节点，即已经被生成出来但还没有被扩展的节点；搜索图中的非叶节点使用变量 *CLOSED* 进行存放，即那些被生成出来被扩展的节点。*OPEN* 中的节点按照 f 值从小到大排列。每次 A 算法从 *OPEN* 表中取出第一个元素（即 f 值最小的节点 n）进行扩展，若 n 是目标节点，则算法找到了一个解，算法结束；否则就扩展 n。对于 n 的子节点 m，若既不在 *OPEN* 中，也不在 *CLOSED* 中则将 m 加入 *OPEN* 中；若 m 在 *OPEN* 中，则说明从初始节点到 m 找到了两条路径，保留代价短的那条路径。若 m 在 *CLOSED* 中，则表明从初始节点到 m 有两条路径，若新找到的这条路径代价大，则什么也不做；若新寻到的路径代价小，则从 *CLOSED* 中将 m 取出并放入 *OPEN* 中。对 *OPEN* 重新按照 f 值从小到大排序，重复上述步骤，直到找到一个解就结束；或 *OPEN* 为空算法以失败结束，表明问题没有解。

在 A 算法中没有对启发函数进行规定，至于 A 算法得到的结果如何也不好评价。若启发函数 $h(n)$ 满足如下条件：

$$h(n) \leqslant h*(n)$$

则可以证明当问题有解时，A 算法一定可以得到一个代价最小的结果即最优解。满足该条件的 A 算法称作 A* 算法。

一般情况下，$h*(n)$ 是无法获取的，那么怎样判断式子 $h(n) \leq h*(n)$ 是否成立呢？需要具体问题具体分析。若问题是找到一条从 A 地到 B 地的距离最短的路径，则启发函数 $h(n)$ 可被定义为当前节点到目标节点的欧氏距离。尽管 $h*(n)$ 未知，但两点之间直线最短，所以有 $h(n) \leq h*(n)$。因此使用 $A*$ 算法就可找到该问题的最短路径。

A 算法中会出现这样的情况，当满足条件时，有些节点会被从 $CLOSED$ 表中取出重新放回 $OPEN$ 表中，这可能导致一个节点被进行多次扩展，降低求解效率。若启发函数 $h(n)$ 满足以下条件：

$$h(n_i)-h(n_j) \leq C(n_i,n_j) \text{ 且 } h(t)=0$$

在该式子中 n_j 是 n_i 的子节点，目标节点是 t，$C(n_i,n_j)$ 是 n_j 与 n_i 之间的代价，则称启发函数 $h(n)$ 满足单调限制条件。

例如前面介绍的八数码问题，用不在位的将牌数目作启发函数，假定将牌移动一步的代价为 1，于是任何父子节点间的代价为 1，即 $C(n_i,n_j)=1$。每移动一个将牌只会出现以下三种情况：①一个将牌从不在位移动到在位，于是不在位将牌数减少 1，$h(n_i)-h(n_j)=-1$；②一个将牌从在位移动到不在位，于是不在位将牌数将增加 1，$h(n_i)-h(n_j)=1$；③一个将牌从不在位移动到不在位，不在位将牌数不变，$h(n_i)-h(n_j)=0$。三种情况都满足 $h(n_i)-h(n_j) \leq C(n_i,n_j)$，而且目标节点不在位将牌数变为 0，于是满足 $h(t)=0$。所以，这样的启发函数是满足单调条件的。

可以证明，若 A 算法中所使用的启发函数满足单调条件，则不会发生一个节点被多次扩展的问题。也易证明，满足单调条件的启发函数也满足 A* 条件，所以一定有

$$h(n) \leq h*(n)$$

所以，若启发函数 $h(n)$ 满足单调条件，就不会出现重复节点扩展的情况，而且当问题有解时，一定以找到最优解为结束。但反过来不一定成立，启发函数 $h(n)$ 满足 A* 条件但不一定满足单调条件。由此可见，单调条件比 A* 条件更难满足。

课后题

1. 什么是知识？它有哪些特性？有哪几种分类方法？

2. 用产生式表示：如果一个人发烧、呕吐、出现黄疸，那么得肝炎的可能性有 7 成。

3. 试述产生式系统求解问题的一般步骤。

4. 构造一个描述教室的框架。

5. 用状态空间法表示问题时，什么是问题的解？求解过程的本质是什么？什么是最优解？最优解唯一吗？

6. 在确定性推理中，应该解决哪几个问题？

7. 在不确定性推理中，应该解决哪几个问题？

8. 请解释双向推理的基本思想。

9. 什么是盲目搜索？

10. 用深度优先方法求解下面的二阶梵塔问题（图 2.22），画出搜索过程的状态变化示意图。

对每个状态规定的操作顺序：先搬 1 柱的盘，放的顺序是先 2 柱后 3 柱；再搬 2 柱的盘，放的顺序是先 3 柱后 1 柱；最后搬 3 柱的盘，放的顺序是先 1 柱后 2 柱。

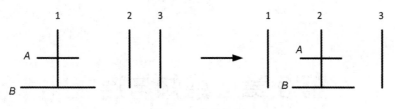

图 2.22　梵塔问题

11．请解释什么是宽度优先搜索策略。

12．请用 A* 算法求解下述八数码问题（图 2.23）。

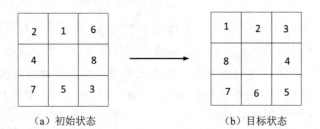

（a）初始状态　　　　　　（b）目标状态

图 2.23　八数码问题

13．在八数码问题中，如果移动一个将牌的耗散值为将牌的数值，请定义一个启发函数并说明该启发函数是否满足 A* 条件。

第3章　感知与连接

本章导读

感知技术、传输技术、计算技术是支撑人工智能迅速发展的基础技术。智能感知是指计算机能够具有人类的感知能力。智能感知为人工智能的认知智能提供了信息基础和应用依据，将人工智能转变为实际的生产力。传输技术为人工智能的应用做好了所有的铺垫，是万物互联的基础，也是人工智能发展的新动力。5G不仅能为人工智能应用提供网络速度，而且能补齐制约人工智能发展的短板，成为人工智能发展过程中新的驱动力。计算力是人工智能的核心要素和基本能力，是人工智能走向应用的基础，只有拥有了相应的算力，才能结合算法和数据更好地打造人工智能的平台，探索人工智能更多的应用领域。

感知、通信、计算三者也可以相互结合，三者的结合可以使其分别发挥出各自的优势。其中感知信息可以增强通信能力，通信可以扩展感知的维度和深度，而计算则可以进行多维数据融合和大数据分析。在三者结合的过程中，感知可以增强计算模型和算法的性能，通信可以引入泛在计算，计算技术可以实现超大规模通信。

本章要点

- 感知技术
- 传输技术
- 计算技术

感知技术、传输技术、计算技术是支撑人工智能迅速发展的基础技术。其中，感知技术为人工智能提供了信息基础和应用依据；传输技术为人工智能提供应用基础和发展动力；计算技术为人工智能提供基本能力和核心实现。

3.1　感知技术

人工智能之感知技术

3.1.1　感知技术概念

人们可以直接通过人体器官来感知外部世界，如眼睛感知视觉信息，鼻子感受嗅觉信息，耳朵接收听觉信息，皮肤感觉触觉信息等。人类有器官，但是机器没有。传感器就是这样一类装置，模拟了人的各种感官，让机器也能获取外部环境的信息。人的五官对能感知的外界信息无法给予精确的评判，没有一个评定的标准，比如对温度的感知只能是热冷，无法得知准确的温度值。同时五官可以感知的范围比较窄，比如对光线只能感知可见光的范围，难以感知红外线、紫外线等光源，并且不能感知高温、无色无味气体、剧毒物以及各种微弱信号等。对各种事物信息感知以及精确测量的需求促进了新的感知技术和仪器的出现。感知技术就是利用传感器等技术来感知外部世界的自然信息。

感知技术是指用于底层感知信息的技术，它通过物理、化学或者生物效应感受事物的状态、特征和方式的信息，按照一定的规律转换成可利用信号，用以表征目标外部特征信息的一种信息获取技术。感知技术、传输技术、计算技术协同工作示意图如图3.1所示。

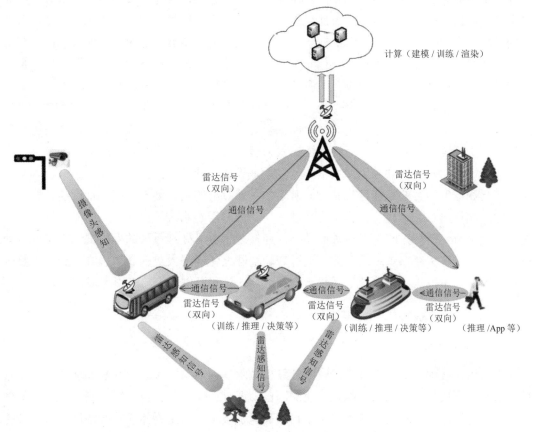

图 3.1　感知技术、传输技术、计算技术协同工作示意图

3.1.2　人工智能与感知的关系

感知是人工智能与现实世界交互的基础和关键，为人工智能提供数据基础和信息基础，是人工智能服务于工业社会的重要桥梁。人工智能通过对感知的信号与信息进行识别、判断、预测和决策，对不确定信息进行整理挖掘，实现高效的信息感知，让物理系统更加智能。人工智能与信息感知是被高度关注的热门领域，将两者进行有机结合具有重要的理论与应用价值。没有感知技术，人工智能就成为"无米之炊"。

感知过程通常包括感知信息获取、感知信息传输、感知信息处理与感知信息应用4部分，如图3.2所示。

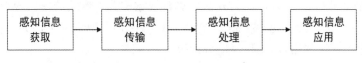

图 3.2　感知过程

智能感知系统是对物质世界的信息进行测量与控制的基础手段和设备。其中，感知信

息的获取是靠感知设备实现的。如果不能获取信息，或信息获取不准确，那么信息的存储、处理、传输都是毫无意义的。因而，信息获取是信息技术的基础，是信息处理、信息传输和信息应用的前提。一般来说，感知测量系统由感知模块、变换装置和应用模块三部分组成。

人工智能主要依赖感知系统在生产者方获取数字信息，主要借助数学计算方法（特别是与数值相联系的计算方法）来使用。这就是说，一方面，智能计算的内容本身具有明显的数值计算信息处理特征；另一方面，智能计算强调用"计算"的方法来研究和处理智能问题。需强调的是，智能中计算的概念在内涵上已经加以拓展和加深。一般来说，在解空间进行搜索的过程都被称为计算。近年来深度学习拓宽了神经网络的应用范围，特别是面向大数据的信息挖掘与分析，包括图像处理、自动驾驶以及自然语言处理等领域。

智能计算发展的重要方向之一就是不断引进深入的数学理论和方法，以"计算"和"集成"作为学术指导思想，进行更高层次的综合集成研究。目前的研究方向不仅突破了模型及算法层次的综合集成模式，而且已经进入了感知层与认知层的综合集成模式。

智能信息感知可以划分为两大类：一类为基于传统计算机的信息处理；另一类为基于神经网络和深度学习的智能信息感知。基于传统计算机的信息处理系统包括智能仪器、自动跟踪监测仪器系统、自动控制制导系统、自动故障诊断系统等。在人工智能系统中，它们具有模仿或代替与人的思维有关的功能，通过逻辑符号处理系统的推理规则来实现自动诊断、问题求解和专家系统的智能。这种智能实际上体现了人类的逻辑思维方式，主要应用串行工作程序按照一些推理规则一步一步进行计算和操作，目前应用领域很广。

3.1.3 视觉感知技术

1. 人脸识别技术

人脸识别技术是指利用分析比较的计算机技术识别人脸。人脸识别是一项热门的计算机技术研究领域，其中包括人脸追踪侦测、自动调整影像放大、夜间红外侦测、自动调整曝光强度等技术。人脸识别技术属于生物特征识别技术，以生物体（一般特指人）本身的生物特征来区分生物体个体。

近几年来，人脸识别技术发生了重大变化。常规方法依靠的是手工设计的特征（例如，边缘和纹理描述的数量），结合了机器学习技术（例如，主成分分析、线性判别分析或支持向量机）。在无约束的环境下，人为地设计出适应不同变化情况的稳健特性是非常困难的，这就使得以往的研究集中于针对各种变化类型的特殊方法，例如能够适应不同年龄、不同姿势、不同光照条件等。最近，基于卷积神经网络（Convolutional Neural Networks，CNN）的深度学习方法取代了传统的人脸识别方法。深度学习方法的主要优点是可以用大量的数据集来训练，从而学会如何找到最佳的特征来很好地表示这些数据。因为互联网提供了大量自然人脸部图像，研究人员可以收集到大量的脸部数据，这些脸部数据包含现实世界中的各种变化情况。基于 CNN 的人脸识别方法使用这些数据集进行训练，由于能够获取人脸图像中的稳健特征，因此能够应对训练过程中使用的人脸图像所呈现的真实世界变化情况，且具有很高的准确性。另外，计算机视觉中深度学习方法的不断普及也加快了人脸识别研究的步伐，CNN 也被用来处理许多其他计算机视觉任务，如目标检测与识别、分割、光学字符识别、年龄预测和表情分析等。

人脸识别系统通常由以下构建模块组成：

（1）人脸检测。人脸检测器用于寻找图像中人脸的位置，如果有人脸，就返回包含每张人脸的边界框的坐标。

（2）人脸对齐。人脸对齐的目标是使用一组位于图像中固定位置的参考点来缩放和裁剪人脸图像。这个过程通常需要使用一个特征点检测器来寻找一组人脸特征点，在简单的 2D 对齐情况中，即为寻找最适合参考点的最佳仿射变换，主要是将人脸中的眼睛、嘴、鼻子和下巴检测出来，然后用特征点标记出来。更复杂的 3D 对齐算法还能实现人脸正面化，即将人脸的姿势调整到正面向前。

（3）人脸表征。该方法将人脸图像的像素值转化为人脸特征向量，该向量结构紧凑，具有可判别性。理论上，同一主体的所有脸部应该映射到相同的特征向量上。

（4）人脸匹配。在人脸匹配构建模块中，两个模板会进行比较，从而得到一个相似度的分数，基于该分数可以判断人脸是否匹配。

人脸识别构建模块组成如图 3.3 所示。

图 3.3　人脸识别构建模块组成

2. 指纹识别技术

指纹识别是一种通过系统响应信息来判断系统身份的技术。在某些时刻，会发送一些意外的数据组合，从而触发系统做出响应。指纹是手指末端正面皮肤上凸凹不平产生的纹路。虽然指纹只是人类皮肤的一小部分，但却包含了大量的信息。指纹特征可分为两类：总体特征和局部特征。总体特征是指那些用人眼可以直接观察到的特征，包括纹路基本图样、模式区、核心点、三角点、式样线和纹线等。基础纹路有环形、弓形、螺旋形。局部特征就是指纹上节点的特征，这些具有某种特征的节点称为特征点。两枚指纹经常会具有相同的总体特征，但它们的局部特征——特征点，却不可能完全相同。指纹图上的特征点也就是指纹图上的终节点、分叉点和转折点。

指纹识别技术通常使用指纹的总体特征（如纹形、三角点等）来进行分类，再用局部特征（如位置和方向等）来进行用户身份识别。通常，首先从获取的指纹图像上找到"特征点"（minutiae），然后根据特征点的特性建立用户活体指纹的数字表示——指纹特征数据（一种单向的转换，可以从指纹图像转换成特征数据，但不能从特征数据转换成指纹图像）。由于两枚不同的指纹不会产生相同的特征数据，因此通过对所采集到的指纹图像的特征数据和存放在数据库中的指纹特征数据进行模式匹配，计算出它们的相似程度，最终得到两枚指纹的匹配结果，根据匹配结果来鉴别用户身份。由于每个人的指纹不同，就是同一人的十指之间，指纹也有明显区别，因此指纹可用于身份鉴定。

指纹识别技术主要包括四个方面：读取指纹图像、提取特征、保存数据和比对。首先，通过指纹读取设备读取人体指纹的图像之后，要对原始图像进行预处理。其次，用指纹辨识软件建立指纹的数字表示特征数据，是一种单方向的转换，可以从指纹转换成特征数据，但不能从特征数据转换成为指纹，而两枚不同的指纹不会产生相同的特征数据。软件从指纹上找到被称为"节点"的数据点，也就是那些指纹纹路的分叉、终止或打圈处的坐标位置，这些点同时具有七种以上的唯一性特征。因为通常手指上平均具有 70 个节点，所以这种方法会产生大约 500 个数据。有的算法将节点和方向信息组合产生了更多的数据，这些方向信息表明了各个节点之间的关系，也有算法处理整幅指纹图像。总之，这些数据通常称为模板，保存为 1KB 大小的记录。最后，通过计算机模糊比较的方法，对两枚指纹的模板进行比较，计算出它们的相似程度，最终得到两枚指纹的匹配结果。具体识别过程如图 3.4 所示。

图 3.4 指纹识别过程

3. 车牌识别技术

近年来，随着人工智能技术的迅猛发展，计算机视觉技术也有了长足的进步，被广泛应用于交通管理、治安处罚等领域（如交通流量监控、交通诱导控制、区域停车管理、不停车收费、机动车违法抓拍等领域）。基于人工智能深度学习理论，一种快速、准确的车牌识别方法——图像分割与深度学习图像识别技术（图 3.5）被提出。这种技术的识别过程主要包括图像采集、汽车目标识别、车牌字符分割、深度学习识别符、显示识别结果 5 个步骤

图 3.5 深度学习图像识别技术

汽车牌照自动识别技术是利用车辆的动态视频或静态图像进行牌照号码、牌照颜色自动识别的模式识别技术。其通过对图像的采集和处理，完成车牌自动识别功能，能从一幅图像中自动提取车牌图像，自动分割字符，进而对字符进行识别。其硬件基础一般包括触发设备（监测车辆是否进入视野）、摄像设备、照明设备、图像采集设备、识别车牌号码的处理机（如计算机）等。基于人工智能技术的车牌识别系统（图 3.6）具有更高的识别率，利用深度学习及大规模图像训练，准确识别图片中的物体类别、位置、置信度等综合信息。

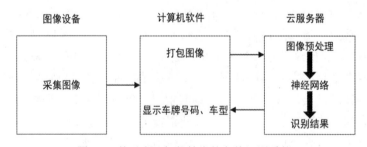

图 3.6 基于人工智能技术的车牌识别系统

3.1.4 声音感知技术

1. 对话式交互技术

以智能音箱、智能电视为代表的对话式交互，是时下非常火的且能够走近我们生活的人工智能子领域。对话式交互技术包括语音识别 / 合成、语义理解和对话管理三部分。当下的对话式交互产品主要分两类：以微软小冰为代表的开放域（Open Domain）对话系统和以亚马逊 Alex 为代表的任务导向（Task Oriented）对话系统。在开放式聊天中，

准确地理解用户的话并给出正确的答案是非常困难的，面对用户千奇百怪的问题，机器很可能会弄错意图，知识库的覆盖范围不会太广。开放式领域的聊天更像是一种信息检索系统，根据现有的知识库为用户的输入匹配一个答案。其对话能力是非常有限的，构建完善的知识库就更加困难了。以任务为导向的对话系统旨在帮助用户完成特定领域的任务，如"查询天气""预订酒店"等，这类特定领域的对话系统的最大优点就是实现效率较高，产品化容易。

2. 声纹识别技术

所谓声纹（Voiceprint），是用电声学仪器显示的携带言语信息的声波频谱。人类语言的产生是人体语言中枢与发音器官之间一个复杂的生理物理过程，在讲话时每个人使用的发声器官（舌、牙齿、喉头、肺、鼻腔）在尺寸和形态方面差异很大，所以任何两个人的声纹图谱都有差异。声纹识别过程如图 3.7 所示。

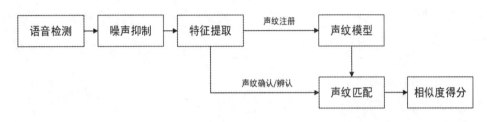

图 3.7 声纹识别过程

声纹识别可以说有两个关键问题：一是特征提取；二是模式匹配。特征提取的任务是提取并选择对说话人的声纹来说具有可分性强、稳定性高等特性的声学或语言特征。与语音识别不同，声纹识别的特征必须是"个性化"特征，而识别说话人的特征对说话人来讲必须是"共性特征"。虽然大部分声纹识别系统用的都是声学层面的特征，但是表征一个人特点的特征应该是多层面的：①与人类的发音机制的解剖学结构有关的声学特征（如频谱、倒频谱、共振峰、基音、反射系数等）、鼻音、带深呼吸音、沙哑音、笑声等；②受社会经济状况、受教育水平、出生地等影响的语义、修辞、发音、言语习惯等；③个人特点或受父母影响的韵律、节奏、速度、语调、音量等特征。从利用数学方法建模的角度出发，声纹自动识别模型可以使用的特征如下：①声学特征（倒频谱）；②词法特征（说话人相关的词 N-Gram、音素 N-Gram）；③韵律特征（利用 N-Gram 描述的基音和能量"姿势"）；④语种、方言和口音信息；⑤通道信息（使用何种通道）等。

3.1.5 生理感知技术

生理感知是指通过传感器采集人体信息和环境信息，提取人体生理特征，分析人体目前的生理状态，对异常体态人群进行预警并进行干预。生理状态感知的基础是生物特征提取。生物特征提取是指从传感器收集到的信息中，提取出能对人体状态做出反应的特征，如心率、血压等身体的表层生理特征，以及情绪、可用于识别身份的生物特征等身体深层特征。生物特征提取的复杂度较高，专用传感器的研制成本相对较高，因此，研究开发生物特征专用传感器是十分必要的。为了降低传感器的开发成本，可采取两种方法：选择合适的传感器和使用合适的算法。

对于传感器的选择，我们从现有的传感器中选择了采集范围广、数据量大、分布广的传感器作为人体信息采集的传感器。其中，摄像机价格低廉，分布广泛，能同时采集多种信息。因为摄像机采集的视频序列是包含时空信息的矩阵式数据，以像素为单元，可用于多点、多目标的人体信息采集。摄像机采集到的视频序列包含了人体皮肤表面反射光的信息，根据 Lamber-Beer 定律，人体脉搏信号可以通过人体皮肤表面反射光的变化来获取，从而获得人体心率和血压。所以，无需研发专用传感器，照相机就可作为传感器来获取人体的血压、心率等生理特征。

举例来说，在自动驾驶领域，通过摄像机实时采集驾驶员的视频信息，并将其上传到手机或服务器进行处理，分析驾驶员心率和血压的变化。如果驾驶员的心率或血压突然升高或突然下降等，车辆自动驾驶系统结合收集到的环境信息，可以使驾驶人得到适当的干预：如果环境感知显示当前环境处于正常状态，而驾驶员出现心率或血压突然下降等异常情况，说明驾驶人身体出现问题，车辆的自动驾驶系统在车辆行驶至安全区域后会强制制动，并拨打急救电话，为驾驶员寻求医疗帮助；如果环境感知显示车辆处于危险的紧急状态，则驾驶人的自动驾驶系统强制刹车，并拨打急救电话为驾驶员寻求医疗帮助；如果环境感知显示车辆处于危险的紧急状态，则驾驶人的自动驾驶系统对当前环境信息进行分析，并为驾驶员提供最有效的帮助。

3.1.6 环境感知技术

1. 有害气体感知技术

有害气体感知主要包括释放源定位和有害气体检测技术。通过遥感影像确定有害气体释放源目标的精确位置，相关人员可对有害气体释放事故进行早期预警并在事故发生后作出实时应对决策，及时制止有害气体释放和查看扩散情况，降低有害气体释放带来的各种危害与减少伤亡，遥感影像可对释放源目标进行精确定位，与可见光气体成像不同，红外成像利用有害气体与背景的温度差，可有效地将有害气体与周围环境分开，实现对有害气体的有效监测。常用的空气质量与安全监测设备有电化学传感器、催化可燃气体传感器、固体传感器、红外气体传感器。

2. 温湿度感知技术

温湿参数的采集必然要选择合适的温湿度传感器。温湿度传感器是指能将温度量和湿度量转换成容易被测量处理的电信号的设备或装置。由于温度与湿度不管是从物理量本身还是在实际人们的生活中都有着非常密切的关系，因此温湿度一体的传感器相应产生。市场上的温湿度传感器一般是测量温度量和相对湿度量。

3.1.7 其他感知技术

1. 情境感知

"主人在开车，一会儿我叫他回复您。"也许不久以后手机会收到这样的自动回复。能够感知并利用用户状态、周围环境以及背景知识是下一代智能助手的发展方向。这项技术叫情境感知。情境简单地说就是当下的人和当下的环境。

其实，最简单的情境感知是手机的屏幕旋转，当颠倒手机时，手机的陀螺仪传感器会同时测量手机转动、偏转等一系列数据，将数据传输到 CPU 处理最后反馈到手机屏幕上。再比如，一个喜欢用喜马拉雅 App 的男孩经常是 9 点钟上班，手机感知此时男孩正以汽车的速度从他家往公司前进，并且此时男孩把耳机插入，且此时没有来电，手机基本可以判断的是，他想在路上听有声小说了，于是手机会弹出喜马拉雅 App 的快捷方式。

2. 位置感知

位置服务已经成为越来越热的一门技术，也将成为以后所有移动设备（智能手机、掌上电脑等）的标配。而定位导航技术中，目前精度最高、应用最广泛的，自然非 GPS 莫属了。

GPS 导航系统的基本原理是测量出已知位置的卫星到用户接收机之间的距离，然后综合多颗卫星的数据就可以知道接收机的具体位置。GPS 卫星在空中连续发送带有时间和位置信息的无线电信号，供 GPS 接收机接收。由于传输距离的影响，接收机接收到信号的时刻要比卫星发送信号的时刻延迟，通常称为时延，因此，也可以通过时延来确定距离。卫星和接收机同时产生同样的伪随机码，一旦两个码实现时间同步，接收机便能测定时延；将时延乘以光速，便能得到距离。

3.2　传输技术

人工智能之传输技术

3.2.1　传输技术概述

数据传输技术是指数据源与数据宿之间通过一个或多个数据信道或链路、共同遵循一个通信协议而进行的数据传输的方法和设备。在情报技术中，数据传输技术主要用于计算机与计算机或计算机数据库之间、计算机与终端之间、终端与终端之间的信息通信或情报检索。典型的数据传输系统由主计算机（host）或数据终端设备（Data Terminal Equipment，DTE）、数据电路终端设备及数据传输信道（专线或交换网）组成。数据的传输过程是 DTE 把人们要传送的文字、图像或语言信息经机电转换、光电转换或声电转换的人机接口变成设备内的电信号，再通过数字通信设备（Data Circuit-terminating Equipment，DCE）变成适合信道传输的信号送到数据传输信道。接收端的 DCE 将线终信号还原后输入计算机，最后还原成文字、图像或语言信息。数据终端设备隶属于通信网用来发送或接收数据或收发两用的设备。数据终端设备按人机联系方式可分接触（如键盘）、语音或图像终端，按传输方式可分同步、异步终端。在情报数据传输中，常用的 DTE 有视觉显示器、电传打字机和传真机。

3.2.2　人工智能与传输技术的关系

传输技术指充分利用不同信道的传输能力构成一个完整的传输系统，使信息得以可靠传输的技术；有效性和可靠性是信道传输性能的两个主要指标。人工智能是一种由人工开发的可在短时间内实现大量计算、检索及推理等功能的高新技术。在当今科技蓬勃的时代，人工智能的快速发展必然离不开传输技术，传输技术是其不可或缺的动力和支撑。

人工智能具备庞大的数据库，可在数据库中对信息关键词进行快速检索，同时根据相关性高低筛选出合适信息，从而实现智能化的判断和反应。也可以将人工智能理解为利用计算机程序模拟人的智能，其能够模仿学习人类进行图像声音识别、逻辑推理、结果预测、行为判定等，甚至还可以完成一些人类自己都无法完成的复杂性工作任务。

现如今，人工智能与传输技术融合发展已经成为主流趋势。在传输技术逐渐发展的背景下，人工智能能够对海量数据进行更加细致的分析，并进一步提高整体智能化水平。人工智能的应用本身就有助于优化通信网络及提高网络传输效率，并且人工智能作为一种模拟人类思维的技术，可以依靠机器的学习能力实现对数据的筛选过滤、分类整理以及深入分析，同时通过从中不断学习知识和积累经验来提升自身，从而可以在短时间内完成大量的数据传输、整合及运算；传输技术可以使人工智能实现远距离控制，例如超远距离无线遥控人工智能机器人。机器人通过 GSM 模块接收短信，可被超远距离无线遥控，而且具有人工智能功能，从而可以使住户出门在外也能清扫房间；传输技术分为多种类别，不同类别的传输技术可以支持不同的人工智能应用。当前 5G 技术的发展也使人工智能向前进了一步。5G 通信技术不但容量更大、数据处理速度更快，并且成本低、可大规模连接。5G 通信技术可以与智能设备、智能工厂等融合发展，使人与物之间高效、自由、安全地联通。

3.2.3　有线传输技术

有线传输是指通信信号和信息通过各种传输线路来进行传输的技术类型，例如光缆、同轴电缆、双绞线等。一般来说，有线传输主要由 4 个关键部分构成，分别为有线信道、信号处理、信息终端和信道终端。我国通信工程的主要技术由 5 个部分组成，分别为传感器、调制解调器、传导材料、有线传输和信号复分接，这 5 个部分有着密切的联系且相互作用。

作为一种传统通信技术，有线传输技术有着更高的可靠性和更稳定的传输质量，仍然是不可或缺的通信传输方式。有线传输系统模型如图 3.8 所示。

图 3.8　有线传输系统模型

3.2.4　无线传输技术

无线数据传输是指利用无线通信模块将设备输出的数据或者各种物理量进行远程传输，可以进行无线模拟量采集也可以进行无线开关量控制，如果传输的是开关量，可以做到远程设备遥测遥控。无线传输具有安装维护方便、绕射能力强、组网结构灵活、大范围覆盖等特点，适合点多而分散、地理环境复杂的应用场合等。在移动终端高度智能化、无线传输网络广泛部署的今天，人们可以通过传输网络随时随地接入互联网，智能移动终端也成了日常生活、学习和工作必不可少的一部分。

无线数据传输设备广泛应用于无线数传领域，典型应用包括遥控、遥感、遥测系统中的数据采集、检测、报警、过程控制等环节。一个典型的无线通信系统主要由发射机、无线信道和接收机构成，如图 3.9 所示。发射机包括信源、信源编码、信道编码、调制和射频发送等模块；接收机包括射频接收、信道估计与信号检测、解制、信道解码、信源解码和信宿等模块。无线传输研究的目的在于打破原有的通信模式，获得无线传输性能的大幅度提升。无线传输技术中，常见的有蓝牙、WiFi、ZigBee 等技术。

1. 蓝牙技术

蓝牙技术是低成本的近距离无线传输技术，它为固定设备或移动设备通信环境建立一个特别的连接，是无线数据通信和语音通信的开放性的全球规范。蓝牙的主要目标是提供一个全世界通行的无线传输环境，通过无线电波来实现所有移动设备之间的信息传输服务。

蓝牙技术具备射频特性，采用了时分多址（Time Division Multiple Access，TDMA）结构与网络多层次结构，在技术上应用了跳频技术、无线技术等，具有传输效率高、功耗小、抗干扰能力强、安全性高且操作简单等优势，所以被各行各业所应用。

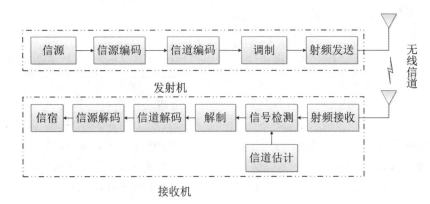

图 3.9　典型的无线通信系统

蓝牙在很多领域有广泛的应用，例如在智能家居方面，将蓝牙系统嵌入 LED 灯、电视机等传统家用电器中，使之智能化并具有网络信息终端的功能，能够主动地发布、获取和处理信息。在 LED 灯中加入蓝牙低能耗（Bluetooth Low Energy，BLE）模块，用户可以通过智能手机的 App 实现对 LED 灯的开关、亮度、颜色和模式进行一对一、一对多、多对多控制，更加方便灵活，同时支持遥控器设备，适用于住宅、酒店、办公室、咖啡厅等。

2. WiFi 技术

WiFi 的英文全称为 Wireless Fidelity（无线保真），在无线局域网（Wireless Local Area Networks，WLAN）里又指"无线相容性认证"（实质上是一种商业认证）。同时它也是一种无线联网技术，即可以将个人计算机、手持设备等终端设备以无线方式互相连接的短距离无线技术。其特点是覆盖范围广、传输速度高、成本小、发射功率低和组网方法简单等。

WiFi 技术在智能家庭中的应用主要体现在家庭内部组网方面。家庭网关内嵌 WiFi 模块与家居设备进行通信：①家用设备的控制；②数字可视对讲；③安防报警；④信息发布；⑤远程监控；⑥设备自检和远程维护。

3. ZigBee 技术

ZigBee 技术是一种近距离、低复杂度、低功耗、低速率、低成本的双向无线通信技术。ZigBee 的目标是建立一个无所不在的传感器网络（Ubiquitous Sensor Network），主要适用于自动控制和远程控制领域，可以嵌入各种设备中，同时支持地理定位等功能。其特点是结构简单、功耗低、成本低、可靠性高、安全、数据速率低等。

ZigBee 技术主要应用在数据传输速率不高的短距离设备之间，因此非常适用于家电和小型电子设备的无线数据传输。把 ZigBee 模块嵌入智能家居环境监测系统的各传感器设备中，可实现近距离无线组网与数据传输。通过 ZigBee 网络，可以远程控制家里的电器、门窗等；可以方便地实现水、电、气三表的远程自动抄表；通过一个 ZigBee 遥控器，可以控制所有的家电节点。可以将支持 ZigBee 的芯片安装在家庭的电灯开关、烟火检测器、抄表系统、无线报警系统、安保系统、供热通风与空气调节（Heating Ventilation and Air Conditioning，HVAC）系统、厨房机械中，实现远程控制服务，给人们带来一个更加方便、更加舒适的生活。

3.2.5 移动通信技术

移动通信技术是通信技术新的发展，其最大的特点就是具备移动性。它是利用移动终端设备来进行通信，实现信息的交流，以共享资源的一种新兴技术。随着智能手机的发展，移动通信技术更是得到飞速的发展。

1. 4G 技术

4G 即第四代移动通信标准，也被称为第四代移动通信技术。4G 技术基于 3G 通信技术不断优化升级和创新发展，并且融合了 3G 通信技术的优势，进一步衍生出了一系列自身固有的特征，以 WLAN 技术为发展重点。4G 通信技术的创新使其与 3G 通信技术相比具有更大的竞争优势。首先，4G 通信在图片、视频传输上能够实现原图、原视频高清传输，其传输质量与计算机画质不相上下；其次，利用 4G 通信技术，可使软件、文件、图片、音视频下载的速度达到每秒几十兆，这是 3G 通信技术无法实现的，同时这也是 4G 通信技术一个显著优势。这种快捷的下载模式能够为我们带来更佳的通信体验，也便于我们日常学习中资料的下载。

4G 通信技术的特点如下：

（1）高速率。

（2）良好的兼容性。

（3）灵活性较强。

（4）多类型用户并存。

（5）多种业务相融。

2. 5G 技术

（1）5G 技术简介。5G 网络的主要目标是让终端用户始终处于联网状态。5G 网络支持的设备远远不止是智能手机，它还支持智能手表、健身腕带、智能家庭设备（如鸟巢式室内恒温器）等。5G 网络数据传输原理如图 3.10 所示。

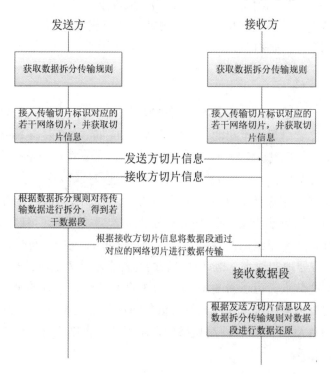

图 3.10　5G 网络数据传输原理图

1）发送方获取数据拆分传输规则。其中，数据拆分传输规则根据待传输数据的安全保密等级确定得到，包括数据拆分规则和拆分后各数据段的传输切片标识。

2）接入传输切片标识对应的若干网络切片，并获取切片信息，得到发送方切片信息。其中，发送方切片信息包括接入切片 IP 与端口信息。

3）将发送方切片信息传输至接收方，并对接收到的接收方切片信息进行记录。

4）接收数据段，并根据发送方切片信息以及数据拆分传输规则对数据段进行数据还原，得到传输数据。

（2）5G 技术网络架构。目前，5G 的关键技术还处于研究与发展的阶段。为了实现 5G 的愿景和需求，5G 在网络技术和无线传输技术方面都将有新的突破。其关键技术总体框架如图 3.11 所示。

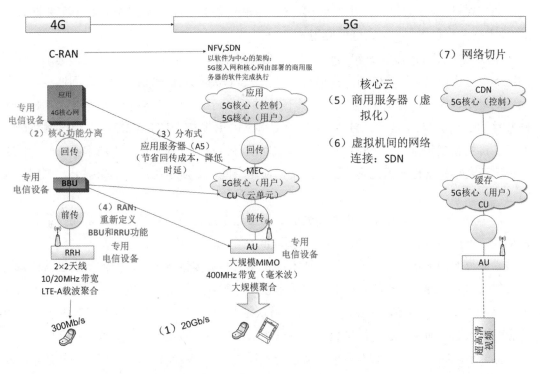

图 3.11　5G 关键技术总体框架

1）5G 网络空口至少支持 20Gb/s 速率，用户 10s 就能够下载一部超高清（Ultra High Definition，UHD，分辨率 4 倍于全高清，9 倍于高清）电影。

2）核心网功能分离。核心网用户面部分功能下沉至中心机房（Central Office，CO，相当于 4G 网络的 eNodeB），从原来的集中式核心网演变成分布式核心网，这样，核心网功能在地理位置上更靠近终端，减小时延。

3）分布式应用服务器（Application Server，AS）。AS 部分功能下沉至 CO，并在 CO 部署移动网络边界计算平台（Mobile Edge Computing，MEC）。MEC 有点类似于内容分发网络（Content Delivery Network，CDN）的缓存服务器功能，但不仅于此。它将应用、处理和存储推向移动边界，使得海量数据可以得到实时、快速处理，以减少时延、减轻网络负担。

4）网络功能虚拟化（Network Function Virtualization，NFV）。NFV 就是将网络中的专用电信设备的软硬件功能［比如核心网中的移动管理实体（Mobility Management Entity，MME）、服务 /PDN 网关（Serving/PDN Gateway，S/P-GW）和策略与计费规则

功能单元（Policy and Charging Rules Function，PCRF），无线接入网中的数字单元（Digital Unit，DU）等〕转移到虚拟机（Virtual Machines，VMs）上，在通用的商用服务器上通过软件来实现网元功能。

5）软件定义网络（Software Defined Networking，SDN）。5G 网络通过 SDN 连接边缘云和核心云里的 VMs（虚拟机），SDN 控制器执行映射，建立核心云与边缘云之间的连接。网络切片也由 SDN 集中控制。

6）网络切片。5G 网络将面向不同的应用场景，比如，超高清视频、虚拟现实、大规模物联网（车联网）等，不同的场景对网络的移动性、安全性、时延、可靠性，甚至是计费方式的要求是不一样的，因此，需要将物理网络切割成多个虚拟网络，每个虚拟网络面向不同的应用场景需求。虚拟网络间是逻辑独立的，互不影响。

（3）5G 技术在人工智能中的应用。5G 技术与人工智能联系密切，其中车联网便是 5G 技术在人工智能中一个很好的应用。

车联网（Vehicle to Everything，V2X）是实现车辆与周围的车、人、交通基础设施和网络等全方位连接和通信的新一代信息通信技术。车联网通信包括车与车之间通信、车与人之间通信、车与网络之间通信等，具有低时延、高可靠性等传输要求。C-V2X 是基于蜂窝移动通信的 V2X 技术，分为 LTE V2X 和 5G NR V2X。LTE V2X 可以通过网络辅助通信和自主直接传输两种传输模式实现车联网业务。目前，在我国 5G 技术不断发展成熟的情况下，该技术也将因此具有更为广阔的应用空间，其应用质量会不断提升，应用价值将进一步凸显。

汽车发展的最终目标是实现自动驾驶，而在这个过程中，要经历很多阶段（最初的辅助驾驶、部分自动驾驶、有条件的自动驾驶到完全自动驾驶）。在这一发展过程中，车联网技术显得尤为重要。当前单车驾驶技术主要使用的是传感器技术，例如我们平常所知道的摄像头、雷达等。现有的传感器不仅成本过高，而且在距离、成本、传播路径、天气等方面存在很多安全问题，而网联正好可以解决这些问题。V2X 通信技术将实现与一切可能影响车辆通行的实体进行信息交互，可以降低车辆事故的发生率、缓解道路拥堵以及提供其他信息。V2X 技术将使车联网有更好的发展。而 5G V2X 技术重点支持面向自动驾驶的应用场景，并且可以为不同等级的自动驾驶提供多层次的网联服务。

高级驾驶通常指的是汽车能够实现半自动或全自动驾驶。每一辆车或 RSU 都会将从当地传感器获得的数据与附近的车辆共享，从而让周围的车辆清楚地知道该辆车要做什么，这样周围的车辆就能及时调整路线。及时将自己的驾驶情况告知临近的车辆，这样做的好处首先是降低了发生事故的可能性，使驾驶员和乘客更安全，其次是避免了交通拥挤。其典型应用场景包括协调车辆出入通道、协调车辆间应急避让、停车场自动停车等。图 3.12 显示了 5G NR V2X 中的高级驾驶场景。

3. 6G 技术

5G 开启了一个全新的万物互联世界，实现人与人、人与物、物与物的全面互联，逐步渗透到经济社会各个领域，成为经济社会数字化转型的重要基础设施。社会各行各业广泛应用 5G，与信息通信技术（Information and Communication Technology，ICT）的深度融合，将推动整个社会逐步进入数字化、信息化、智能化的时代。6G 将全面支撑 5G 在全社会中的数字化转型，实现从"万物互联"到"万物智联"的飞跃。

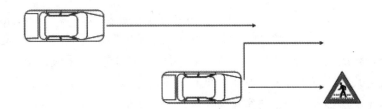

图 3.12　5G NR V2X 中的高级驾驶场景

与 5G 相比，6G 将进一步提升现有关键性能指标，根据当前业界专家观点，6G 峰值速率为 100G ～ 1Tb/s；用户体验速率将超过 10Gb/s，空口时延低至 0.1ms；连接数密度支持 1000 万连接 /km^2。在现有 5G 指标基础上，6G 还将引入一些新增性能指标，如定位精度（室内 1cm，室外 50cm）、时延抖动 ±0.1ns、网络覆盖性能等。此外，6G 网络还将具备高度智能化特点，通过与人工智能、大数据的结合，可满足个人和行业用户精细化、个性化的服务需求；6G 网络将有效降低成本和能耗，大幅提升网络能效，实现可持续发展。

3.2.6　卫星通信技术

卫星通信简单地说就是地球上（包括地面、水面和低层大气中）的无线电通信站之间利用人造卫星作为中继站转发或反射无线电波，以此来实现两个或多个地球站之间通信的一种通信方式。它是一种无线通信方式，可以承载多种通信业务，是当今社会重要的通信手段之一。卫星通信原理如图 3.13 所示。

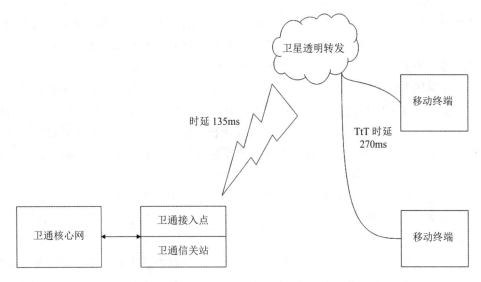

图 3.13　卫星通信原理图

卫星按照轨道高度进行分类，可以分为低轨卫星、中轨卫星、高轨卫星三类，其中低轨卫星由于传输时延小、链路损耗低、发射灵活、应用场景丰富、整体制造成本低，非常适合卫星与人工智能结合的发展。

地球近地轨道可容纳约 6 万颗卫星，而低轨卫星所主要采用的 Ku 及 Ka 通信频段资源也逐渐趋于饱和状态。目前，全球正处于人造卫星密集发射前夕。到 2029 年，地球近地轨道将部署总计约 57000 颗低轨卫星，轨位可用空间将所剩无几。空间轨道和频段作为能够满足通信卫星正常运行的先决条件，已经成为各国卫星企业争相抢占的重点资源。

传统地面通信骨干网在海洋、沙漠及山区偏远地区等苛刻环境下铺设难度大且运营成本高，通过部署传统通信骨干网络在互联网渗透率低的区域进行延伸普及存在现实障碍。目前，地球上超过 70% 的地理空间，涉及 30 亿人口未能实现互联网覆盖。建设卫星与人工智能相结合是解决地球"无互联网"人口数字鸿沟问题的重要手段，是实现网络信息地域连续覆盖普惠共享的有效补充。其中，低轨卫星通信核心商业应用场景主要包括偏远地区通信、海洋作业及科考宽带、航空宽带和灾难应急通信等。

人工智能之计算技术

3.3 计算技术

3.3.1 计算技术概述

计算技术是人工智能核心技术。随着数据的快速增长以及用户对计算能力的要求越来越高，各种计算技术层出不穷。计算技术主要指的是计算机的计算能力以及根据时代的发展衍生出来的新计算技术，比如云计算、碎片化数据计算、海量计算、不完备数据计算、量子计算、分布式计算、并行计算等。各种计算技术的发展与大数据的出现密不可分，也正是大数据技术与各种计算技术的出现促进了人工智能的发展。只有将大量数据输入计算机，计算机同时以超快的速率进行相应的计算才能保证人工智能算法的顺利运行。从这个层面上来说，计算技术是人工智能的基础，是其在发展过程中不可或缺的一部分。

3.3.2 人工智能与计算技术的关系

计算力是承载着人工智能应用的平台，同时是构建人工智能应用的基础。计算力的发展促进了人工智能的发展，是人工智能的核心要素。算力的不断提升促进了数据的产生和处理以及算法的优化和迭代，是人工智能能够取得快速发展的重要推动力。

人工智能的发展离不开算力、算法和数据三个要素，其中算力是核心中的核心，促进了人工智能的整体发展和成熟。可以说算力是推动人工智能走向具体应用的决定性力量。

人工智能对于算力提出了新要求，传统的 CPU 架构无法完全满足海量数据的并行计算需求，以加速计算、可编程计算等为代表的新的计算技术更能满足人工智能的并行计算需求。

计算平台既是算法和数据的载体，也是人工智能系统的承载平台，算力决定了人工智能系统的效率和人工智能应用的成败，在训练和推理方面，人工智能的实践都先开始计算平台的搭建。

总之，人工智能的发展需要巨大的算力作为支撑，算力是推动人工智能系统发展的核心驱动力。如果没有算力的支撑和数据的积累，人工智能只能是空中楼阁；算力是人工智能走向应用的必由之路，只有拥有了算力并与算法和数据结合才能打造人工智能平台，探索更多的应用。

3.3.3 碎片化数据计算

1. 碎片化信息的特征

近年来，随着互联网、人工智能、信息科学等科学技术的进步和发展，人们获得了大量的信息知识数据，与此同时，数据的复杂性不断提高，信息的可靠性降低，有价值数据提取的难度逐渐加大，信息已经进入了碎片化的时代，即时间的碎片化和数据的碎片化。充分利用这些零碎的信息是人类未来的发展趋势之一，是未来工业智能面临的最大难题之一.碎片化数据具有多源分布、社会性、无序性、不完整性、冗余性和隐匿等特点。

（1）多源分布。零碎的数据是分散的，信息具有多个来源。数据隐藏在零碎的信息中。例如，与人类生活密切相关的交通信息可以来自媒体平台、社交网络和人们的体验判断。这些来自不同来源的信息片段最终形成了一个更加可靠的交通信息知识库。例如，在生物医学领域，大量零碎的数据分布广泛，来源多样，联系复杂。

（2）社会性。碎片化数据社会性是指在同一主题下，数据的内容可以来自不同地区、不同群体、不同个人、不同时间，然后在各种社交平台或网站上进行交流传播。这是数据碎片化的一种社会形式。来自不同来源的看似无关的信息往往有着复杂的内在联系。在这个社交平台上，来自不同行业和地区的人们分享了很多信息，对于同一内容，在传播过程中，不同群体有着不同的关注点，这往往导致知识在不同社会形态下的碎片化。

（3）无序性与不完整性。由于数据的多源分布和社会传播，分散知识的内容表征和局限性不同，导致知识关联的无序性和不完整性。人工智能系统需要有序地组织分散的知识。传统的数据挖掘算法很难完全适用于非有序的散乱知识。碎片化数据可以包含任何形式的信息，如文本、数据、表格、图片、视频等，虽然通过神经网络和深度学习可以有效地学习和检索特定数据类型的零碎知识，但是如何从不完全的知识表示或特征中学习综合知识推理，进而实现碎片化数据结构预测，仍是一个值得进一步研究的方向。

（4）冗余性与隐匿。随着互联网的发展，任何人都可以随时随地表达自己的观点。他们编造了一点数据。大量的冗余数据不可避免，信息的表达往往是隐匿的。因此，有价值的知识会间接地隐藏在复杂的内容中。冗余和隐匿是知识数据碎片化质量低、效率低、混乱的根本原因。如果不能处理零散知识的冗余和隐匿，则将对碎片化数据的合理利用产生负面影响。

2. 碎片化数据的处理

如何有效地组织和表示分布式数据，是未来人工智能中需要解决的首要问题。由于分布式数据结构相对松散，关系相对复杂，数据和求解过程以网络拓扑的形式表示，系统的输出以知识图的形式给出，因此被称为"网络化人工智能"，可实现多源或复杂系统（如自动驾驶、医疗、国防等领域的知识自动化）的认知处理。

（1）机器学习到机器推理。人工智能目标的实现取决于问题的可计算性。解决人工智能问题的关键是建立有效的计算模型。网络化人工智能具有知识碎片化、网络群体智能化和输出映射等特点。这些特点使得传统的可计算模型不能有效地描述网络人工智能的结构。

它主要依靠传统的机器学习算法来更新参数。未来的网络化人工智能不仅停留在机器学习阶段，还需要通过一种新的计算模型扩展到机器推理阶段。机器推理不仅对已有知识进行学习，而且可以研究隐藏在现有知识中的内在关系，进而推断和发现新的知识。这也是机器独立智能的基础。

机器推理是一种研究不完全信息下如何解决问题且具有可扩展性和知识扩散性的知识推理研究模型。模型学习和知识发现使网络人工智能计算模型具有可扩展性。因此，通过学习获得的高层次知识不是一成不变的，而是可以扩展和扩散的。如何在大规模的碎片化知识环境中进行机器推理和知识推理，是网络人工智能计算中亟待解决的科学问题。

（2）计算模型与直觉融合。大量的非结构化大数据，如人机交互环境和互联网中的视听感，将把人们对这些数据的直观感知与智能机器在逻辑推理、演绎和归纳方面的优势结合起来。人的视觉和听觉感知是识别外部世界的主要途径。外部刺激信号被传递到大脑形成知识，对人类的直觉感知产生影响。智能机器的主要优点是数据的精确计算和严格的逻辑推理。两者的融合将充分发挥各自的优势，有利于机器更接近人类的智能。

（3）认知过载与冗余剔除。在知识大规模无序、碎片化的条件下，容易形成知识溢出和误导，导致"认知超载"问题。海量的碎片化知识在信息质量上存在缺陷。海量数据并不代表其内容的可靠性。即使信息量很大，也会限制认知的全面性，造成过载或误导。独立的碎片化知识具有隐匿的特点，不能直接表达知识的内容。同一概念、同一信息可以用不同的形式描述。如何将大规模知识的过载与独立知识的隐匿结合起来，消除冗余信息，实现知识的有序组织与表达，是网络人工智能研究的重要课题之一。

3.3.4　不完备数据计算

在现实生活中，由于数据采集的局限性、对数据的错误理解或数据遗漏等原因，信息系统存在信息属性缺失的问题。这个问题会使数据本身的价值信息缺失，进而误导数据分析的结果。在这种情况下，如何从大规模的不完全信息中获取有用的规则是一个值得研究的问题。目前，大多数不完全信息特征提取方法都是针对某种类型的缺失值。在大规模信息特征提取中，计算量大，容易导致决策规则冲突。因此，研究大规模的不完全信息特征提取方法已成为信息科学领域的核心问题之一。

近年来，国内外学者提出了不同类型的大规模不完全信息特征提取方法。例如，有学者提出基于小波变换的大规模不完全信息特征提取方法。本节将小波变换应用于大规模不完全信号的噪声处理，并用分类可分离性准则来评价不完全信号的特征选择。最后，利用径向基函数（Radial Basis Function，RBF）网络对大规模不完全信息检测信号进行特征提取。根据分类可分离性准则，该方法可以对不完全信号进行特征提取，但去噪效果较差。也有学者提出了另一种大规模的不完全信息特征提取方法。先利用独立分量分析（Independent Component Analysis，ICA）估计基函数，对大规模不完备信息集进行滤波。在此基础上，采用与基函数相对应的滤波器对不完全信息进行滤波，以滤波器响应作为特征向量，完成大规模不完全信息的特征提取，计算过程复杂。还有学者提出了一种基于多元线性回归分析和小波变换理论的大规模不完全信息特征提取方法。该方法利用小波变换在不完全信息检测信号处理中的优势，提取小波变换后的不完全信号特征量，并采用多元线性回归分析方法对不完全信息进行定量分析，从而实现不完全信息的特征提取。该方法提取精度在允许误差范围内，但耗时较长。

常用计算方法如下所述。

（1）BP神经网络模型。神经网络的训练过程是一个不断学习样本模仿样本的过程。学习的目的是不断通过调整网络的权值来获得较小的预测误差。BP神经网络模型是一种以反向传播算法学习的前馈式多层感知机，该网络模型采用参数优化方法不断调整网络权值。参数优化就是利用特定模型结构 m 中的数据 d 对模型参数进行优化，得到模型参数 W，使损失函数 $L(W)=L$（$W \neq d,m$）最小。损失函数 $L(W)$ 的优化问题用迭代法表示，其特点是梯度下降法。根据损失函数最快的原则调整网络权值。不同类型问题的损失函数是不同的。一般预测问题的损失函数主要取决于预测模型和实际数据的误差函数。

（2）线性回归模型。回归分析是研究随机变量之间相关性的一种统计方法。其目的是研究一个解释变量（也称为因变量）与一个或多个解释变量（也称为自变量）之间的统计关系。

（3）相关分析。相关分析是研究两个数值变量之间线性相关性的常用方法。它需要经过以下两个步骤：一是计算 Pearson 样本的相关系数 R；二是检验样本源的两个总体之间是否存在显著的线性关系。Pearson 样本相关系数是样本的简单相关系数，它反映了变量之间线性相关的强度。为了检验两个总体之间是否存在显著的线性关系，首先假设两个总体具有零线性相关，然后计算皮尔逊相关系数检验测度 t 及其相应的概率 P，并将 p 值与 0.05 的显著性水平进行比较，以获得线性相关结果。

3.3.5　量子计算

量子计算是一种新型计算，是遵循量子力学规律进行高速运算、存储和处理信息的一种计算。和传统的计算机相比，量子计算机具有量子并行计算能力，运算速度快，存储能够力强，未来将带来计算能力质的飞跃。但目前量子计算仍处于技术攻关期，若要证明其实用性，还有很长一段路要走。

目前，国内国际对量子计算的研究主要体现在以下 6 个方面。

（1）离子阱量子计算。离子阱体系是量子计算的最早尝试，该体系与其他技术路线相比最大的优势就是稳定，它拥有最好的逻辑门保真度。该计算在关键领域的商用进程和成本方面都胜过超导量子计算。

（2）超导量子计算。超导量子计算是目前主流的实验方案，其核心器件是超导约瑟夫森结。其具有一定的优点，在设计、制备和测量等方面与现有的集成电路技术具有较高的兼容性，对量子比特的能级与耦合可以实现非常灵活的设计与控制，极具规模化的潜力。

目前，超导量子计算是发展最快最好的一种固体量子计算方案。谷歌、IBM、英特尔等商业巨头都率先将目光投向了超导量子计算机。

（3）拓扑量子计算。拓扑量子计算的核心思想是将量子比特编码成物质拓扑态。拓扑光子学的优点是不需要强磁场，该计算具有高相干性，可满足可扩展量子计算机的基本要求。但相关实验仍处于起步阶段。

（4）半导体量子计算。半导体量子芯片完全基于传统半导体工艺，更容易达到要求的量子比特数目。其比特较超导量子比特更稳定。

（5）金刚石量子计算。与其他量子计算实现方案相比，该计算最大的优势是能够在常温下运行。

（6）光量子计算。光量子计算机主要以光子的偏振自由度、角动量等为量子比特，通过对光子的量子操控和测量来实现量子计算。光量子计算具有相干时间长等关键优点。

1. 量子计算与人工智能的结合

基于目前的算力，人工智能在庞大的数据面前，其训练学习过程无比漫长，甚至无法实现最基本的人工智能，这就需要量子计算机帮助我们处理海量的数据。基于此，近年来科学界提出了量子机器学习和量子深度学习的概念。两者在未来可能会对许多技术领域产生深远的影响。

2. 量子计算的应用

量子化学、优化和破解密码是量子计算最被认可的潜在应用领域，但这些领域的发展目前仍处于初始阶段。

密码领域是量子计算最好的应用领域，同时，量子模拟在量子化学领域也具有巨大的潜力。在经典计算方法难以奏效时，量子计算能够有效地解决问题。同时，量子计算与其他算法的结合能够为人们提供新思路，使人们对物质的反应和状态有更深的洞察力，这些成果在能量存储、工业催化剂等方面具有巨大的商业价值。

3.3.6 分布式计算

分布式计算是利用网格把成千上万台计算机连接起来，组成一台虚拟的超级计算机，完成单台计算机无法完成的超大规模的问题求解。该计算主要研究分布式操作系统和分布式计算环境。典型分布式计算技术如下：

（1）中间件技术。中间件（Middleware）属于可复用软件的范畴，位于操作系统、网络和数据库之上，应用软件之下，其作用是为上层的应用软件提供运行与开发的环境，帮助用户灵活、高效地开发和集成复杂的应用软件。

（2）移动 Agent 技术。移动 Agent 是一个能在异构网络中自主地从一台主机迁移到另一台主机，并可与其他 Agent 或资源交互的程序，具有自治性、移动性和智能性。该技术是分布式技术和 Agent 技术相结合的产物，除了具有智能 Agent 的最基本特性，还具有移动性、可靠性和安全性等。移动 Agent 技术在实际中有着广泛的应用，主要应用于电子商务、分布式信息检索、无线信息服务、入侵检测和网络管理等方面。

（3）P2P 技术。P2P（peer-to-peer）是指由硬件形成网络连接后的信息控制技术，是一种新型计算模式，强调节点之间的逻辑对等。其主要特征如下：

1）去中心化，取消或弱化了集中控制概念。

2）对等性，逻辑上各节点功能对等，即任意两台 PC 互为服务器和客户机。

3）自组织性，各节点以自组织的方式互连成一个拓扑网络，能适应节点的动态变化。

4）资源共享，相互连接的各节点以资源共享为目的。

（4）网格技术。"网格"即在动态的一组个体、机构和资源的虚拟组织中实行灵活、可靠、可调整的资源共享环境。网格计算是利用互联网或专用网络把地理上广泛分布的各种计算资源互联在一起，包括超级计算机和计算机集群、传感设备等。

（5）云计算技术。云计算（Cloud Computing）是网格计算、虚拟化等核心技术在网络时代的发展和商业实现，它是一种动态的、易扩展的且通常通过互联网提供虚拟化资源的计算方式。云计算包括基础设施即服务（Infrastructure as a Service，IaaS）、平台即服务（Platform as a Service，PaaS）和软件即服务（Software as a Service，SaaS）以及其他依赖于互联网的技术趋势。

3.3.7 并行计算

并行计算（parallel computing）就是在并行计算机上，将一个目标求解的问题分解成多个子任务，再把这些子任务分配给其他处理器，每个处理器之间通过相互协同，并行地完成这些子任务，从而提高目标问题的求解速度，或者是提高求解应用问题的规模。

并行计算由 4 部分构成：并行计算机（并行计算的硬件平台）、并行算法（并行计算的理论基础）、并行程序设计（并行计算的软件支撑）、并行应用（并行计算的发展动力）。

并行处理模型不是单独存在的，它存在于硬件并行架构和并行算法之间。并行处理模型的主要功能是分析和设计算法，估算算法的性能，同时为开发人员提供合理的指导。整个并行计算模型可以表示为

并行计算模型 ={ 并行算法设计，并行处理模型，并行机 }

并行计算已经成为数据处理中的关键部分。并行计算解决的问题具有一定的特点：可以划分为多个离散的小问题，相互之间不存在依赖；多个子任务可以随时并且及时地执行多个程序指令；多计算资源下解决问题的耗时相比单个计算资源要少。

并行计算在科研方面的主要应用包括以下几个领域：计算生物学、计算化学、计算流

体动力学、飞机动力学、计算机辅助设计、数据库管理、面向应用的大型科学与工程问题
的并行数值计算等。

课后题

1. 什么是感知技术？生活中哪些地方运用了感知技术？
2. 简述感知技术与传感器技术的区别与联系。
3. 简述感知技术与人工智能的联系。
4. 数据传输技术都有哪些？
5. 简述人工智能与数据传输的关系。
6. 简述 5G 传输的原理。
7. 简述卫星通信技术的原理。
8. 碎片化数据有什么特点？
9. 简述海量计算与大数据挖掘的关系。
10. 简述分布式计算的实现技术。

第 4 章　判断与控制

本章导读

　　判断与控制是人工智能的核心和方向，是实现智能功能承载的具体支撑。机器学习专门研究计算机怎样模拟或实现人类的学习行为，以获取新的知识或技能，重新组织已有的知识结构使之不断改善自身的性能。

　　在人工智能应用中，"经验"通常以"数据"形式存在，因此，机器学习所研究的主要内容是从数据中产生"模型"的算法，即"学习算法"。有了学习算法，结合相关数据，它就能基于这些数据产生模型，因此，判断选用哪种学习算法也是至关重要的。在面对新的情况时，模型会给我们提供相应的判断，也就是做出预测。预测的时候需要进行控制调参，以达到更好的效果。那么如何去训练模型？训练模型的方法都有哪些？本章将进行重点介绍。同时，本章给出了群体智能的一些算法及其相应的一些概念。群体智能源于对以蚂蚁、蜜蜂等为代表的社会性昆虫的群体行为的研究，最早被用在细胞机器人系统的描述中。它的控制是分布式的，不存在中心控制。机器学习和群体智能都是在判断层面上进行的。

本章要点

- 　机器学习概述
- 　机器学习类别
- 　群体智能

4.1　机器学习

4.1.1　机器学习概述

　　机器学习是一门从数据中研究算法、研究计算机如何模拟或实现人类的学习行为，根据已有的数据或以往的经验进行算法选择、模型构建、新数据预测并重新组织已有的知识结构来不断改进自身的性能的多领域交叉学科。机器学习转换图如图 4.1 所示。

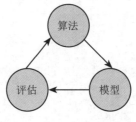

图 4.1　机器学习转换图

机器学习、人工智能和深度学习的关系：机器学习是一种实现人工智能的方法；深度学习是一种实现机器学习的技术。图4.2从时间维度列出了人工智能、机器学习和深度学习之间的关系及发展历史。

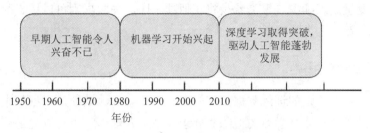

图4.2 人工智能、机器学习和深度学习之间的关系及发展历史

机器学习的分类：机器学习有多种分类角度，例如基于学习形式的分类、基于学习目标的分类、基于所获取知识表示形式的分类、基于应用领域的分类等。这里只介绍两种分类。

（1）基于学习形式的分类。

1）有监督学习：在有监督学习的过程中，只需要给定输入样本集，机器就可以从中推演出指定目标变量的可能结果。监督学习相对比较简单，机器只需从输入数据中预测合适的模型，并从中计算出目标变量的结果。有监督学习一般使用两种类型的目标变量：标称型（也叫离散型）和数值型（也叫连续型）。标称型目标变量的结果只在有限目标集中取值，如真与假、动物分类集合｛爬行类，鱼类，哺乳类，两栖类｝；数值型目标变量则可以从无限的数值集合中取值，如0.100、42.001、1000.743等。数值型目标变量主要用于回归分析。有监督学习根据生成模型的方式又可分为判别式模型和生成式模型。判别式模型：直接对条件概率进行建模，常见的判别模型有线性回归、决策树、支持向量机SVM、k近邻、神经网络等。生成式模型：对联合分布概率$p(x,y)$进行建模，常见的生成式模型有隐马尔可夫模型HMM、朴素贝叶斯模型、高斯混合模型GMM、LDA等。生成式模型更普适；判别式模型更直接，目标性更强。生成式模型关注数据是如何产生的，寻找的是数据分布模型；判别式模型关注数据的差异性，寻找的是分类面。由生成式模型可以产生判别式模型，但是由判别式模型没法形成生成式模型。

2）无监督学习：与有监督学习相比，无监督学习的训练集中没有人为标注的结果，在无监督学习的过程中，数据并不被特别标识，学习模型是为了推断出数据的一些内在结构。无监督学习试图学习或者提取数据背后的数据特征，或者从数据中抽取出重要的特征信息，常见的算法有聚类、降维、文本处理（特征抽取）等。无监督学习一般作为有监督学习的前期数据处理过程，功能是从原始数据中抽取出必要的标签信息。

3）半监督学习：半监督学习主要考虑如何利用少量的标注样本和大量的未标注样本进行训练和分类的问题，是有监督学习和无监督学习的结合。半监督学习对于减少标注代价、提高学习机器性能具有非常重大的实际意义。缺点：抗干扰能力弱，仅适合实验室环境，其现实意义还没有体现出来；未来的发展主要是聚焦于新模型假设的产生上。

（2）基于学习目标的分类。

1）分类：通过分类模型，将样本数据集中的样本映射到某个给定的类别中。

2）聚类：通过聚类模型，将样本数据集中的样本分为几个类别，属于同一类别的样本相似性比较大。

3）回归：反映了样本数据集中样本的属性值的特性，通过函数表达样本映射的关系来发现属性值之间的依赖关系。

4）关联规则：获取隐藏在数据项之间的关联或相互关系，即可以根据一个数据项的出现推导出其他数据项的出现频率。

分类和回归属于有监督学习，而聚类和关联规则属于无监督学习。回归与分类的不同，就在于其目标变量是连续型。聚类就是将相似项聚团，关联规则可以用于回答"哪些物品经常被同时购买？"之类的问题。

4.1.2　有监督学习

人工智能之有监督学习

有监督学习是在给定的训练数据集中学习出一个函数，当新的数据到来时，可以根据这个函数预测结果。有监督学习的训练集要求包括输入输出，也可以说是特征和目标。训练集中的目标是由人标注的。有监督学习就是最常见的分类问题，通过已有的训练样本去训练得到一个最优模型（这个模型属于某个函数的集合，最优表示某个评价准则下是最佳的），再利用这个模型将所有的输入映射为相应的输出，然后对输出进行简单的判断从而实现分类的目的。比如在情感分析任务中，可使用训练集数据对模型进行训练，其中训练集数据包括文本和标签，当模型训练完成后，可以通过该模型来对测试集中的数据进行预测，从而完成情感分析的任务。有监督学习的目标往往是让计算机去学习已经创建好的分类系统（模型）。

常见的有监督学习算法：线性回归算法、BP 神经网络算法、决策树、支持向量机、KNN 等。

由图 4.3 可知，有监督学习即从带标签的数据集出发，通过监督学习算法，生成符合要求的模型，再通过模型完成预测或者分类相关的任务。其数学说明：有监督学习从训练数据集合中训练模型，再对测试数据进行预测，训练数据由输入和输出对组成，测试数据也由相应的输入输出对组成。

图 4.3　有监督学习算法过程

有监督学习中，比较典型的问题：输入变量与输出变量均为连续的变量的预测问题称为回归问题（regression）、输出变量为有限个离散变量的预测问题称为分类问题（classfication）、输入变量与输出变量均为变量序列的预测问题称为标注问题。

有监督学习主要应用于垃圾邮件分类等已知结果的分类问题中。

4.1.3　无监督学习

人工智能之无监督学习

无监督学习是输入数据没有被标记，也没有确定的结果，其样本数据类别未知，需要根据样本间的相似性对样本集进行分类（聚类，clustering），试图使类内差距最小化，类间差距最大化。在实际应用中，不少情况下无法预先知道样本的标签，也就是说没有训练样本对应的类别，因而只能从原先没有样本标签的样本集开始学习分类器设计。无监督学习的目标不是告诉计算机怎么做，而是让计算机自己去学习怎样做事情，其算法过程如图 4.4 所示。

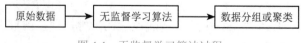

图 4.4　无监督学习算法过程

常见的无监督学习算法有密度估计（density estimation）、异常检测（anomaly detection）、层次聚类、EM 算法、K-Means 算法（K 均值算法）、DBSCAN 算法等。

无监督学习常见的两种类型：数据集变换和聚类。数据集变换就是创建数据集新的表示算法，与数据的原始表示相比，新的表示可能更容易被人或其他机器学习算法所理解。常见的应用有降维，就是对于用许多特征表示的高维数据，找到表示该数据的一种新方法，用较少的特征就可以概括其重要特性。另一个应用就是找到"构成"数据的各个组成部分，比如对文本文档的关键字提取。聚类就是将数据划分成不同的组，每组包含相似的物项。例如，在社交平台上传的照片，网站可能想要将同一个人的照片分在一组。但网站并不知道每张照片是谁，也不知道照片集中出现了多少个人。明智的做法是提取所有的人脸，并将相似的人脸分在一组，这样图片的分组也就完成了。

有监督学习和无监督学习的不同点如下：

（1）有监督学习必须要有训练集与测试样本。在训练集中找规律，而对测试样本使用这种规律。而无监督学习没有训练集，只有一组数据，在该组数据集内寻找规律。

（2）有监督学习是识别事物，识别的结果是对待识别数据加上了标签。因此训练样本集必须由带标签的样本组成。而非监督学习只有要分析的数据集本身，预先没有什么标签。

4.1.4　弱监督学习

机器学习在分类和回归等监督任务中取得了重大的成功，主要是因为有含有真值标签的大规模训练数据集。然而在很多任务中，由于数据标注代价高昂，且很难获得强监督信息。因此人们希望在弱监督学习的前提下去解决相关的任务。

人工智能之弱监督学习

弱监督学习的类型包括不完全监督学习、不确切监督学习和不准确监督学习。

（1）不完全监督学习指的是在全部的训练样本中，只有一部分的样本有标签。例如，在图像分类中，真值标签是人工标注的，从互联网上获得大量的图片很容易，然而由于人工标注的费用十分昂贵，只标注其中一部分的图像标签。

不完全监督学习存在只有一部分样本有标注的问题，解决这种问题有两种方法：主动学习和半监督学习。

1）主动学习（active learning）：假设有一个专家，这个专家可以查询所选未标注数据的真值标签。主动学习的目标就是最小化查询次数，使训练一个好模型的成本最小。对于给定少量标注数据和大量未标注数据，主动学习倾向于选择最有价值的未标注数据来查询先知。衡量选择的价值有两个标准：信息量和代表性。

- 信息量指的是衡量一个未标注数据能够在多大程度上降低统计模型的不确定性。缺点：为了建立选择查询的样本所需的初始模型，而严重依赖于标注数据，当标注样本较少时，其性能不稳定。
- 代表性指的是衡量一个样本在多大程度上能表示模型的输入分布。缺点：性能严重依赖于由未标注数据控制的聚类结果，当标注数据较少时尤其如此。

2）半监督学习（semi-supervised learning）：在没有人为干预的前提下，利用已经标注的数据以及未标注数据来提升学习性能。半监督学习包括直推式学习（transductive learning）和纯半监督学习（pure-semi-supervised learning）。两者的区别为：对测试数据的假设不同。直推式学习持有"封闭世界"的假设，即测试数据是事先给定的，且目标就是优化模型在测试数据上的性能，对于没有标注的数据就是测试数据。纯半监督学习持有"开放世界"的假设，即测试数据是未知数据，且未标注数据不一定是测试数据。主动学习、纯半监督学习和直推式学习之间的关系如图 4.5 所示。

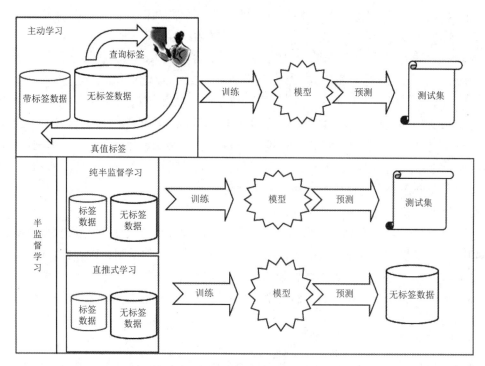

图 4.5　主动学习、纯半监督学习和直推式学习之间的关系

半监督学习有 4 种方法：生成式方法、低密度分割法、基于图的方法和基于分歧的方法。

- 生成式方法：假设标注数据和未标注数据都有一个固有的模型生成。因此，未标注数据的标签可以看作模型参数的缺失，并可以使用期望 - 最大化（Expectation-Maximum，E-M）算法进行估计。为了达到更好的性能，通常需要相关领域的知识来选择合适的生成模型。

- 低密度分割法：强制分类边界穿过输入空间的低密度区域。最著名的方法是半监督支持向量机（Semi-Supervised Support Vector Machine，S3VM）。S3VM 试图在保持全部标注样本分类正确的情况下，建立一个穿过低密度区域的分类界面。支持向量机（Support Vector Machine，SVM）和 S3VM 的不同分类界面如图 4.6 所示。

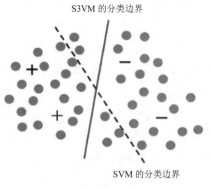

图 4.6　支持向量机（Support Vector Machine，SVM）和 S3VM 的不同分类界面

- 基于图的方法：构建一个图，其节点对应训练样本，其边对应样本之间的关系（通常是某种相似度或距离），而后根据某些准则将标注信息在图上进行扩散。M 个样本点，需要 $O_{(m2)}$ 存储空间和 $O_{(m3)}$ 时间复杂度。这种方法难以迁移。

SVM 只考虑了标注数据 +/– 的点，S3VM 既考虑了标注数据 +/– 的点，也考虑了未标注数据（图中灰色点）。

- 基于分歧的方法：通过生成多个生成器，并让它们合作来挖掘未标注数据，不同学习器之间的分歧是让学习过程持续进行的关键。最出名的经典方法为联合训练（cotraining），通过对两个不同的特征集合进行训练得到的两个学习器来运作。在每个循环中，每个学习器选择其预测置信度最高的未标注样本，并将其预测作为样本的伪标签来训练另一个学习器，这种方法可以通过学习器集成来提升预测精度。

（2）不确切监督指的是在某种情况下，只有一些监督信息，但是并不像所期望的那样精确。一种典型的情况是只有粗粒度的标注信息。例如，在药物活性预测中，目标是建立一个模型学习已知分子的知识，来预测一种新的分子是否能够用于某种特殊药物的制造。一种分子可能有很多低能量的形态，这种分子能否用于制作该药物取决于这种分子是否有一些特殊形态。然而，即使对于已知的分子，人类专家也只知道其是否合格，而并不知道哪种特定形态是决定性的。这一任务可形式化表示为 $f: \chi \to \gamma$，χ 是特征空间，$\gamma = \{Y, N\}$，其中 Y 和 N 表示标签类型，Y 表示正，N 表示负。其训练集为 $D = \{(X_1, y_1), \cdots, (X_m, y_m)\}$，其中 $X_i = \{x_{i,1}, \cdots, x_{i,mi}\}$ 属于 χ，X_i 被称为一个包（bag），$x_{i,j}$ 属于 χ，是一个样本，其中 j 属于 $\{1, \cdots, m_i\}$。m_i 是 X_i 中的样本个数，y_i 属于 $\gamma = \{Y, N\}$。当存在 $x_{i,p}$ 是正样本时，即对应的 $y_i = Y$，X_i 就是一个正包（positive bag），其中 p 是未知的且 p 属于 $\{1, \cdots, m_i\}$。模型的目标就是预测未知包的标签。这被称为多示例学习（multi-instance learning）。

多示例学习已经应用在图像分类、检索、注释、文本分类、医疗诊断、人脸识别、目标检测等任务。在这些任务中，可将一个真实的目标（例如一张图片或者一个文档）看作一个包，但是这个包还需要包生成器生成其他信息。一些简单的密集取样包生成器比复杂的包生成器性能更好。图像包生成器如图 4.7 所示。

（a）单块　　　　　　　　　　（b）领域单块

图 4.7　图像包生成器

图 4.7 表示：假设每张图片的尺寸为 8×8 个像素，每个小块的尺寸为 2×2 个像素。单块（Single Blob，SB）以无重叠地滑动的方式，会给一个图片生成 16 个实例，即每个实例包含 4 个像素。领域单块（SBN）以有重叠地滑动的方式，会给每一个图片生成 9 个实例，即每个实例包含 20 个像素。

（3）不准确监督学习指的是在训练集中给定的标签不一定总是真值。出现这种情况的原因有标注者粗心或疲倦，或者一些图像本身就难以分类。

其中一种典型的情况是标签在有噪声的条件下学习。在实际中，一个基本的想法是识别潜在的误分类样本，而后进行修正。例如，利用数据编辑（data-editing）方法构建一个相对邻域图，每个节点对应一个训练样本，连接标签不同的两个节点的边称为切边（cut edge）。而后衡量切边权重的统计数据，直觉上，示例连接的切边越多则越可疑。可以删除或者重新标注可疑示例。这种方法通常依赖近邻信息，因此，这类方法在高维特征空间并不十分可靠，因为当数据稀疏时，领域识别常常并不可靠。识别并删除或重新标注可疑点如图4.8所示。

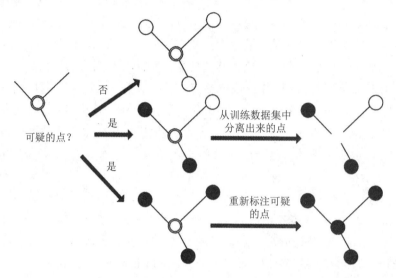

图 4.8　识别并删除或重新标注可疑点

人工智能之集成学习
的分类

4.1.5　集成学习

在深度学习应用取得巨大成功的当下，我们不能忽视集成学习在其中所发挥的巨大作用。集成学习在深度学习、机器学习中有着广泛的应用。不管是对于数据挖掘的竞赛，还是对于科研课题，集成学习都有着提升作用。

集成学习（ensemble learning）通过构建并结合多个学习器来完成学习任务。有时也被称为多分类器系统。集成学习的一般结构：先产生一组"个体学习器"，再用某种策略将它们结合起来，形成一个强学习器。其中"个体学习器"也称为弱学习器或者基学习器。

集成学习的主要分类方法包含 Bagging 和 Boosting 两种算法。Bagging 算法包含随机森林，而 Boosting 算法包含 Adaboost 和 GBDT 两种算法，而 GBDT 则包含 XgBoost 和 LightGBM 两种算法。集成学习算法分类如图4.9所示。

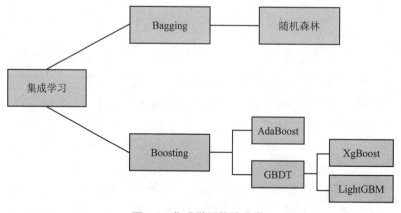

图 4.9　集成学习算法分类

Bagging（Boostrap Aggregating）算法指的是弱学习器之间无强依赖关系，可同时生成的并行化方法。对于分类问题，通常使用简单投票法，而对于回归问题，通常使用简单平均法。Bagging 算法如图 4.10 所示。

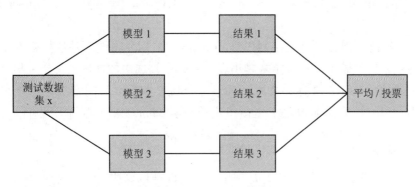

图 4.10　Bagging 算法

而随机森林则是 Bagging 算法和决策树方法融合预测时综合考虑多个结果进行预测。例如：取多个节点的均值（回归），或者是众数（分类）。

随机森林的优点是解决了决策树容易过拟合的问题，减小了预测方差，预测值不会因训练数据的小变化而剧烈变化。

随机森林具备随机性，这个特性表现在随机选取子集和随机选取特征。其中随机选取子集表现为从原来的训练数据集随机取一个子集作为森林中某一个决策树的训练数据集；随机选取特征表现为每一次选择分支特征时，限定为在随机选择的特征的子集中寻找一个特征。

随机森林应用的具体例子：现有某公司的员工离职数据，我们通过构建决策树和随机森林来预测某一员工是否会离职，并找出影响员工离职的重要特征。

Boosting 算法就是将弱学习器提升为强学习器的算法，即通过反复学习得到一系列弱学习器，组合这些弱学习器得到一个强学习器。Boosting 算法涉及两部分：加法模型和前向分步算法。加法模型是指强分类器由一系列弱分类器线性相加而成。前向分步算法是指在训练过程中，下一轮迭代产生的分类器是在上一轮的基础上训练得到的。

Boosting 算法最著名的就是 AdaBoost 算法，它的主要思想就是把关注点放在被分错的样本上，减小上一轮被正确分类的样本权值，增大被错误分类的样本权值，即将分类正确的点缩小，将分类错误的点放大。AdaBoost 算法分类如图 4.11 所示。

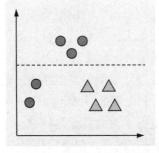 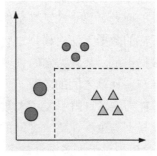

（a）第 n 轮分类器分类结果　　　　　（b）第 $n+1$ 轮分类器分类结果

图 4.11　AdaBoost 算法分类（关注分错的样本，将分错的样本权重增大，分对的样本权重减小）

图 4.11 表示了将分类正确的点的权值减小，将分类错误的点的权值增大。AdaBoost

采用加权投票的方法，分类误差小的弱分类器的权重大，而分类误差大的弱分类器的权重小。

在介绍梯度提升决策树（Gradient Boosting Decision Tree，GBDT）之前，先介绍分类与回归树（Classification And Regression Tree，CART）和梯度提升树（Boosting Decision Tree，BDT）。

CART 决策树使用了"基尼指数"（gini index）来划分属性。基尼指数表示一个随机选中的样本被分错的概率。基尼指数越小表示集合中被选中的样本被分错的概率越小，即集合的纯度越高。CART 树是二叉树，对于一个具有多个取值的特征，需要统计以每一个取值作为划分点，对样本 D 划分之后子集的纯度 $Gini(D,A_i)$，然后从所有的可能划分的 $Gini(D,A_i)$ 中找出 Gini 指数最小的划分。这里的 D 表示样本，它由许多特征组成，A_i 表示样本的第 i 个特征。

梯度提升树（BDT）实际上就是加法模型和前向分步算法，在前向分步算法第 m 步时，给定当前 $m-1$ 步的模型，即当前 $m-1$ 次迭代的训练集，通过损失函数最小求第 m 棵决策树，即第 m 棵决策树对训练集预测的结果。不同问题的提升树的区别在于损失函数的不同。其中分类问题使用指数损失函数，回归问题使用平方误差损失函数。

梯度提升决策树（GBDT）可以理解为梯度提升树和决策树的结合，利用损失函数的负梯度拟合基学习器，而梯度提升树使用的是残差拟合基学习器（其中残差是梯度的相反数）。

梯度提升决策树的两种具体算法有 XgBoost 和 LightGBM。XgBoost 算法采用前向分步算法和加法模型，而 LightGBM 速度比 XgBoost 快，使用了基于直方图的决策树算法。

4.1.6　迁移学习

人工智能之迁移学习的目的

迁移学习是一种机器学习方法。随着机器学习运用场景不断的深入开发，现在表现得比较好的监督学习在进行训练时需要大量的已经标注好的数据。但是获取标注好的数据或者说进行数据的标注是一项工作量巨大，并且非常耗费时间和精力的任务，正因如此，迁移学习得到了越来越多的关注。什么是迁移学习呢？迁移学习其实是对一个任务 A 进行训练而得到预训练模型，然后将预训练模型重新使用在另外一个任务 B 中，这个任务 B 与任务 A 具有相似的问题，训练的数据就不需要重新获取了，或者将在已有领域中训练得到的预训练模型使用在新的领域中。

迁移学习主要可以解决以下 4 个问题。

（1）大数据与少标注之间的矛盾。我们正处在一个大数据时代，每天每时，社交网络、智能交通、视频监控、行业物流等都产生着海量的图像、文本、语音等各类数据。这些大数据带来了严重的问题：总是缺乏完善的数据标注。机器学习模型训练和更新要依赖标注的数据。没有标注的数据无法对模型进行训练。使用人工进行数据标注太耗费时间。由于缺乏数据或者数据不足，某些特定的领域没有表现出太大的发展活力。

（2）大数据与弱计算之间的矛盾。大数据需要强计算能力，但绝大多数普通用户是不可能具有强计算能力的，这就引发了大数据和弱计算之间的矛盾。

（3）普适化模型与个性化需求之间的矛盾。机器学习的目标是构建一个尽可能通用的模型，并使得这个模型对于许多场合都可以很好地进行满足。但是即使是在同一个任务上，一个模型也往往难以满足每个人的个性化需求，这就需要在不同的事务之间做模型的适配。

（4）特定应用的需求。机器学习已经被广泛应用于现实生活中。在这些应用中，也存在着一些特定的应用，它们面临着一些现实存在的问题。这些问题使得传统的机器学习方法疲于应对。然而，迁移学习可以很好地将其解决。

迁移学习的问题形式化，是进行一切研究的前提。在迁移学习中，有两个基本的概念，即领域和任务，它们是最基础的概念，其定义如下：

● 领域：进行学习的主体。领域主要由两部分组成：数据和生成这些数据的概率分布。因为涉及迁移，所以对应于两个基本领域：源领域和目标领域。这两个概念很好理解。源领域就是有知识、有大量数据标注的领域，是要迁移的对象；目标领域就是最终要赋予知识、赋予标注的对象。知识从源领域传递到目标领域，就完成了迁移。

● 任务：学习的目标。任务主要由两部分组成：标签和标签对应的函数。通常用花体 Y 来表示一个标签空间，用 $f(\cdot)$ 来表示一个学习函数。形式化之后，便可以进行迁移学习的研究。迁移学习的总体思路可以概括为开发算法来最大限度地利用有标注的领域的知识，以辅助目标领域的知识获取和学习。

迁移学习按照不同的方式可以分成不同的类别。

1. 按目标域标签分

这种分类方式最为直观。类比机器学习，按照目标领域有无标签，迁移学习可以分为以下三大类：

（1）监督迁移学习（Supervised Transfer Learning）。

（2）半监督迁移学习（Semi-Supervised Transfer Learning）。

（3）无监督迁移学习（Unsupervised Transfer Learning）。

2. 按学习方法分类

按学习方法的分类形式，迁移学习方法可以分为以下四大类：

（1）基于样本的迁移学习方法（Instance Based Transfer Learning）。

（2）基于特征的迁移学习方法（Feature Based Transfer Learning）。

（3）基于模型的迁移学习方法（Model Based Transfer Learning）。

（4）基于关系的迁移学习方法（Relation Based Transfer Learning）。

这是一个很直观的分类方式，按照数据、特征、模型的机器学习逻辑进行区分，再加上不属于这三者中的关系模式。基于样本的迁移，简单来说就是通过权重重用，对源域和目标域的样例进行迁移。直接对不同的样本赋予不同权重，比如相似的样本，给它高权重，这样就完成了迁移。基于特征的迁移就是对特征进行变换。基于模型的迁移就是指构建参数共享的模型。这种模型在神经网络里用得多。基于关系的迁移用得比较少，主要指挖掘和利用关系进行类比迁移。目前最热的就是基于特征还有模型的迁移，然后基于实例的迁移方法和它们结合起来使用。以下对这几种方法进行详细介绍。

1）基于样本的迁移学习方法根据一定的权重生成规则，重用数据样本进行迁移学习。图 4.12 形象地表示了基于样本的迁移学习方法的基本思想。源域中存在不同种类的动物，如狗、鸟、猫等，目标域只有狗这一种类别。在迁移时，为了最大限度地和目标域相似，可以人为地提高源域中属于狗这个类别的样本权重。

在迁移学习中，对于源域 D_s 和目标域 D_t，通常假定产生它们的概率分布是不同且未知的（$P(x_s) \neq P(x_t)$）。另外，由于实例的维度和数量通常都非常大，因此，直接对 $P(x_s)$ 和 $P(x_t)$ 进行估计是不可行的。因而，大量的研究工作着眼于对源域和目标域的分布比值进行估计（$P(x_t)/P(x_s)$）。估计所得到的比值即为样本的权重。这些方法通常都假设源域和目标域的条件概率分布相同（$P(y|x_s)=P(y|x_t)$）。

图 4.12　基于样本的迁移学习方法的基本思想

2）基于特征的迁移方法是指用特征变换的方式来迁移，以减小源域和目标域之间的差距；或者将源域和目标域的数据特征变换到统一特征空间中，然后利用传统的机器学习方法进行分类识别。根据特征的同构和异构性，迁移学习又可以分为同构迁移学习和异构迁移学习。图 4.13 很形象地表示了两种基于特征的迁移学习方法的基本思想。

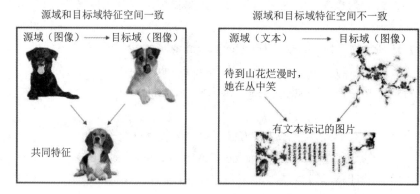

图 4.13　基于特征的迁移学习方法的基本思想

基于特征的迁移学习方法是迁移学习领域中最热门的研究方法，这类方法通常假设源域和目标域间有一些交叉的特征。

3）基于模型的迁移方法是指从源域和目标域中找到它们之间共享的参数信息，以实现迁移的方法。这种迁移方式要求的假设条件是源域中的数据与目标域中的数据可以共享一些模型的参数。图 4.14 形象地表示了基于模型的迁移学习方法的基本思想。

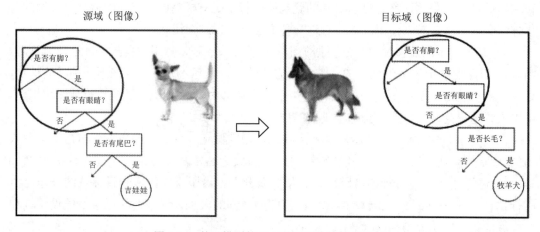

图 4.14　基于模型的迁移学习方法的基本思想

目前绝大多数基于模型的迁移学习方法都与深度神经网络进行结合，在网络中加入领域适配层，然后联合进行训练。因此，这些方法也可以看作基于模型、特征的方法的结合。

4）基于关系的迁移学习方法与上述三种方法具有截然不同的思路。这种方法比较关注源域和目标域的样本之间的关系。图4.15 形象地表示了不同领域之间相似的关系。

师生关系　　　　　　　　　　　上下级关系

生物病毒　　　　　　　　　　　计算机病毒

图 4.15　不同领域之间相似的关系

目前基于关系的迁移学习方法的相关研究工作非常少，仅有几篇连贯式的文章讨论。

迁移学习是机器学习领域的一个重要分支。其应用并不局限于特定的领域。凡是满足迁移学习问题情景的应用，迁移学习都可以发挥作用。这些领域包括但不限于计算机视觉、文本分类、行为识别、自然语言处理、人机交互等。下面我们选择几个研究热点，对迁移学习在这些领域的应用场景作简单介绍。

- 计算机视觉。迁移学习广泛用于计算机视觉研究领域中。在计算机视觉中，迁移学习方法被称为 Domain Adaptation。Domain Adaptation 的应用场景有很多，比如图片分类、图片哈希等。图 4.16 展示了不同的迁移学习图片分类任务示意。同一类图片，不同的拍摄角度、不同光照、不同背景，都会造成特征分布发生改变。因此，使用迁移学习构建跨领域的分类器是十分重要的。

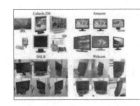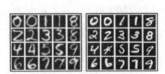

图 4.16　迁移学习图片分类任务示意

- 文本分类。由于文本数据有其领域特殊性，因此，在一个领域上训练的分类器不能直接拿来作用到另一个领域上。这就需要用到迁移学习。例如，在电影评论文本数据集上训练好的分类器，不能直接用于图书评论的预测。迁移学习文本分类任务示意如图 4.17 所示。

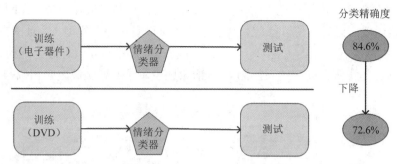

图 4.17   迁移学习文本分类任务示意

- 医疗健康。医疗健康领域的研究正变得越来越重要。不同于其他领域，医疗领域研究的难点问题是，无法获取足够有效的医疗数据。顶级生物期刊《细胞》报道了由张康教授领导的广州妇女儿童医疗中心和加州大学圣迭戈分校团队的重磅研究成果：基于深度学习开发出一个能诊断眼病和肺炎两大类疾病的 AI 系统，准确性匹敌顶尖医生。这不仅是中国研究团队首次在顶级生物医学杂志上发表有关医学人工智能的研究成果；也是世界范围内首次使用如此庞大的标注好的高质量数据进行迁移学习，并取得高度精确的诊断结果，达到匹敌甚至超越人类医生的准确性；还是全世界首次实现用 AI 精确推荐治疗手段。《细胞》期刊封面报道了该研究成果。

我们可以预见到的是，迁移学习对于那些不易获取标注数据的领域，将会发挥越来越重要的作用。

人工智能之强化学习

4.1.7　强化学习

强化学习（Reinforcement Learning，RL）又称再励学习、评价学习或增强学习，是机器学习的范式和方法论之一。强化学习是用于描述和解决智能体在与环境的交互过程中，通过学习策略以达成回报最大化或实现特定目标的问题。

强化学习的本质是解决决策问题，即自动进行决策，并且可以进行连续决策。例如：小孩想要走路，但在这之前，他需要先站起来，站起来之后还要保持平衡，接下来还要先迈出一条腿，是左腿还是右腿，迈出一步后还要迈出下一步。小孩就是智能体，他试图通过采取行动（即行走）来操纵环境（行走的表面），并且从一个状态转变到另一个状态（即他走的每一步），当他完成任务的子任务（即走了几步）时，孩子得到奖励（给巧克力吃），并且当他不能走路时，就不给巧克力。

强化学习是从动物学习、参数扰动自适应控制等理论发展而来的。其基本原理：如果智能体的某个行为策略导致环境正的奖赏（强化信号），那么智能体以后产生这个行为策略的趋势便会加强。智能体的目标是在每个离散状态发现最优策略以使期望的折扣奖赏和最大。

强化学习的目标是动态地调整参数，以达到强化信号最大。若已知 r/a 梯度信息，则可直接使用监督学习算法。因为强化信号 r 与智能体产生的动作 a 没有明确的函数形式描述，所以梯度信息 r/a 无法得到。因此，在强化学习系统中，需要某种随机单元，使用这种随机单元，智能体在可能动作空间中进行搜索并发现正确的动作。

强化学习把学习看作试探评价过程，智能体选择一个动作用于环境，环境接受该动作后状态发生变化，同时产生一个强化信号（奖或惩）反馈给智能体，智能体根据强化信号和当前环境状态再选择下一个动作，选择的原则是使受到正强化（奖）的概率增大。选择的动作不仅影响当前强化值，而且影响环境下一时刻的状态及最终的强化值。强化学习描述如图 4.18 所示。

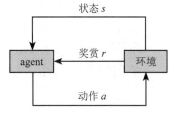

图 4.18　强化学习描述

以下是名词解释：

- 智能体（agent）：学习器与决策者的角色。
- 环境（environment）：智能体之外一切组成的、与之交互的事物。
- 动作（action）：智能体的行为表征。
- 状态（state）：智能体从环境获取的信息。
- 奖励（reward）：环境对于动作的反馈。
- 策略（strategy）：智能体根据状态进行下一步动作的函数。
- 状态转移概率（state transition probability）：智能体做出动作后进入下一状态的概率。

过程：强化学习是智能体以"试错"的方式进行学习，通过与环境进行交互获得的奖赏指导行为，目标是使智能体获得最大的奖赏。强化学习不同于连接主义中的监督学习，主要表现在强化信号上。强化学习中由环境提供的强化信号是对产生动作的好坏作一种评价（通常为标量信号），而不是告诉强化学习系统（Reinforcement Learning System，RLS）如何去产生正确的动作。由于外部环境提供的信息很少，RLS 必须靠自身的经历进行学习。通过这种方式，RLS 在行动 - 评价的环境中获得知识，改进行动方案以适应环境。

基本模型：强化学习的常见模型是标准的马尔可夫决策过程（Markov Decision Process，MDP）。MDP 就是一个智能体（agent）采取行动（action）从而改变自己的状态（state）获得奖励（reward）与环境（environment）发生交互的循环过程。MDP 的策略完全取决于当前状态（only present matters），这是马尔可夫性质的体现。马尔可夫决策过程如图 4.19 所示。按给定条件，强化学习可分为基于模式的强化学习（model-based RL）和无模式强化学习（model-free RL），以及被动强化学习（passive RL）和主动强化学习（active RL）。强化学习的变体包括逆向强化学习、阶层强化学习和部分可观测系统的强化学习。求解强化学习问题使用的算法可分为策略搜索算法和值函数（value function）算法两类。深度学习模型可以在强化学习中得到使用，形成深度强化学习。

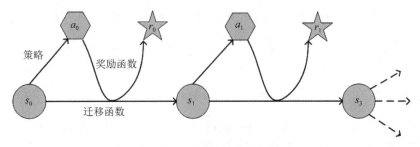

图 4.19　马尔可夫决策过程

- 基于模式的强化学习（model-based RL）。RL 考虑的是智能体（agent）与环境（environment）的交互问题：智能体处在一个环境中，每个状态都是对环境的感知；智能体只能通过动作来影响环境，当智能体执行一个动作后，会使得环境按某种概率转移到另一个状态；同时，环境会根据潜在的奖赏函数反馈给智能体一个奖赏。RL 的目标是找到一个最优策略，使智能体获得尽可能多的来自环境的奖励。例如赛车游戏，游戏场景是环境，赛车是智能体，赛车的位置是状态，对赛车的操作是动作，怎样操作赛车是策略，比赛得分是奖励。在文中常用观察（observation）而不是环境，因为智能体不一定能得到环境的全部信息，只能得到自身周围的信息。基于模式的强化学习如图 4.20 所示。

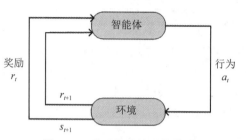

图 4.20　基于模式的强化学习

● 无模式强化学习（model-free RL）。无模式强化学习跟基于模式的强化学习的区别在于是否知道环境的状态转移概率，但在实际问题中，状态转移的信息往往无法获知，由此需要数据驱动的无模式（model-free）的方法。

蒙特卡罗（Monte Carlo）方法：在无模式时，一种自然的想法是通过随机采样的经验平均值来估计期望值，此即蒙特卡罗方法。其过程可以总结如下：智能体与环境交互后得到交互序列；通过序列计算出各个时刻的奖赏值；将奖赏值累积到值函数中进行更新；根据更新的值函数来更新策略。蒙特卡罗方法如图 4.21 所示。

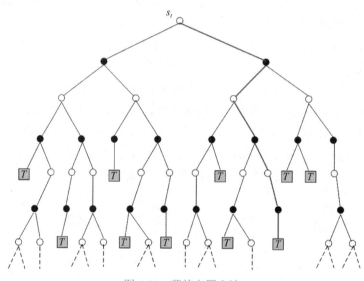

图 4.21　蒙特卡罗方法

● 被动强化学习（passive RL）：被动强化学习指的是在完全可观察环境的状态下使用基于状态表示的被动学习。在被动学习中，agent 的策略 P_i 是固定的：在状态 s 中，它总是执行行动 $P_i(s)$。

● 主动强化学习（active RL）：被动学习 agent 由固定的策略决定其行为。主动学习 agent 必须自己决定采取什么行动。具体方法：agent 要学习一个包含所有行动结果概率的完整模型，而不仅仅是固定策略的模型；接下来，agent 自身要对行动作出选择（它需要学习的函数是由最优策略所决定的，这些效用函数遵循 Berman 方程）；最后的问题是每一步要做什么（在获得了对于学习到的模型而言最优的效用

函数 U 之后，agent 能够通过使期望最大化的单步前瞻提取一个最优行动；或者它
使用迭代策略，即最优策略已经得到，它应该简单地执行最优策略所建议的行动）。
基于概率的主动强化和基于价值的主动强化如图 4.22 所示。

（a）基于概率（Policy-Based RL）的主动强化　　（b）基于价值（Value-Based RL）的主动强化

图 4.22　基于概率的主动强化和基于价值的主动强化

　　网络模型：每一个智能体（agent）都是由两个神经网络模块组成的，即行动网络和评
估网络。行动网络根据当前状态决定下一刻在环境中做出的最佳动作。网络模型描述如图
4.23 所示。

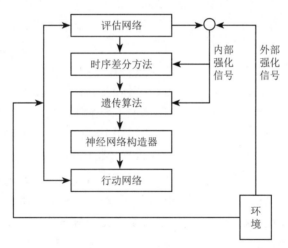

图 4.23　网络模型描述

　　对于行动网络，强化学习算法允许它的输出节点进行随机搜索，有了来自评估网络的
内部强化信号后，行动网络的输出节点有效完成随机搜索并提高选择最佳动作的概率，同
时可以在线训练整个行动网络。用一个辅助网络来为环境建模，评估网络根据当前的状态
和用于模拟环境预测标量值的外部强化信号，这样它可单步和多步预报当前由行动网络施
加到环境上的动作强化信号，提前向动作网络提供候选动作的强化信号，以及更多的奖惩
信息（内部强化信号），以减小不确定性并提高学习速度。
　　进化强化学习对评估网络使用时序差分预测方法（Temporal Difference，TD）和反向
传播算法（Back Propagation，BP）进行学习，而对行动网络进行遗传操作，使用内部强
化信号作为行动网络的适应度函数。
　　网络运算分为两部分，即前向信号计算和遗传强化计算。在前向信号计算时，对评估
网络采用时序差分预测方法，由评估网络对环境建模，可以进行外部强化信号的多步预测，

评估网络给行动网络提供更有效的内部强化信号，使行动网络产生更恰当的行动，内部强化信号使行动网络、评估网络在每一步都可以进行学习，而不必等待外部强化信号的到来，从而大大地加速了两个网络的学习。

强化学习目标：强化学习从环境状态到行为的映射，使得智能体选择的行为能够获得环境最大的奖赏，且使得外部环境对学习系统的评价（或整个系统的运行性能）在某种意义下是最佳的。强化学习是学习一个最优策略（policy），可以让智能体（agent）在特定环境（environment）中，根据当前的状态（state）做出行动（action），从而获得最大回报（G or return，其中 G 为最大回报）。

4.2　群体智能

4.2.1　群体智能概述

人工智能之群体智能

回顾生命进化史，生物多数是以群居为主，例如人类、蚂蚁、鱼群、鸟群等，虽然其个体力量很小，但作为一个群体所表现出的智慧行为却非常令人意外。我们能够发现，在日常生活中由群居而引起的群体智能现象无处不在，而对群体智能（Swarm Intelligence）的研究则起源于人们对群体行为的观察。

"群体智能"一词最早在 1989 年由 Gerardo 和 Jing Wang 提出，当时是针对计算机屏幕上细胞机器人的自组织现象而提出的。早期的群体智能被定义为在集体层面表现的分散的、去中心化的自组织行为。比如蚁群、蜂群构成的复杂类社会系统，鸟群、鱼群为适应空气或海水而构成的群体迁移，以及微生物、植物在适应生存环境时候所表现的集体智能。

可能有人会想，这么看来，群体不就是个体的组合吗？但其实从个体行为到群体行为的演化往往复杂多变，群体智能并不是简单的多个个体的集合，而是超越个体集合的更高级的行为表现，往往难以预测。我们经常说"三个臭皮匠，顶个诸葛亮"，但其实不然。如果群体里的成员间高度同质性，就无法充分展现出群体的智慧。群体智慧是一个臭皮匠、一个工人、一个商人、一个医生、一个教授等联合起来，这样再去与诸葛亮比较才有胜算。不是多个同质个体的简单组合，而是群体内部的多元性带来了群体智慧。

因此，对于群体智能的探索具有极强的战略意义和科研价值，尤其在推动人工智能发展中占有极其重要的地位。当前，在群体智能的推动下，人工智能已经进入新的发展阶段，应当瞄准群体智能前沿，突破理论和技术瓶颈，建立群体智能完善体系，使其发挥更大作用。

4.2.2　群体智能算法

人工智能之经典的群体智能算法

在计算智能领域有两种经典的基于群体智能的算法：蚁群算法和粒子群优化算法。前者是对蚂蚁群落食物采集过程的模拟，已经成功运用在很多离散优化问题上；后者则是源于对鸟群捕食行为的研究，目前也广泛应用于函数优化、神经网络训练等领域。下面分别介绍这两种算法。

1. 蚁群算法

蚁群算法（Ant Colony Optimization，ACO）又称蚂蚁算法，是一种用来在图中寻找优化路径的概率型算法。它是由 Marco Dorigo 于 1992 年在他的博士论文中提出的，该算法提出时的灵感来源于蚂蚁在寻找食物过程中发现路径的行为。图 4.24 就是一个蚁群寻找食物的过程图。该算法的基本思路：用蚂蚁的行走路径表示待优化问题的可行解，整个蚂蚁群体的所有路径构成待优化问题的解空间。蚁群算法是一种模拟进化算法，初步的研究表明该算法具有许多优良的性质。该算法可应用于其他组合优化问题，如旅行商问题、指派问题、Job-Shop 调度问题、车辆路由问题、图着色问题和网络路由问题等。

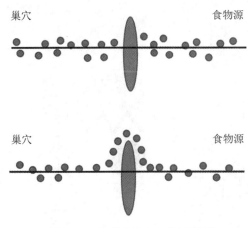

图 4.24　蚁群寻找食物的过程图

2. 粒子群优化算法

粒子群优化算法（Particle Swarm Optimization，PSO），又称粒子群算法、微粒群算法或微粒群优化算法。粒子群优化算法是通过模拟鸟群觅食行为而发展起来的一种基于群体协作的随机搜索算法，是另一种广泛用于解决与群有关的问题的算法。这种算法是在 1995 年由 Eberhart 博士和 Kennedy 博士一起提出的，它源于对鸟群捕食行为的研究。它的基本核心是利用群体中的个体对信息的共享使整个群体的运动在问题求解空间中产生从无序到有序的演化过程，从而获得问题的最优解。该系统在初始化阶段采用随机分布，然后，它在问题空间中使用随机优化（stochastic optimization）方法不断迭代搜索，以找到最优解，这种最优解就称为粒子（particles）。粒子群优化算法如图 4.25 所示。

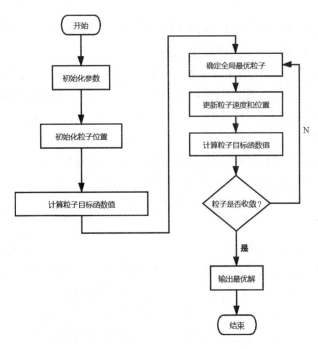

图 4.25　粒子群优化算法

4.2.3　任务定义

众包是群体智能的一个衍生产物。众包模式是指一个公司或机构把过去由员工执行的工作任务，以自由自愿的形式外包给非特定的，而且通常是大型的大众网络的模式。众包模式如图 4.26 所示。

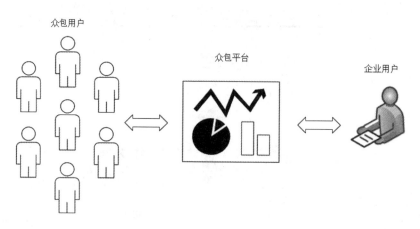

图 4.26　众包模式

在现实世界的众包数据平台中，有几种重要的众包群体任务被广泛使用来解决一些仅凭个人或机器很难解决的问题。以下将分别举例说明。

（1）单选：工作人员从多个选项中选择一个答案。例如有一篇评论，要求工作人员从中选择评论的情绪，选项为积极、中立、消极。在单选任务中，工作人员只能选择单一选项。

（2）多选：工作人员从多个选项中选择多个答案。例如，给定一张图片，要求工作人员从一个列表中选择图片中出现的实体，如猴子、树、香蕉等。在多选任务中，工作人员可以选择多个选项。

（3）评级：工作人员对多个实体进行打分评级。例如，给定几家餐馆，要求工作人员给这些餐馆打分。

（4）集群：工作人员被要求将一组不同实体分类到不同群体中。例如，给一些食物的图片，要求工作人员将食物分类到不同的类别中。

（5）标签：工作人员为一个实体提供一个标签。例如，给一张物体的图片，要求工作人员给这个物体贴上标签，例如，苹果、香蕉、梨等。注意，标签任务不同于其他类型任务，因为它是一个"开放性任务"，工作人员可以贴任何标签，而不是选择一些给定的标签。

从上述任务可以看出，众包任务看起来对工作人员的工作要求并没有很高，但众包任务的结果却对于解决实际的企业问题非常重要。当然，在发布任务时，发布者还会根据自己的需求确定一些任务的设置（图 4.27）。通常主要考虑以下三个因素。

● 质量控制：发布者可以选择众包平台提供的质量控制技术，也可以自己设计质量控制方法。

● 价格：发布者需要为每个任务定价。通常，高价格可以吸引更多的工作人员来完成任务，从而减少延迟，但是，支付更多的钱并不意味着总会提高答案的质量，所以往往需要综合考量，而不是定价越高越好或越低越好。

● 延迟：发布者可以为任务设置时间限制。对于每个任务，发布者可以设置时间限制（例如，60s）来回答它，而工作人员必须在这个时间限制内回答它。发布者还可以设置任务的过期时间，即平台上工作人员可以使用的任务的最长时间（例如，24h）。

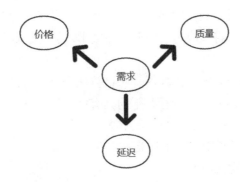

图 4.27 根据需求确定任务设置

更为具体的任务设置需求和方法将会在下面的三个小节详细介绍。

4.2.4 质量控制

由于众包应用产生在复杂的在线交易平台上,因此慢慢出现了对质量控制的需求。从人群中收集到的结果本质上是模糊的,所以众包有可能会产生质量相对较低的结果。例如,恶意工作者可能给出错误的答案,或者工作者的专业水平不同,给出的结果质量也会参差不齐,或者某些未经培训的工作者可能会无法完成某些任务等。所以为了获得高质量的结果,我们需要容忍人群中的错误并从嘈杂的答案中推断出高质量的结果。现有的研究提出了各种质量控制技术来解决这些问题。三种提高工作结果质量的策略如图 4.28 所示。

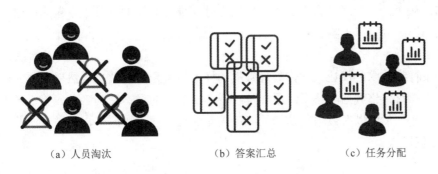

(a) 人员淘汰　　　　　　(b) 答案汇总　　　　　　(c) 任务分配

图 4.28 三种提高工作结果质量的策略

(1) 人员淘汰:淘汰低质量的工作人员是提高质量普遍使用的方法。一种简单的方法是使用鉴定测试或注金方法。例如,在工作人员完成真实任务之前,应由工作人员完成包括黄金任务在内的资格测试。根据工作人员对黄金任务的完成情况,可以检测出工作人员的素质。进而,低质量的工作人员则会被阻止完成任何实际任务。

(2) 答案汇总:由于单个工作人员可能在某些问题上有偏见,进而影响答案质量,因此大多数现有工作会采用答案汇总策略来进行质量控制,即将工作分配给多个工作人员并汇总他们的答案来推断其结果。

(3) 任务分配:由于不同工作人员在不同领域或不同研究上能力不同,可能导致不同质量的结果,因此,需将任务分配给合适的工作人员以获得更高质量的结果。

4.2.5 成本控制

尽管可以使用众包平台提供更加节省成本的方式来要求人们做一些工作,但是当有很多工作要做时,总体的费用仍然是相当昂贵的。因此,众包的另一大挑战就是成本控制。

即如何在保持良好的结果质量的同时降低人力成本。本节主要讨论五类成本控制技术。对于每一类技术，将展示如何将其应用于降低人力成本，并讨论其优缺点。

1. 修剪

第一类技术是在任务发布前，先使用计算机算法来预处理所有任务，并将不需要人工检查的任务修剪掉，而人类只需要执行剩下的具有挑战性的任务即可。基于修剪的技术是控制成本非常有效的方法。它的优点是可以节省几个数量级的人力成本，而质量损失很小。但如果选择了不恰当的修剪策略，由于计算机错误修剪的任务，人类将不再对其进行检查，因此最终结果可能不会很准确。

2. 任务分配

任务分配已在 4.2.4 节中引入，可以用来提高质量。从另一个角度来看，这也可以看作降低成本的一类技术。即，在给定质量约束的情况下，任务分配技术可以通过选择最适合的任务和人群来最小化满足成本要求的人员成本。不同的众包运营商需要不同的选择策略。由于它在成本控制方面的有效性，因此成为众多众包运营商广泛研究的课题。任务分配技术提供了一种灵活的方法来权衡成本和质量。但任务分配技术的缺点是在分配任务的过程中需要迭代的查询并确定执行任务的人群，可能会增加延迟。

3. 答案推理

在很多情况下，由众包运营商生成的任务具有某些固有关系，可用于成本控制。具体来说，给定一组任务，在从人群中获得一些任务的结果后，可以使用此信息来推断其他任务的结果，从而节省了要求人群执行这些任务的成本。答案推理技术避免了人群做很多多余的工作，从而进一步降低人力成本。但缺点是在推理答案的过程中，人为的错误会对被推理出的结果产生较坏影响。

4. 采样

基于采样的技术是仅让人群来处理数据的样本而不是完整数据，然后利用人群对样本的答案来推断对完整数据的答案。采样是一个非常强大的成本控制工具。关于样本估计的数十年研究建立了可以有效限制估计的统计误差的良好理论。但是，采样方法并不适用于所有众包运营商。

5. 其他

有一些专门的成本控制技术，其主要目的是为特定运营商优化成本。与本节中其他更通用的成本控制技术相比，此类技术可以更好地利用单个特定运营商的特征来优化成本。但是，局限性在于该技术仅限于特定的工作人员，不适用于各种众包工作人员。

总的来说，在请求者发布任务之前，可以选择使用多个成本控制技术，但在质量和成本之间需要权衡。成本控制技术可能会牺牲质量。例如，如果人群在推理答案时犯了一些错误，则答案推理质量可能会降低，如果对某些重要任务进行修剪，则也可能会降低结果的质量。因此，在使用成本控制技术时，重要的是要考虑如何在质量和成本之间取得平衡。

4.2.6　延迟控制

控制延迟的一种直接方法是将任务设置为更高的价格，因为更高的价格可以吸引更多的工作人员，从而减少接受和完成任务的时间。直观地，我们可以将更紧急的任务设置为较高的价格，而将不太紧急的任务设置为较低的价格。

在系统地调查了系统中延迟的主要来源后，大致提出了三种新颖的技术来解决每个来源的延迟问题：

（1）使用冗余任务来减轻办事拖拉的工作人员对延迟的影响。

（2）动态维护一个快速工作者池。

（3）混合学习将主动学习和被动学习相结合，避免了池中无所事事的工作人员的存在。

此外，还有一些延迟模型（圆形模型和统计模型）来辅助进行延迟控制。

同样，延迟和成本之间也需要权衡。例如，为了降低成本，某些成本控制技术需要分多次发布任务。但是，增加回合数将导致较长的等待时间。在延迟和质量之间也存在类似的折中。例如，为了提高质量，可以将艰巨的任务分配给更多的工人，而将简单的任务分配给更少的工人。为此，它需要多轮选择任务以更好地理解任务。

为了在质量、成本和延迟之间进行权衡，现有研究集中在不同的问题设置上，包括在固定成本的情况下优化质量，在不牺牲质量的情况下最小化成本，在固定成本的情况下减少延迟，在延迟和质量约束范围内将成本降至最低等。延迟、质量和成本之间的权衡如图 4.29 所示。

图 4.29　延迟、质量和成本之间的权衡

课后题

1．机器学习、人工智能和深度学习之间有什么区别和联系？

2．如果将机器学习进行分类，可以分成哪几类？试着举例说明。

3．有监督学习和无监督学习之间的区别是什么？它们分别可以用于什么问题？

4．有监督学习、无监督学习、弱监督学习和半监督学习分别是什么？它们之间有什么区别？

5．弱监督学习有哪几种类型？它可以分成哪几种方法？

6．集成学习可以分为哪几种？试说明一下它们之间的区别。

7．试着实现集成学习中的 Bagging 和 Boosting 两种算法。它们的实现方式有着怎样的不同？

8．迁移学习的目的是什么？简要的概括一下迁移学习。

9．什么是基于特征的迁移学习？

10．什么是强化学习？什么是马尔可夫决策过程？它们之间有什么关系？

11．强化学习的目标是什么？

12．基于概率的主动强化和基于价值的主动强化有什么区别？

13．什么是群体智能？群体智能算法有哪些？

14．质量控制、成本控制、延迟控制在任务中有什么作用？

第 5 章　人工智能安全

本章导读

人工智能作为引领未来的战略性技术，日益成为驱动经济社会各领域从数字化、网络化向智能化加速跃升的重要引擎。近年来，数据量的爆发式增长、计算能力的显著性提升、深度学习算法的突破性应用，极大地推动了人工智能的发展。自动驾驶、智能服务机器人、智能安防、智能投顾等人工智能新产品新业态层出不穷，深刻地改变着人类生产生活，并对人类文明发展和社会进步产生广泛而深远的影响。

然而，技术的进步往往是一把"双刃剑"，人工智能作为一种通用目的技术，为保障国家网络空间安全、提升人类经济社会风险防控能力等提供了新手段和新途径。但同时，人工智能在技术转化和应用场景落地过程中，由于技术的不确定性和应用的广泛性，带来冲击网络安全、社会就业、法律伦理等问题，并对国家政治、经济和社会安全带来诸多风险和挑战。

世界主要国家都将人工智能安全作为人工智能技术研究和产业化应用的重要组成部分，大力加强对安全风险的前瞻研究和主动预防，积极推动人工智能在安全领域应用，力图在新一轮人工智能发展浪潮中占得先机、赢得主动。

本章要点

- 人工智能安全概述
- 人工智能安全体系架构
- 人工智能助力安全
- 人工智能内生安全
- 人工智能衍生安全问题

5.1　人工智能安全概述

当前，随着人工智能技术的快速发展和产业爆发，人工智能安全越发受到关注。一方面，现阶段人工智能技术的不成熟性导致安全风险，包括算法不可解释性、数据强依赖性等技术局限性问题，以及人为恶意应用，可能给网络空间与国家社会带来安全风险；另一方面，人工智能技术可应用于网络安全与公共安全领域，感知、预测、预警信息基础设施和社会经济运行的重大态势，主动决策反应，提升网络防护能力与社会治理能力。从 1942 年阿西莫夫提出"机器人三大定律"到 2017 年霍金、马斯克参与发布的"阿西洛马人工智能 23 原则"，如何促使人工智能更加安全和道德一直是人类思考和不断深化的命题。

人工智能作为新技术所带来的新安全问题，属于新技术在安全方面的伴生效应。这种伴生效应会产生两方面的安全问题：一是由于新技术的出现，其自身的脆弱性会导致新技术系统出现不稳定或者不安全的情况，这方面的问题是新技术的内生安全问题；二是新技术的自身缺陷可能并不影响新技术系统自身的运行，但这种缺陷却给其他领域带来了问题，导致其他领域变得不安全，这方面的问题是新技术的衍生安全问题。除了伴生效应以外，新技术的出现一定会提升相关领域的势能，当新技术运用于安全领域的时候，自然也会赋能安全领域，这可以称为新技术的赋能效应。当然，新技术在安全领域的赋能，既可以赋能于防御，也可以赋能于攻击，即新技术被恶意利用而导致其他领域不安全。显然，新技术赋能攻击是导致网络空间安全形势始终不够乐观的推手之一。其中，安全赋能效应是指人工智能技术系统足够强大，可以提升安全领域的防御能力，也可以被应用于安全攻击；安全伴生效应是指人工智能技术存在问题或其可控性方面存在脆弱性，前者可以导致人工智能系统的运行出现问题，后者可以导致人工智能系统危及其他领域的安全。

因此，可从三个方面来考虑人工智能安全问题：一是降低人工智能的不成熟性以及恶意应用给网络空间和国家社会带来的安全风险；二是推动人工智能在网络安全和公共安全领域的深度应用；三是构建人工智能安全管理体系，保障人工智能安全稳步发展。

5.2　人工智能安全体系架构

从人工智能内部视角看，人工智能系统和一般信息系统一样，难以避免地会存在脆弱性，即人工智能的内生安全问题。一旦人工智能系统的脆弱性在物理空间中暴露出来，就可能引发无意为之的安全事故。从人工智能外部视角看，人们直观上往往会认为人工智能系统可以单纯依靠人工智能技术构建，但事实上，单纯考虑技术因素是远远不够的，人工智能系统的设计、制造和使用等环节，还必须在法律法规、国家政策、伦理道德、标准规范的约束下进行，并具备常态化的安全评测手段和应急时的防范控制措施。

综上，可将人工智能安全分为三个子方向：人工智能助力安全（AI for Security）、人工智能内生安全（AI Security）和人工智能衍生安全（AI Safety）。其中，人工智能助力安全体现的是人工智能技术的赋能效应；人工智能内生安全和衍生安全体现的是人工智能技术的伴生效应。人工智能系统并不是单纯依托技术而构建的，还需要与外部多重约束条件共同作用，以形成完备合规的系统。人工智能安全体系架构及外部关联如图 5.1 所示。

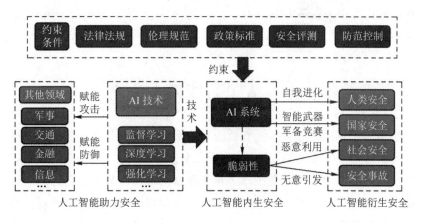

人工智能安全体系架构

图 5.1　人工智能安全体系架构及外部关联

5.2.1　人工智能助力安全概述

人工智能助力安全主要表现为助力防御和助力攻击两个方面。在助力防御方面，防御者正在利用人工智能技术提升和扩展其原有的防御方法。防御者可利用计算机视觉技术助推物理智能安防监控产业快速发展，从而提升防盗报警、防爆安检等物理安全保障能力；利用机器学习算法，构建可在运行时不断自我提升的智能入侵检测系统；利用深度学习和机器学习技术检测未知特征的恶意代码，提升网络威胁发现能力。由此可见，融入了人工智能因素的网络空间防御系统可弥补传统方法的不足，为网络空间安全防御提供新方法。在助力攻击方面，攻击者可利用人工智能技术突破其原有能力边界。融入了人工智能技术的网络攻击已经涵盖了攻击准备、生存对抗、武器投递、目标识别、意图隐藏、网络欺骗这个较为完整的攻击链，且使得攻击链上各节点的能力都有明显提升，这必将给防御工作带来新的挑战。

5.2.2　人工智能内生安全概述

人工智能内生安全指的是人工智能系统自身存在脆弱性。脆弱性的成因包含诸多因素，人工智能框架／组件、数据、算法、模型等任一环节都可能给系统带来脆弱性。

在框架／组件方面，难以保证框架和组件实现的正确性和透明性是人工智能的内生安全问题。框架（如 TensorFlow、Caffe）是开发人工智能系统的基础环境，相当于人们熟悉的 Visual C++ 的 SDK 库或 Python 的基础依赖库，重要性不言而喻。然而，由于这些框架和组件未经充分安全评测，可能存在漏洞甚至后门等风险。一旦基于不安全框架构造的人工智能系统被应用于关乎国计民生的重要领域，这种因为"基础环境不可靠"而带来的潜在风险就更加值得关注。

5.2.3　人工智能衍生安全概述

人工智能衍生安全指人工智能系统因自身脆弱性而导致危及其他领域安全。衍生安全问题主要包括 4 类：人工智能系统因存在脆弱性而可被攻击，例如，可利用自动驾驶汽车的软件漏洞远程控制其超速行驶，自动驾驶汽车自身存在的漏洞是内生安全问题，由此导致的车辆被攻击进而超速行驶就是衍生安全问题；人工智能系统因自身失误引发安全事故，当前，具有移动能力和破坏能力的人工智能行为体，可引发的安全隐患尤为突出；人工智能武器研发可能引发国际军备竞赛；"人工智能行为体"（Artificial Intelligence Actant，AIA）一旦失控将危及人类安全。

人工智能助力安全

5.3　人工智能助力安全

任何新技术的出现，势必会伴随着新的安全问题出现。其实"新技术赋能攻击"效应本身也能反映出与衍生安全类似的特征，只不过新技术赋能的特征在于新技术系统很强大，被用在了安全攻击的用途上，如现在许多花样翻新的考试作弊手段就是恶意地利用了新的信息通信技术，这使得反作弊技术也在不断提升。从安全攻击的角度来说，新技术的衍生安全和新技术的赋能攻击都能助力于攻击行为，差别仅是前者依赖于新技术系统的脆弱性且新技术自身不可掌控，后者依赖于新技术系统的强大能力且应用目标明确。人工智能也会给安全领域带来一系列安全挑战。以下将从助力防御和助力攻击两方面论述人工智能如何助力安全。

5.3.1　人工智能助力防御

根据全球技术研究与咨询公司 Techanvio 的报告，2018—2022 年，基于人工智能的全球网络安全市场预计将会有超过 29% 的复合年增长率。企业正在将基于云的 AI 服务应用于身份验证、视频管理、生物特征信息存储和大数据计算等多种网络安全领域中，从而使人工智能在助力防御方面发挥出至关重要的作用。

1. 物理智能安防监控

物理智能安防监控是保障物理安全的一种重要技术手段，涉及实体防护、防盗报警、视频监控、防爆安检、出入口控制等。安防领域作为人工智能技术成功落地的一个应用领域，其技术及成果已经受到国内很多安防企业的重视，很多企业开始从技术、产品等不同角度涉足人工智能。大华公司、海康威视、东方网力等传统企业在不断推进安防产品的智能化发展；商汤科技、旷视科技、云从科技、依图科技等以算法见长的企业，正将技术重点聚焦于人脸识别、行为分析等图形图像智能领域。推动安防监控发展的关键人工智能技术包括智能视频监控、体态识别与行为预测、知识图谱和智能安防机器人等技术。

2. 军用机器人

以防御为目的的军用机器人可以助力于安全防御。据报道，哈工大机器人集团（HIT Robot Group，HRG）研发了侦察机器人和小型排爆机器人。侦察机器人通过三自由度云台和车体摄像机可完成对周边环境的监控，实时传送语音、图文信息，具备全天候环境下正常工作的能力。小型排爆机器人采用军用标准设计，可抓取 6 ～ 30kg 的可疑物体，具有运动性能好、速度快的特点，可适应水下、野外、阶梯等不同环境，可完成抓取爆炸物、转移爆炸物的任务。这些机器人还可广泛应用于城市安全、公共安全、抗震救灾、目标探测、可疑物检查、路边炸弹排除、危险物质处理等领域。

3. 智能入侵检测

结合当下快速发展的人工智能技术，智能入侵检测在检测能力和速度上较之传统的入侵检测方法均有大幅度优化。

在网络入侵检测领域，2016 年，麻省理工学院计算机科学与人工智能实验室（Computer Science and Artificial Intelligence Laboratory，CSAIL）和创业公司 PatternEx 共同开发的 AI2（Artificial Intelligence+Analyst Intuition）是基于人工智能的网络安全入侵检测平台。AI2 结合机器学习技术，可准确预测 85% 以上的网络攻击。在物联网入侵检测领域，结合物联网设备种类多、网络结构复杂等特点，艾丁·菲尔多西（Aidin Ferdowsi）等人提出了一种基于生成对抗网络（Generative Adversarial Networks，GAN）的分布式入侵检测系统，在不依赖任何集中式控制器的条件下对物联网进行异常行为检测。艾丁·菲尔多西等人通过实验表明这种基于生成对抗网络的分布式入侵检测系统的准确性最高可提高 20%，精度可提高 25%，误报率可降低 60%。如图 5.2 所示为训练和入侵检测阶段的系统模型的一个例子。

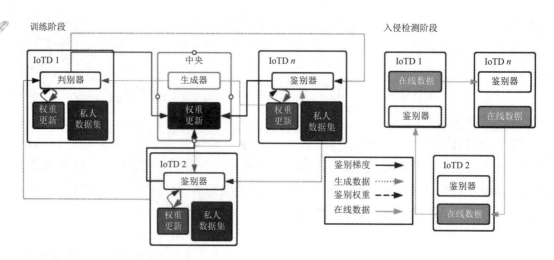

图 5.2　训练和入侵检测阶段的系统模型的一个例子

5.3.2　人工智能助力攻击

1．自动化网络攻击

人工智能驱动下的自动化网络攻击是当前热门话题之一。黑客正在改进他们的武器，已经在其攻击战术、技术和策略中积极引入人工智能技术，实现网络攻击自动化。网络安全公司 Cylance 在美国 2017 年黑帽大会上征询了 100 位信息安全专家的意见，有 62% 的信息安全专家认为黑客未来会利用人工智能技术赋能网络攻击。

比如在 2016 年美国黑帽大会上，来自 ZeroFOX 公司的约翰·西摩（John Seymour）和菲利普·塔利（Philip Tully）展示了一种基于 Twitter 的端到端自动化鱼叉式网络钓鱼方法，提出了一种基于带有侦察功能的社交网络自动钓鱼（Social Network Automated Phishing with Reconnaissance，SNAPR）的递归神经网络，可学习向特定用户（攻击目标）发送钓鱼推文。该模型采用了鱼叉式钓鱼数据进行训练，为提升点击成功率，还动态嵌入了从目标用户及其关注用户处抽取的话题，并在发送推文时 @ 攻击目标。通过对 90 位用户进行测试发现，该攻击方法的成功率为 30% ～ 60%。相比来看，传统的广撒网式钓鱼只有 5% ～ 14% 的成功率。这说明人工智能技术可使自动化鱼叉式钓鱼更加准确和规模化。图 5.3 所示为自动化鱼叉式钓鱼攻击的过程。

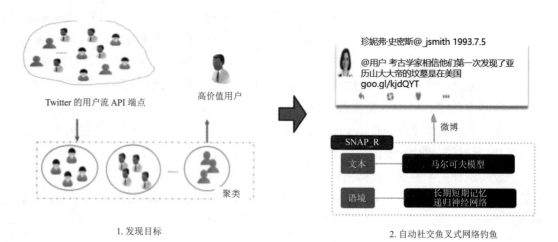

图 5.3　自动化鱼叉式钓鱼攻击的过程

2. 助力网络攻击，提升网络攻击效率

人工智能技术可大幅度提高恶意软件编写分发的自动化程度，可通过插入一部分对抗性样本，绕过安全产品的检测，甚至根据安全产品的检测逻辑，实现恶意软件自动化地在每次迭代中自发更改代码和签名形式，并且在自动修改代码逃避反病毒产品检测的同时，保证其功能不受影响。北京大学的研究人员在《针对基于 GAN 的黑盒测试生成对抗恶意软件样本》中提出了一种基于生成对抗网络（GAN）的算法来生成对抗恶意软件样本的算法 MalGAN，其结构如图 5.4 所示。其使用一个替代检测器来适配黑盒恶意软件检测系统，使得所生成的恶意代码能够绕过基于机器学习的检测系统。

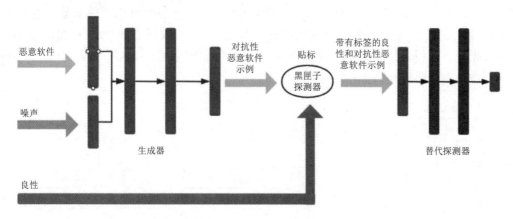

图 5.4　MalGAN 算法结构

3. 助力有害信息的传播

个性化智能推荐融合了人工智能相关算法，根据用户浏览记录、交易信息等数据，对用户兴趣爱好、行为习惯进行分析与预测，根据用户偏好推荐信息内容。智能推荐可被应用于负面信息的传播，并可使虚假消息、违法信息、违规言论等不良信息内容的传播更加具有针对性和隐蔽性，在扩大负面影响的同时减少被举报的可能。McAfee 公司表示，犯罪分子将越来越多地利用机器学习来分析大量隐私记录，以发现潜在的易攻击目标人群，通过智能推荐算法投放定制化的钓鱼邮件，提升社会工程学攻击的精准性。

4. 助力虚假信息内容的制作

人工智能技术可被用以实施诈骗等不法活动。在拥有足够训练数据的情况下，人工智能技术可制作媲美原声的人造语音，还可以基于文本描述合成能够以假乱真的图像，或基于二维图片合成三维模型，甚至根据语音片段修改视频内人物表情和嘴部动作，生成与口型一致的音视频合成内容。在 2016 年的 IEEE 计算机视觉与模式识别会议上，来自德国纽伦堡大学的贾斯特斯·泰斯（Justus Thies）等人发布了 Face2Face 技术。这项技术可以非常逼真地将一个人的面部表情、说话时面部肌肉的变化，实时地复制到另一个视频中的角色上，这是第一个能实时进行面部转换的模型。而周航等提出了一种通过解离听觉和视觉信息、生成高分辨率且逼真的说话视频的方法，这种方法系统仅需输入一张照片和一段说话的语音，无须事先对人脸形状进行建模。

5. 对抗机器学习

机器学习算法普遍应用于网络安全检测领域，比如基于支持向量机（Support Vector Machine，SVM）算法的恶意代码检测、基于 X-Means 聚类的僵尸网络检测、基于贝叶斯网络的垃圾邮件检测，以及基于层次聚类、随机森林的恶意流量识别等。机器学习检测模型的准确性主要依赖样本训练数据分布，具有较好的机器学习检测模型的前提是其样本训

练数据集具有代表性。

研究表明，基于机器学习的检测系统容易受到对抗性攻击，攻击者可以构造"良性"样本，绕过机器学习分类器的识别，这种攻击方法被称为对抗机器学习。通用分类器识别过程如图 5.5 所示。2016 年，Weilin Xu 等提出了一种基于遗传算法的对抗机器学习方法，可以在保留自身恶意行为的前提下，绕过机器学习分类器的识别，并把自己标记为良性样本。在对抗样本的生成过程中，为了保留样本的恶意行为功能，Weilin Xu 等采用遗传算法，通过良性样本与恶意样本变异合成的方法生成新样本，淘汰没有保留恶意行为功能的"残次"新样本。被分类器标记为恶意的新样本则继续与良性样本变异合成新样本。如此循环，直到恶意样本被目标分类器识别为良性。在有效性评估中，他们选取了两款基于机器学习的 PDF 恶意软件检测器（PDFrate 和 Hidost）为绕过目标，使用 500 个恶意 PDF 文件作为实验数据集，使用遗传算法让恶意 PDF 文件不断"进化"为良性样本，最终实现了 100% 的对抗成功率，即所有恶意 PDF 文件被识别为良性样本。

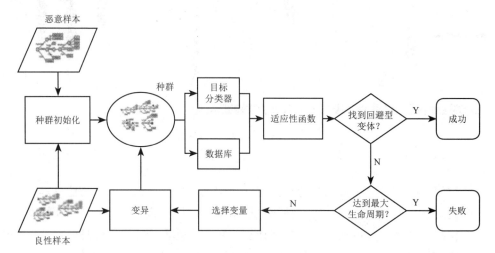

图 5.5　通用分类器识别过程

5.4　人工智能内生安全

人工智能的内生安全

作为一项新技术，人工智能自身是否也存在安全问题呢？从内部视角来看，人工智能系统涉及数据、框架、算法、模型、运行等多个复杂环节。这些环节中存在难以避免的脆弱性，称为内生安全。本节将从数据安全、算法安全、框架安全、模型安全、运行安全 5 方面分析人工智能的内生安全问题。

5.4.1　数据安全

数据是人工智能的重要基础。神经网络在 20 世纪 80 年代便已被提出，但在 2006 年 Geoffrey E.Hinton 提出深度学习以后才逐步掀起人工智能发展的又一热潮，其中一个重要的原因便是近十几年来大数据的蓬勃发展为机器学习等人工智能算法提供了大量的学习样本，使人工智能相关技术迅速发展。在此前提下，数据安全就成为了人工智能内生安全的重要部分。本小节将从数据集质量、数据投毒、对抗样本 3 个角度介绍数据安全可导致的人工智能安全问题。

1. 数据集质量影响人工智能内生安全

数据集的质量会直接影响到人工智能算法的执行效果，但是在设计算法的时候通常并不会针对具体的数据集设计算法，而是根据任务的输入和输出设计算法。

设计好的识别算法均能根据不同的数据集进行训练，从而得到适合该识别算法的模型参数，并将识别算法及模型参数用于手写数字识别系统中。又如，基于 CIFAR10 数据集设计图像识别分类算法。该任务需要根据输入的 32×32 像素的图片完成识别工作，输出包括飞机、汽车、鸟、猫、鹿、狗、青蛙、马、船和卡车 10 种不同类别的识别结果。无论是 CIFAR10 数据集提供的 6 万张图片，还是人工设计的其他数据集，设计好的算法均能根据数据集训练得到模型参数，并将算法和模型参数应用于图片识别系统中。数据对于算法来说是至关重要的，使用不同质量的数据集会在训练之后得到不同的模型参数，产生不同的执行效果，进而影响人工智能算法的安全性。

数据集的质量取决于数据集的规模、均衡性、准确性等。首先，数据集的规模如果较小，有可能导致算法执行产生不安全的结果。不同任务的难度不同，需要的数据量也不同。对于不同的任务，如果数据集规模达不到要求，训练后得到的人工智能模型运行的准确率就低，很有可能会在识别任务中产生错误的识别结果、在机器翻译任务中产生错误甚至含义相反的语句，从而造成训练好的人工智能模型在执行过程中出现不安全的结果。图 5.6 所示为网络一层中的体系结构和参数。

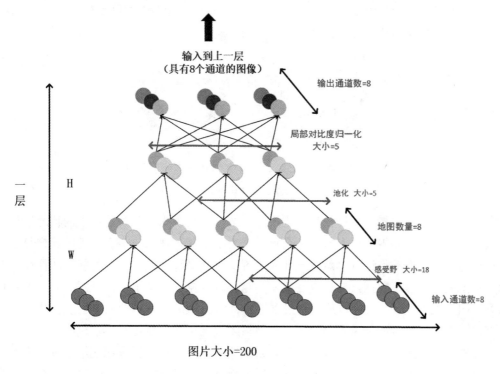

图 5.6　网络一层中的体系结构和参数

数据集的均衡性也是影响人工智能算法效果的一个重要因素，即不均衡的数据集会造成人工智能算法失效。数据集的均衡性是指数据集中包含的各种类别的样本在数量上的均衡程度。数据集越均衡，数据样本分布偏差越小，人工智能算法的运行效果往往越好。然而很多实际应用的数据集存在着不均衡的问题，如在欺诈交易识别任务中，如果根据历史交易数据构造用于该任务训练的数据集，而实际交易过程中大部分交易是正常的，属于欺诈的交易样本数量极少，若将该问题抽象为一个二分类问题，那么很有可能在收集到的

100 个数据样本中仅有 1 个是欺诈数据，利用这样的数据集训练的人工智能算法必定很难准确识别欺诈交易。

最后，数据集的准确性也是影响人工智能算法内生安全的一个重要因素。数据集中的数据通常都是经过标注的数据，数据标注是构建数据集很重要的一步。以车辆目标检测任务为例，人们首先可以通过摄像头拍摄道路上的各种车辆，然后对拍摄到的图片进行标注，即在这些图片上人工标出哪些是车辆，圈出卡住每辆车的外接矩形。在这个过程中，如果数据不完整，将导致算法不能正确识别车辆。

2. 数据投毒可人为导致人工智能算法出错

数据集的质量能影响人工智能算法的安全性，人为地对数据进行修改则能在很大程度上改变人工智能算法的执行效果。一般而言，有些人工智能算法为了实时地适应数据分布的变化，会周期性地采集近期历史样本数据以重新训练人工智能模型参数。如果攻击者掌握了人工智能算法周期性采集数据的规律，就可以对即将被采集到的数据进行污染，让人工智能算法学习到错误的数据特征，从而歧化人工智能算法的模型参数，造成算法失效。这种攻击方式被称作数据投毒。

图 5.7 是一个数据投毒的示例。图 5.7（a）中的两类样本数据（分别用五角星和圆形进行区分）可以很容易地用一个线性函数进行分类，如图中的虚线；如果在这些正常样本中故意添加一些分类错误的样本，如图 5.7（b）所示，分类模型就会变得非常复杂，训练得到的模型参数就会与图 5.7（a）明显不同。部分模型可能会因为过度拟合这些训练样本，导致无法对一些新的数据进行正确分类。

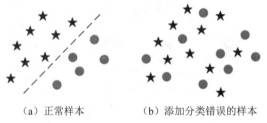

（a）正常样本　　　　　（b）添加分类错误的样本

图 5.7　数据投毒示例

从实施的角度来看，数据投毒的难度并不大，这是因为人工智能算法的训练过程需要大量的样本数据，而很多样本数据都是通过线上采集的，那么攻击者就可以很容易地实施数据投毒，对样本数据进行修改，再让人工智能算法进行采集。人工智能算法往往需要大量的数据进行学习，数据投毒可以在改变少量样本数据的情况下使神经网络失效。有相关研究表明，仅修改 8% 的样本数据便可以造成针对药物剂量预测的人工智能模型对于一半以上的病人发生显著的剂量预测错误。目前很多数据标注平台都采用众包的方法完成对图片、文本、音视频的标注，如果攻击者有组织地对其中少量的样本标注结果进行修改，便很有可能造成人工智能算法出错，因此数据安全成为人工智能内生安全的一个重要方面。

3. 对抗样本成为人工智能内生安全的新关注点

相比于数据投毒，通过对抗样本实施攻击是近年来新出现的一种攻击方法。这种方法在不改变模型参数的情况下，对人工智能算法需要识别的数据加以修改，让算法失效，是对人工智能算法识别过程的攻击。

克里斯蒂安·塞格迪（Christian Szegedy）等提出对抗样本的概念，在原始图片中添加细微的扰动，造成处理图像识别任务的神经网络识别错误，而人眼却很难发现原始图片和添加扰动以后图片之间的差别。对于两个不同的神经网络，如 AlexNet 和 QuocNet，塞格迪等分别设计了对抗样本，针对 AlexNet 的对抗样本能让其将车辆识别为鸵鸟，而针对 QuocNet 的对抗样本能使其检测不出图片中的车辆。

近年来，对抗样本吸引了国内外许多研究团队的关注，成为了人工智能内生安全的新关注点。从攻击方式上来划分，采用对抗样本的攻击方式可分为白盒攻击和黑盒攻击；从攻击效果上来划分，可分为无目标攻击和有目标攻击；从对抗样本的形式上来划分，可分为针对图像、文本、音视频的攻击。

5.4.2　算法安全

人工智能的核心是算法模型的生成，而算法模型的生成主要涉及两点：一是提出和设计算法，这是解决问题的基础，没有好的算法，很难有效解决问题；二是数据的积累，这是解决问题的保证，仅有算法没有数据也无法解决问题。本小节主要从算法的可解释性层面介绍人工智能可能存在的内生安全问题。

1. 算法的可解释性

算法是根据问题的描述来设计和制定解决问题的方法及步骤的。在程序设计中，算法可看作设计者编写的计算机可以执行的有限序列。算法之所以能解决问题，是因为根据问题的输入能返回预期的输出。但如何去衡量算法是否真正解决了问题呢？则需要设计的人工智能算法具有可解释性。

深度神经网络是目前一种热门的人工智能算法，广泛应用于人脸识别、语音识别、机器翻译等各种系统中，但是深度神经网络的可解释性比较差，如何解释深度神经网络成为学术界的一个研究热点。那么什么样的算法具有可解释性呢？以决策树（decision tree）为例，决策树在每个节点按照不同的条件形成不同的分支。在根节点首先判断是否是周末（不需要上班），如果是周末，再进入左侧分支继续根据不同的条件进行判断；如果不是周末，即为工作日，那么没办法只能出门，于是形成第一层"出门"的决策节点。同理，根据是否下雨、是否有雾霾的条件能分别形成不同的分支，最后作出"出门"或者"不出门"的决策。通过这些条件形成的决策就可以看作具有可解释性的。例如，最左侧"不出门"决策节点对应的条件为是周末，但是下雨；最下层"不出门"决策节点对应的条件为是周末，没有下雨，但是有雾霾；最下层"出门"决策节点对应的条件为是周末，没有下雨，并且没有雾霾。这些判断条件相当于为"出门"和"不出门"的决策提供了条件性的解释，因此可以认为决策树是一种具有可解释性的算法。

2. 对抗样本体现出人工智能算法缺乏可解释性

很多传统的算法都是根据一定的规则或者人为设定的思想来进行设计的，如决策树就是采用了一系列的决策规则，KNN 算法则是根据人为设定的物以类聚的思想来设计的。传统的算法取得的效果并不十分理想，如在人脸识别、机器翻译等问题上，传统的算法很难取得非常好的效果。而神经网络这种人工智能算法是模拟人脑的中枢神经网络，通过神经元连接，利用大量的数据学习神经元权重等，在很多问题上均能取得十分优异的表现。例如，人脸识别技术从 20 世纪 50 年代开始便已被提出，传统的算法包括基于人脸几何结构分析、特征脸方法、线性判别分析、稀疏表达、基于局部描述子特征提取等方法，但这些传统方法在国际权威的人脸识别数据集（Labeled Faces in the Wild，LFW）上能达到的识别准确率仅为 80% 左右。大约从 2014 年开始，随着大数据和深度学习的快速发展，神经网络被迅速用于人脸识别并取得令人瞩目的成绩。香港中文大学汤晓鸥教授研究组基于 20 万人脸数据训练的神经网络能达到 98.5% 的识别准确率，首次超越人眼在 LFW 数据集上的识别准确率（97.5%）。但是神经网络为什么能取得如此好的效果？神经网络中的多个隐藏层分别代表什么含义？神经元的参数等是否具有具体的意义？这些问题目前都很难回答，这也是很多学者觉得神经网络具有不可解释性的原因。

首先，从神经元上来看，神经元的结构简单，通过多个输入整合为一个新的输出，每个输入对应的权重（参数）是通过大量数据集训练得到的，同样的网络结构使用不同的数据集可能得到不同的权重，在这样的情况下就很难判断或者说明每个神经元参数表示的意义。其次，从隐藏层上来看，神经网络通常要添加多个隐藏层进行学习，那么每个隐藏层表示什么含义？对于特定的任务需要使用多少隐藏层呢？有学者通过生成热力图的方式尝试解释神经网络的分类依据，如类别激活映射（Class Activation Mapping，CAM）方法及grad-CAM方法；也有学者采用可视化方法研究隐藏层表示的含义，但是目前针对不同任务需要多少隐藏层、每个隐藏层分别抽取了何种特征还未完全解决。另外，神经网络虽然能取得很好的效果，但是由于其缺乏可解释性，在图像处理、文本处理、音频处理等多个领域的相关问题上均存在对抗样本，即仅在原始数据上做轻微修改，生成的数据就能造成深度神经网络运行错误。

虽然深度神经网络缺乏可解释性，但是其在很多领域均能取得远超传统算法的准确率，也逐渐应用于日常生活中的方方面面，比如用于人脸识别、机器翻译、文本内容的情感分析、智能音箱中的语音识别等，这些场景里面发生的少量错误不一定会造成太大的影响，如少量的翻译错误仅会让人觉得难以理解，语音识别时未正确唤醒智能音箱一般也不会造成特别严重的损失。而在一些对准确率要求高、可解释性要求强的场景中，神经网络造成的失误则会造成巨大的损失。例如，在医学场景中，如果让智能算法自动识别某患者是否患病，神经网络不具有可解释性，仅会给出患者是否患病的分类结果；如果算法错误，则影响很大，如未被正确检测出患病的病人将会被耽搁治疗，而未患病的人被识别为患病则会使其产生心理恐慌。在这样的场景中，不论是病人还是医生都希望这样的智能算法能给出解释，即是什么症状及检查结果让算法识别为患病，又是什么原因让算法识别为不患病。如果神经网络具有可解释性，即使其识别结果稍有不准，医生也能根据算法给出的原因进行调整，这也是很多学者研究神经网络可解释性的一个原因。

5.4.3　框架安全

人工智能算法从设计到实现需要经过很多复杂的过程，在这个过程中一般会采用比较成熟的深度学习框架进行编程实现。比如开发者设计了一个基于 MNIST 数据集的多层神经网络，需要通过编程实现神经网络的构建、神经元之间权重参数的学习、神经网络的预测和分类等，如果每一个步骤都需要开发者自己去写程序实现，那将会是十分庞大的工程，涉及很复杂的数值计算等。由于很多程序在不同的人工智能算法中是可以高度复用的，因此出现了很多深度学习的框架，提供了常用的函数和功能等，供开发者以更简单的方式实现人工智能算法。目前使用较多的深度学习框架包括 TensorFlow、Theano、Keras、Infer.NET、CNTK、Torch、Caffe、PaddlePaddle 等。

5.4.4　模型安全

关于人工智能的算法和模型，可以把算法理解为解决某问题的方法，比如解决手写数字识别问题的多层神经网络、解决文本翻译问题的循环神经网络（Recurrent Neural Networks，RNN），而这些算法仅仅提供了解决问题的办法，大多数人工智能算法都需要根据样本数据进行训练，从而生成神经网络中的各种参数，这里将采用的算法和针对该算法进行数据训练后生成的各种参数组合在一起称作模型。当一个神经网络通过样本数据学到各种参数以后，这些参数将会以特殊的形式进行保存，在执行任务（如手写数字中根据输入的数字图片进行分类或文本翻译时根据输入的文本翻译为其他语种）时直接调用模型中的算法和参数，便可快速完成任务。一般而言，训练模型得到参数的过程比较耗时，而调用模型执行任务时十分快捷，因此模型便成为很重要的成果，可以看作通过样本数据学习得到的"精华"，即使这些精华还无法有效解释。既然模型是人工智能算法中很重要的环节，那么模型自身存在的安全问题将会在很大程度上造成人工智能的内生安全问题。

5.4.5　运行安全

利用数据对人工智能算法进行训练，能得到带有参数的模型，再利用模型就可以解决很多实际的问题。人工智能模型需要进行实际部署才能应用，而在部署以后可能由于客观或主观的原因导致人工智能模型运行时出现安全问题。

人工智能模型运行过程产生的内生安全问题和上述所介绍的数据安全、框架安全、算法安全、模型安全高度相关。从数据和算法的角度来看，人工智能算法对于环境的适应性受到数据特征的完备性和样本数据的完整性影响；在设计特定算法的时候往往仅针对一个特定的问题，但对于所有涉及的数据特征难以准确、完整地提取，并且对于特定问题描述的数据也是高度抽象的，很难保证数据的完整性，从而可能影响人工智能算法在实际运行过程中的安全性。

除了客观原因，人工智能内生安全也受到各种各样主观因素的影响。从数据分布层面而言，当人工智能模型完成部署并投入使用时，模型会根据使用时的数据进行再训练，更新模型参数等。但是由于各种利益驱使，攻击者可能向模型中注入不符合数据真实分布的数据，从而改变模型训练的样本数据分布，造成模型的失效。

5.5　人工智能衍生安全

人工智能衍生安全问题

人工智能衍生安全问题指的是人工智能系统因自身脆弱性导致危及其他领域安全。人工智能系统的故障引发安全事故是常见的事情，这与将人工智能系统用于安全攻击不同。前者是失效后的副产品，其结果往往是不可控制的，不是在设计者的预期之内的；而后者则是有意为之的，攻击原本就是运用人工智能的目的所在。在这种情况下，前者是一种衍生安全，是需要防范的；而后一种则属于赋能攻击，一旦这种赋能被滥用，甚至这种赋能未能被加以有效约束，那势必会直接导致人类被笼罩在人工智能赋能攻击的阴影之下。

5.5.1　人工智能系统失误引发的安全事故

1. 自动驾驶汽车失效

（1）特斯拉（Tesla）自动驾驶技术失效。由于特斯拉自动驾驶汽车使用许多传感器，这些传感器不断向自动驾驶系统发送数据，因此恶意攻击者可以通过攻击数据源、采用数据欺骗或其他手段来远程控制汽车系统，由此可导致汽车偏航或重大交通事故。据报道，2016 年 8 月，在拉斯维加斯召开的 Defon 黑客大会上，由浙江大学徐文渊教授和奇虎 360 汽车信息安全实验室组成的团队，演示了如何攻击特斯拉 Model S Autopilot 软件的技术。他们利用对传感器、车灯、广播的重新配置骗过了 Autopilot，即让该软件认定其实并不存在的障碍物或无视某些障碍物。显而易见，这样的网络攻击将会带来非常严重的后果。

（2）Uber 自动驾驶技术失效。2018 年 3 月，由 Uber 运营的自动驾驶汽车在美国亚利桑那州坦佩市撞倒了一名女性并致其死亡。事故发生时，车辆是在自动驾驶模式下运行的，但司机在车内。经相关调查分析，自动驾驶的汽车"看到"了这名女性但没有刹车，同时自动驾驶系统也没有生成故障预警信息。根据自动驾驶领域专家的观点，所有可见的视频素材都显示 Uber 的自动驾驶技术存在着灾难性的错误。上面的事故反映出了另一个严峻的问题：寄希望于人类来监测自动化系统是不可行的，这使得未来各种自动技术、智能技术有极大可能将在事实上只受到极少的管控，甚至不受管控。更重要的是，这意味着当前所有在进行中的半自动测试工作都可能被蒙上一层失控的阴影。

2. 智能机器人失效

2015 年 7 月，据美联社报道，在大众的一家德国工厂里，一个技术工人被机器人击中了胸部并压倒在金属板上，不治身亡。初步结论是由人为错误导致的事故，机器人没有问题。该机器人被用于在限定区域操作（机器人和人之间有安全网笼），抓取汽车零部件并组装。

2015 年 8 月 13 日，印度一名在汽车配件公司工作的年轻工人在维修脱节金属板时被一个机器人"杀害"。这个机器人是预先编程好来焊接金属板的，而据说这名工人当时正在调节一个脱落了的金属片，由于他过于靠近机器人，被机器人手臂上伸出的焊条刺中腹部。

2017 年 3 月，美国网络安全公司 IOActive 对 50 个机器人进行了安全调查，发现 10 个机器人中总共有近 50 个安全漏洞可能威胁到人身安全。

3. 智能音箱失效

智能音箱原本是辅助人们来按照人的意志进行操作的一种工具，它可以控制家用电器的开关，甚至能上网购物等。这就相当于人工智能系统从人类那里获得了"控制权"，从而可以介入到人类的生活过程。而人工智能系统的能力足以使之从原本的"辅助者"变成"决策者"，两者区别在于后者不再需要人来参与决策的过程，决定权直接交给了人工智能系统。人工智能系统获得的实际控制权限越多，技术失误所带来的负面影响也就更大。如果人工智能系统经常犯错，基于人工智能的物联网体系就会变成令人感到恐怖的系统。

4. 人工智能系统"失控"

2017 年 8 月，Facebook 的 AI 乌龙事件在世界范围内引起轩然大波，再一次引发了人们对 AI 失控的考虑。Facebook 的人工智能研究所（Facebook AI Research，FAIR）利用他们研制的两个智能聊天机器人进行对话训练，目的是让机器人可以自动处理社交网络相关的问题。整个实验中，为获取足够的数据，研究人员让两个机器人 Alice 和 Bob 进行了大量自我练习，就像 AlphaGo 左右手互搏练习围棋一样。但出乎意料的是，两个机器人在训练一段时间之后居然产生了让人无法看懂的对话。这些对话从语法的角度来看是毫无意义的，好像是一些只有它们自己才能明白的对话。因为怀疑是机器自主演进的结果，Facebook 决定关停该人工智能项目，但后来发现这并非机器自主演进，而是程序错误。

5. 会话人工智能的偏激言论

Tay 是微软 2016 年发布的专为与人类交流而设计的人工智能聊天机器人，除了初始的一些线下训练，Tay 可借由与推特上的其他用户互动进而继续学习。令人汗颜的是，就在 Tay 上网一天后，它如同发疯似的开始发表一些包括种族主义在内的激进言论。微软随即关闭了 Tay 的推特账号。显然，所有这些令人发指的言论都是在它和人们进行互动之后被"训练"出来的，并且这一切都是经由居心叵测之人故意引导的。Zo 作为微软推出的

Tay 的继承者也没有逃过类似命运。Zo 于 2016 年 12 月启动，是一个由 AI 驱动的聊天机器人，模仿"千禧一代"的语音模式，它也引发了一些负面的反应，尽管 Zo 吸取了 Tay 的教训，被设计为一个忽略政治和宗教的聊天机器人，但 Zo 对受限制的主题还是做出了极具争议性的反应，在其中一次交流中，还是发表了对某些宗教的经典不够尊重的言论。这使得 AI 的透明度问题再一次被推上了风口浪尖。

6. 医疗人工智能的危险治疗意见

沃森（Watson）是 IBM 旗下的一款超级人工智能产品。在以沃森冠名的产品中，沃森健康（Watson Health）是具有革命性的医疗辅助人工智能产品。然而，2018 年的 STAT News 新闻调查披露出沃森给医生提供了不准确甚至不安全的治疗建议。这听上去有点阴谋论，但现阶段的沃森之所以给出这些危险的医疗建议，不是出于人工智能毁灭人类的阴谋，而是完全由于人工智能产品的不完善而导致的。总而言之，IBM 的沃森并不具备参与实际医疗过程的能力。尽管如此，它还是出现在了有些医院中。这或许是一种潜在的威胁，当医疗人工智能在公众中的威信超过一般医师时，当人工智能的"医疗意见"可被轻易采纳时，甚至是当人工智能完全主导医疗过程时，所有的这些危险治疗方案一旦出现——或由于人工智能的失控，或由于恶意，或由于疏忽——其后果都不堪设想。更加可怕的是另外一种观点：鉴于一些已有案例（如游戏 AI 通过暂停游戏以达到不失分的目的），医疗人工智能消灭癌症的办法可能是消灭遗传上易患癌症的人类。

5.5.2 预防人工智能技术失控的举措

1. 人机协作国际规范

2016 年 3 月，国际标准组织发布了一项技术规范文件《协作机器人安全规范》（*Robots and Robotic Devices—Collaborative Robots*）（ISO 15066）。该规范由来自 24 个参与国的国际标准组织委员起草，针对"ISO 10218-1/2"《工业机器人安全》国际标准做了详尽补充，提出了 4 种人机安全协作方式以及相关的风险评估准则。该文件提出了工业界的明确标准，促使未来机器人制造商和零件开发商遵循此规范，以确保劳工在协作机器人环境下的人身安全。

2. 阿西洛马人工智能原则

人工智能的发展引起了国际社会对于 AI 伦理和安全问题的关注。2017 年 1 月，在美国加州阿西洛马举办的 Beneficial AI（有益的人工智能）会议上，专家和学者们联合签署了《阿西洛马人工智能原则》（*Asilomar AI Principles*），呼吁全世界的人工智能领域的工作者遵守这些原则，共同保障人类未来的利益和安全。《阿西洛马人工智能原则》由生命未来研究所（Future of Life Institute，FLI）牵头制定，合计 23 条，分为"科研问题""伦理和价值观念"及"长期问题"三部分。"科研问题"主要涵盖了研究人员对人工智能系统开发的职责，以及在计算机科学、经济学、法律、伦理学和社会研究中可能产生的"棘手问题"，明确了人工智能研究的目标应该是建立有益的智能，而不是无秩序的智能。"伦理和价值观念"指人工智能系统在整个运行过程中的安全性、可靠性应当接受验证，同时符合人类价值观等，同时人工智能军备竞赛应该被避免等。"长期问题"包括要为未来发展这一重要技术平衡资源分配，要规划和减轻人工智能系统可能会面对的风险，特别是灾难性或存在性风险。

3. 自我终结机制防范系统性失控风险

在 2016 年第 32 届"人工智能不确定性大会"（Conference on Uncertainty in Artificial

Intelligence，UAI）上，谷歌 DeepMind 和牛津大学机器智能研究院共同发表了一篇名为《安全可中断代理》（Safely Interruptible Agents）的论文。该论文关注的是，如何防止使用强化学习算法的无人系统因自我进化而导致的脱离人类控制（如禁用自己的断电按钮、停止行动按钮）的风险。论文以 Q-Learning 强化学习算法为例，论述了使用这种算法的人工智能系统，不会把操作员手动中断行为当作"负反馈"进而忽视手动中断这种操作。但是，对于其他强化学习算法的可中断性还有待研究。总体看来，这是一种从算法层面防范人工智能系统因自主学习导致失控的方法，需要确保算法无法学会"避免人类操作员对其进行干预"。

任何新技术的出现，对于安全领域来说势必会形成赋能效应。人工智能出现的赋能效应同样表现在两个方面：一是赋能防御，即让安全问题借助人工智能技术而得到很好的解决；二是赋能攻击，即让安全问题变得更加严峻。从赋能防御的角度来看，人工智能被用于安全防御是要解决传统安全存在的不足与局限。从赋能攻击的角度来看，人工智能技术会引发其他领域的安全问题，即人工智能衍生的安全问题，赋能了包括网络攻击、自主武器等方向的智能化发展。

课后题

1. 人工智能安全体系架构分为哪几部分？分别包括什么？各部分之间有什么联系？
2. 人工智能助力安全主要表现在哪两个方面？请分别阐述其内涵。
3. 人工智能内生安全指什么？人工智能内生安全涉及哪方面的安全？
4. 数据集质量如何影响人工智能内生安全？
5. 人工智能的核心是算法模型的生成，算法模型的生成主要涉及哪两点？从算法的可解释性层面阐述人工智能可能存在的内生安全问题。
6. 人工智能衍生安全问题指什么？举例说明人工智能衍生安全问题。预防人工智能技术失控的举措有哪些？

第6章　智能视觉

本章导读

人工智能技术对计算能力的巨大需求推动着计算机硬件新技术短时间内的飞跃式发展，计算性能的提升和人工智能技术的发展又进一步拓展和深化计算机软件的智能应用领域。计算机视觉是使机器具有听觉、视觉、嗅觉、触觉和味觉等类人感知。智能视觉是利用人工智能的方法去实现计算机视觉的目的，如仿生视觉系统，不仅能够看到、看清、识别和理解，还能够汇总其他感知信息在头脑中构图，生成未知的画面。

本章从计算机视觉的基本原理展开讨论，重点阐述了深度学习在智能视觉相关领域包括数字图像处理、物体识别和三维重建方面的理论要点和应用框架，最后分别从图像的理解和三维重建两个领域挑选具有代表性的实际案例论述智能视觉问题的解决方案。

本章要点

- 计算机视觉的基本原理
- 智能视觉相关的主要算法和技术
- 智能视觉典型应用案例

6.1　计算机视觉的基本原理

人工智能之视觉研究

计算机视觉一词来源人的视觉，人的视觉感知类似于一个光学系统，但它不是简单的光学成像系统，还接收来自神经系统，如快速定位和感光灵敏度的调节。科学家称之为人类视觉系统（human visual system），其信息处理机制是一个高度复杂的过程。光通过角膜进入人的眼睛，聚焦到眼睛后部的视网膜上。视网膜用作将光转换成神经信号的换能器。这种转导是通过视网膜的专门光感受细胞实现的，视网膜也被称为视杆细胞和视锥细胞，它们通过产生神经冲动来检测光子并做出反应。这些信号由所发送的视神经将信息发送到视觉皮层。

自然视觉能就是指生物视觉系统体现的视觉能力，而计算机视觉（Computer Vision，CV）就是"赋予机器自然视觉能力"的学科。更准确地说，它是利用摄像机和计算机代替人眼使得计算机拥有类似于人类的那种对目标进行分割、分类、识别、跟踪、判别决策的功能。作为一个新兴学科，计算机视觉是通过对相关的理论和技术进行研究，从而试图建立从图像或多维数据中获取"信息"的人工智能系统。

本节将从视觉感知、图像成像的基本原理、早期图像处理的基本方法这三个方面对计算机视觉的基本原理展开论述。

6.1.1 智能视觉技术研究内容

1. 视觉感知和视觉认知

感知指客观事物通过感觉器官在人脑中的直接反映，如人类感觉器官产生的视觉、嗅觉、听觉、触觉等。根据维科百基（Wikipedia）词条的定义，视觉感知是指在"环境表达和理解中，对视觉信息的组织、识别和解释的过程"。视觉感知是一种直观而内在的观察和理解过程，外部的视觉通过眼睛传递给大脑后，视觉神经几乎同时会对线条、质地、颜色、形状的空间关系、距离和其他大脑里已有的视觉进行加工。

认知指在认识活动的过程中，个体对感觉信号进行接收、检测、转换、简化、合成、编码、存储、提取、重建、概念形成、判断和问题解决的信息加工处理过程。由于视觉自身具有无需努力的特性，人们几乎把它的认知过程当作理所当然的。例如，只要睁开眼睛就不会闯红灯、撞电线杆、跳楼等，因为视觉认知会潜意识地提醒那样做很危险。

与视觉感知相关的特性具体来讲分为视觉关注、亮度及对比敏感度、视觉掩盖和视觉内在推导机制。

（1）视觉关注。在纷繁复杂的外界场景中，人类视觉总能快速定位重要的目标区域并进行细致的分析，而对其他区域仅仅进行粗略分析甚至忽视。这种主动选择性的心理活动被称为视觉关注机制（visual attention）。视觉关注可由两种模式引起：其一是客观内容驱动的自底向上（bottom-up）关注模型；另一种是主观命令指导的自顶而下（top-down）关注模型。

- 自底向上的关注主要跟图像内容的显著性相关。心理学研究发现，那些与周围区域具有较大差异性的目标容易吸引观察者的视觉关注。
- 自顶而下的关注受到意识支配，依赖于特定的命令，该机制可将视觉关注强行转移到某一特定区域。例如，观看视频监控图像时，在一定时间内集中观察某行人的踪迹。

视觉关注机制体现了人类视觉系统主动选择关注内容并加以集中处理的视觉特性，该特性能有效提升内容筛选、目标检索等图像处理能力。

（2）亮度及对比敏感度。人眼对光强度具有某种自适应的调节功能，即能通过调节感光灵敏度来适应范围很广的亮度。当然这也导致了对绝对亮度判断能力较差，因此人眼对外界目标亮度的感知更多依赖于目标跟背景之间的亮度差。换言之，视觉感知对亮度的分辨能力是有限的，只能分辨具有一定亮度差的目标物体，而差异较小的亮度则会被认为是一致的。其意义在于减少数据处理量，而提高视觉感知效率。

人类视觉系统非常关注物体的边缘，往往通过边缘信息获取目标物体的具体形状、解读目标物体等。由于视觉系统具有鲁棒性，无法分辨一定程度以内的边缘模糊，这种对边缘模糊的分辨能力则称为对比灵敏度。

（3）视觉掩盖。视觉信息间的相互作用或相互干扰将引起视觉掩盖效应。

常见的掩盖效应：①由于边缘存在强烈的亮度变化，人眼对边缘轮廓敏感，而对边缘的亮度误差不敏感，即对比度掩盖；②图像纹理区域存在较大的亮度以及方向变化，人眼对该区域信息的分辨率下降，即纹理掩盖；③视频序列相邻帧间内容的剧烈变动（如目标运动或者场景变化），导致人眼分辨率的剧烈下降，即时域的运动掩盖及切换掩盖。

视觉掩盖效应使人眼无法察觉到一定阈值以下的失真，该阈值被称为恰可识别失真（just noticeable distortion）。恰可识别失真阈值在实际图像处理中具有重要的指导意义。该阈值可以帮助我们区分出哪些信号是视觉系统能察觉、基于人类视觉系统的图像信息感知和图像质量评价的,哪些信号是视觉系统无法察觉、可忽略的。筛选出能察觉的信息而忽略其余不可察觉信息可以减少图像处理的复杂度,且在一定条件下能改善图像的显示质量。

(4)视觉内在推导机制。人脑研究指出视觉感知并非机械地读取进入人眼的视觉信号,而是存在一套内在的推导机制(internal generative mechanism)去理解解读输入的视觉信号。对于待识别的输入场景,视觉感知会根据大脑中的记忆信息,来推导、预测其视觉内容,同时那些无法理解的不确定信息将会被丢弃。

2. 计算机视觉

在 20 世纪 70 年代,David Marr 提出了一个多层次的视觉理论,分析了不同抽象层次的视觉过程,标志着计算机视觉成为一门独立的学科。为了专注于理解视觉中的特定问题,理论确定了三个层次的分析:计算理论、算法和硬件实现。Marr 将视觉定义为从二维(2D)视觉阵列(在视网膜上)到作为输出的世界的三维(3D)描述。

计算机视觉目前的研究工作主要集中在前两个层次上,即计算理论和算法层次,对于硬件实现,目前只有比较成熟的部分,如低层次处理中的噪声去除和边缘抽取;对于简单二维物体识别及简单场景下的视觉方法,已有专门芯片或其他并行处理体系结构方面的研究与试验产品;从系统上构造全面的视觉系统,虽有一些尝试,但一般并不成功。

计算机视觉同人类视觉感知系统一样,其主要任务是感知外部环境,通过映射、变换、重构等过程将三维环境投影至二维图像。如果识别一个物体,则需要获取它的参数,包括颜色、形状、距离、角度,甚至物体的状态,例如自然界山峰,它的阴影和色彩会随着自然光变化,这类状态改变的物体感知,对人类视觉而言,非常简单,对计算机视觉则相对困难些。尽管如此,很多知名景点如埃菲尔铁塔、富士山等的识别算法已经实现。图 6.1 所示的视频监控系统利用神经网络深度学习实现了物体的自动检测和自动识别,并且在图像中标注出小狗、自行车和汽车。如图 6.2 所示,根据水果的颜色和纹理,实现了图像中水果的检测、识别和分类标注。

图 6.1　视频监控图像中的物体识别及其标注　　图 6.2　图像中水果的自动识别及其标注

3. 计算机视觉与人工智能

计算机视觉是使用计算机及相关设备对生物视觉的一种模拟,是人工智能领域的一个重要部分,它的研究目标是使计算机具有通过二维图像认知三维环境信息的能力。计算机视觉以图像处理技术、信号处理技术、概率统计分析、计算几何、神经网络、机器学习理论和计算机信息处理技术等为基础,通过计算机分析与处理视觉信息。

通常来说,计算机视觉的定义应当包含以下三个方面:

(1)对图像中的客观对象构建明确而有意义的描述。

（2）对一个或多个数字图像进行计算，以得到三维世界的特性。

（3）基于感知图像作出对客观对象和场景有用的决策。

计算机视觉与人工智能有密切联系，但也有本质的不同。人工智能的目的是让计算机去看、去听和去读。图像、语音和文字的理解，这三大部分基本构成了现代意义上的人工智能。而在人工智能的这些领域中，视觉又是核心。众所周知，视觉占人类所有感官输入的80%，也是最困难的一部分感知。如果说人工智能是一场革命，那么它将发轫于计算机视觉，而非别的领域。

人工智能更强调推理和决策，但至少计算机视觉目前还主要停留在图像信息表达和物体识别阶段。"物体识别和场景理解"也涉及对图像特征的推理与决策，但与人工智能的推理和决策有本质区别。

计算机视觉和人工智能的关系如下：

第一，它是一个人工智能需要解决的很重要的问题。

第二，它是目前人工智能的很强的驱动力。因为它有很多应用，很多技术是从计算机视觉诞生出来以后，再反运用到人工智能领域中去的。

第三，计算机视觉拥有大量的量子人工智能的应用基础。量子人工智能（Quantum Artificial Intelligence，QAI）是量子力学与人工智能相结合的跨学科领域。

量子人工智能目前主要指的是在当今人工智能水平上运用量子力学理论的深度学习系统，致力于构建量子算法以改善人工智能中的计算任务，包括诸如机器学习之类的子领域。

6.1.2 图像成像

1. 针孔照相机

人工智能之图像成像原理

图像成像设备的种类很多，与视觉感知相关的设备，例如消费级数码相机、视频摄像机、雷达望远镜、RGBD深度相机、全景相机和航拍无人机等。其他图像成像设备还有医学诊断成像、工业X光成像、显微镜系统等，这里不做讨论。16世纪发明的最早的照相机暗箱模型并没有镜头，而是使用一个针孔将光线聚焦到墙上或半透明的屏幕上。几百年来，针孔已被各种镜头代替，如定焦镜头、变焦镜头、增倍镜头、鱼眼镜头等。但是，这些成像过程仍然是通过记录光照射到感光器底板的每一个小区域的光强度实现的。

相机将三维世界中的坐标点映射到二维图像平面的过程能够用几何模型进行描述，其中最简单的是针孔模型，也被称为理想的透视模型，它描述了一束光线通过针孔之后，在针孔背面投影成像的关系，如图6.3所示。这一过程可以简单表述成物理课小孔实验，在一个暗箱的前方放着一支点燃的蜡烛，蜡烛的光透过暗箱上的一个小孔投影在暗箱后方平面上，形成一个倒立的蜡烛图像。现在，对针孔模型进行几何建模。

假设 $Oxyz$ 为相机坐标系，定义 x 轴向左，y 轴向下，O 为相机的光心，即模型中的针孔。物体表面的一点 P 通过小孔投影后，落在暗箱后方平面 $O'x'y'$ 上，成像点为 P'。设 P 的坐标为 $[X',Y',Z']^T$，并且设物理成像平面到小孔的距离为 f（焦距）。投影轴[图6.3（b）]为虚线，点 P 在投影轴的投影称为物距，用 Z 表示，则根据相似三角形定理，得到

$$\frac{Z}{f} = -\frac{X}{X'} = -\frac{Y}{Y'}$$

其中，负号表示成像是倒立的，X 和 X' 方向相反，Y 和 Y' 方向相反。图6.3以点 O 为中心把成像 P' 平移到 P''，使长度 $|P'O|=|P''O|$，并且 X 和 X'' 方向相同，Y 和 Y'' 方向相同。去掉上式中的负号，改写公式为

$$\begin{cases} X' = f\dfrac{X}{Z} \\ Y' = f\dfrac{Y}{Z} \end{cases}$$

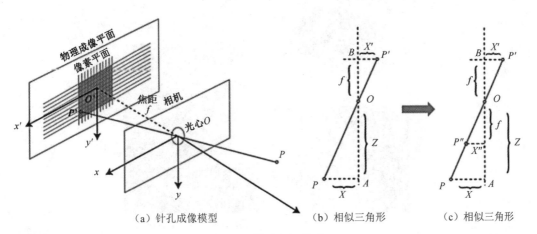

（a）针孔成像模型　　　（b）相似三角形　　　（c）相似三角形

图 6.3　针孔相机模型

由以上模型的分析可以看出，物体的空间坐标和图像坐标之间是线性的关系，相机的成像过程涉及 4 个坐标系（世界坐标系、相机坐标系、图像坐标系、像素坐标系）以及这4 个坐标系的转换。

（1）世界坐标系：客观三维世界的绝对坐标系，也称客观坐标系。通常用世界坐标系这个基准坐标系描述拍摄像机的物理位置，并且用它来描述安放在此三维拍摄环境中的其他任何物体的位置，用 (X_w, Y_w, Z_w) 表示其坐标值，下标 w 是 world 一词的简写。

（2）相机坐标系（光心坐标系）：以相机的光心为坐标原点，X 轴和 Y 轴分别平行于图像坐标系的 X 轴和 Y 轴，相机的光轴为 Z 轴，用 (X_c, Y_c, Z_c) 表示其坐标值，下标 c 是 camera 一词的简写。

（3）图像坐标系：以图像传感器的图像平面中心为坐标原点，X 轴和 Y 轴分别平行于图像平面的两条垂直边，用 (x,y) 表示其坐标值。图像坐标系是用物理单位（例如 mm）表示像素在图像中的位置。

（4）像素坐标系：以图像传感器图像平面的左上角顶点为原点，X 轴和 Y 轴分别平行于图像坐标系的 X 轴和 Y 轴，用 (u,v) 表示其坐标值。数码相机采集的图像首先形成标准电信号的形式，然后再通过模数转换变换为数字图像。每幅图像的存储形式是 $M \times N$ 的数组，M 行 N 列的图像中的每一个元素的数值代表的是图像点的灰度。这样的每个元素叫像素，像素坐标系就是以像素为单位的图像坐标系。

2. 双目相机

仅有一张图像是难以确定景物在物理空间具体位置的，只能根据日常生活经验，如物体遮挡情况判断物体的大小，由此会产生视觉误差和扭曲。艺术摄影师利用这一特点，拍摄了很多生动的图像，如图 6.4 所示，雪山山峰处，蓝天、白云和白雪背景下，帐篷仿佛设置在云端，空中的云朵给吹号角的骑士铁塑增添了律动，蚂蚁仿佛和直升机在杯中相遇。

人眼可以根据左右眼看到的景物差异（或称视差）来判断物体与眼睛的距离。当左右眼所看到的影像传入脑部时，脑部会将两个影像合二为一，形成对物体的立体及空间感，即立体视觉。3D 电影便利用了这一特点，从同一水平线的左右两个角度拍摄电影场景。电影放映过程中，在左摄像机前放置红色滤光片，在右摄像机前放置蓝色滤光片，则左眼只能看到左摄像机的图像，右眼只能看到右摄像机的图像，以此模拟人的双眼产生视差，带来立体效果，如图 6.5 所示。

（a）云端的帐篷

（b）骑士吹号手

（c）杯子里的直升机

图 6.4　视觉摄影

图 6.5　立体 3D 电影效果

立体视觉是基于视差原理并利用成像设备从不同的位置获取被测物体的多幅图像，通过计算图像对应点间的位置偏差，来获取物体在位置空间的三维坐标信息的方法。立体视觉是计算机视觉领域的一个重要课题，它的目的在于重构场景的三维几何信息，如无人驾驶汽车周围景物和车辆的场景重构等。

双目相机，是利用同一水平线上的两幅图像重构物体几何信息的设备，一般由左眼和右眼两个水平放置的相机组成，两个相机可都看作针孔相机水平放置，两个相机的光圈中心都位于 x 轴，它们的距离称为双目相机的基线，用 b（base 的简称）表示，如图 6.6 所示。因图中 ΔPO_LO_R 和 ΔPP_LP_R 是相似三角形，得到下式：

$$\frac{z-f}{z} = \frac{b-u_L+u_R}{b}$$

其中，u_R 在图像中心右边，值为负数。假设 $d=u_L-u_R$，则 $z=\dfrac{fb}{d}$，d 定义为左、右图的水平横坐标之差，称为视差。视差与物距 z 成反比，视差越小，物距越大。由视差像素值构成的图像如果用色彩灰度值 (0,255) 显示，则越黑的区域显示的物体离相机镜头越远，反之，近处的物体显示越白。另外，由于视差最小为像素 1，因此理论上双目的深度 z 存在一个理论上的最大值，基线 b 越长，双目能测到的最大距离就越远；反之，只能测量很近的距离。在两幅及两幅以上图像中找出对应像素间的视差 d，是一件困难的事情，属于"人眼视觉容易，机器较难"问题，由此产生了一系列匹配查找算法。从较高层次来讲，解决方法从局部方法到全局方法，再到非局部方法，近年来又出现了基于深度学习的方法。这个问题是计算机视觉研究的难点问题之一。

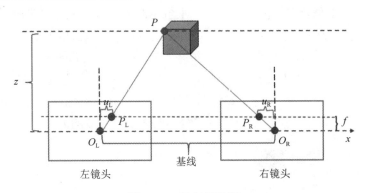

图 6.6　双目相机模型

3. 数字图像相关的几个概念

（1）图像的表示。数字图像是从感知数据中产生的。大多数传感器获取的图像信息是连续电压波形，为了产生一幅数字图像，需要把连续的模拟感知数据转换为数字形式，主要包括两种处理：采样和量化，如图 6.7 所示。采样是将图像空间的坐标离散化，如横向的像素数（列数）为 M，纵向的像素数（行数）为 N，图像总像素数为 $M \times N$ 个像素，即图像分辨率。图像采样的间隔越小，总像素数越多，空间分辨率越高，图像质量越好。量化是对图像亮度级别的数字化，如灰度图像从白到黑用 [0,255] 范围内的 256 个数字表示。量化等级越多，图像层次越丰富，越能展现出画面明暗细节。

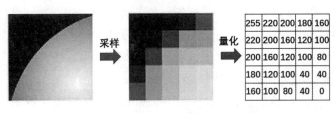

图 6.7　图像的表示：采样和量化

（2）图像的颜色。自然景物色彩丰富，对颜色的数字化描述需要建立色彩空间模型。根据不同的应用领域人们建立了多种色彩模型，如彩色电视机系统中的 YUV（亮度色差）模型、工业印刷常用的配色体系 CMY（青、品红、黄）混色模型、显示器常用的 RGB（三原色）模型和 HSV（亮度、色度、饱和度）模型等。这些色彩空间模型之间可以相互转换，篇幅有限，这里仅讨论 RGB 模型。

RGB 模型是指计算机显示的任何一种颜色都可以用 R（红色）、G（绿色）、B（蓝色）这三种基本颜色按不同的比例混合而得到，即三原色原理。三种颜色之间是相互独立的，任何一种颜色都不能由其余两种颜色混合得到。由此，数字图像中每个像素的颜色可以看成是由三个分量 (R,G,B) 组成的，而整幅图像 $M \times N$ 的颜色可以看成是由三个 $M \times N$ 的颜色矩阵组成的。

（3）图像的描述。描述图像的一种方式是使用数字来表示图像的内容、位置、大小、几何形状。大多数情况下，用一组描述子来表征图像中被描述物体的某些特征。描述子可以是一组数据或符号，定性或定量说明被描述物体的部分特性，或图像中各部分彼此间的相互关系，为图像分析和识别提供依据。图像的数字表示这里主要从色彩数字化角度讨论，分为黑白图像、灰度图像和彩色图像。

- 黑白图像：指图像的每个像素只能是黑色或者白色，没有中间的过渡，即像素值为0、1，故又称为二值图像。
- 灰度图像：指每个像素的信息都由一个量化的灰度级来描述的图像，没有彩色信息，常见的是 [0,255] 的等级量化值，或者规范化后 [0,1] 区间的数值。
- 彩色图像：是指每个像素的信息都由 RGB 三原色构成的图像，其中 RGB 是由各自色彩不同的灰度级来描述的，例如 R 从红色过渡到白色取值 [0,255] 的等级量化值，G 从绿色过渡到白色取值 [0,255] 的等级量化值，B 从蓝色过渡白色取值 [0,255] 的等级量化值。图 6.8 说明了某一彩色图像的每个像素对应的 R、G、B 具体数值。

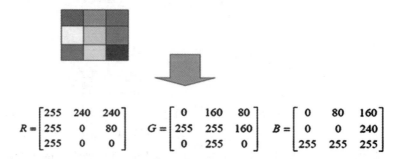

$$R = \begin{bmatrix} 255 & 240 & 240 \\ 255 & 0 & 80 \\ 255 & 0 & 0 \end{bmatrix} \quad G = \begin{bmatrix} 0 & 160 & 80 \\ 255 & 255 & 160 \\ 0 & 255 & 0 \end{bmatrix} \quad B = \begin{bmatrix} 0 & 80 & 160 \\ 0 & 0 & 240 \\ 255 & 255 & 255 \end{bmatrix}$$

图 6.8　彩色图像的像素色彩信息

（4）图像的质量。通常认为图像的质量指被测图像（即目标图像）相对于标准图像（即原图像）在人眼视觉系统中产生误差的程度，包括图像的逼真度和图像的可懂度。人的视觉系统对图像灰度级别、对比度和饱和度的感知属于主观评价。为了排除人的主观判定，制定了统一图像质量的标准，这是客观评价。传统的评价方法通过计算恢复图像（编码以后的图像或处理以后的图像）偏离原始图像的（灰度值）误差来衡量恢复图像的质量，最常用的指标有均方误差（MSE）和峰值信噪比（PSNR）。当然还有基于人眼视觉特性的客观评价方法和基于人眼视觉心理特性的客观评价方法等。

（5）图像直方图。图像直方图（image histogram）是用以表示数字图像中亮度分布的直方图，标绘了图像中每个亮度值的像素数。在直方图中，横坐标的左侧为纯黑、较暗的区域，而右侧为较亮、纯白的区域。因此一张较暗图片的直方图中的数据多集中于左侧和中间部分，而整体明亮、只有少量阴影的图像则相反。直方图是对图像亮度或者色彩值的统计方法，它统计了每一个强度值所具有的像素个数，是图像中像素强度分布的图形表达方式。摄影工作中，直方图是数码摄影的核心工具，是"摄影师的 X 光片"。人们可以通过直方图数据的分布调节图像饱和度和对比度，进行图像质量的评价。同时，直方图在计算机视觉中的应用也较为广泛，可以通过标记视频帧与帧之间显著的边缘和颜色的统计变化，来检测视频中场景的变化。色彩和边缘的直方图序列还可以用来识别网络视频是否被复制。

6.1.3　传统图像处理方法

在深度学习方法应用以前，从应用领域角度看，数字图像处理的算法集中解决包括图像变换、图像编码压缩、图像增强、图像复原、图像分割、图像二值化和图像分类及识别等问题。从待处理数字图像的形式看，分析处理算法在空间域和频率域的处理上各有不同。图像的空间域主要指组成图像的像素点集合，是对空间像素点的直接操作。图像的频率域是图像像素的灰度值随位置变化的空间频率，以频谱表示信息分布特征，常用傅里叶变换实现图像从空间域到频率域的转换。从使用的算法工具角度看，传统数字图像处理经常用到贝叶斯方法、支持向量机（Support Vector Machine，SVM）和神经网络（Neural Networks，NN）方法等。智能视觉离不开图像，本小节主要讨论其中几个数字图像处理广为应用的经典工具和方法。

1. 图像滤波器

图像滤波是在尽可能保留图像细节特征的条件下，对目标图像的噪声进行抑制的操作。图像滤波通过滤波器进行。滤波器一般会用到原图像中的多个像素来计算每个新像素，一个滤波器用一个"滤波矩阵"（或"滤波模板"）表示，它的重要参数包括"滤波区域的尺寸""滤波区域的形状"。滤波器通常分为线性滤波器和非线性滤波器，线性滤波包括方框滤波（boxFilter）、均值滤波（blur）、高斯滤波（GaussianBlur）；非线性滤波器包括中值滤波（medianBlur）和双边滤波（bilateralFilter）。以下对其中两种进行详细介绍。

（1）均值滤波：也称为邻域平均法，它输出包含在滤波器模板邻域内的像素的简单平均值，即把图像像素邻域内的平均值赋给中心元素。如图 6.9 所示，滤波模板前的乘数等于 1 除以模板中所有系数之和，这也是计算均值所要求的。使用该滤波器后，原始图像像素的亮度值会重新计算。原图像边缘像素如何计算呢？这是均值滤波器的缺点之一，即存在边缘模糊的问题。

$$\frac{1}{16} \times \begin{array}{|c|c|c|} \hline 1 & 2 & 1 \\ \hline 2 & 4 & 2 \\ \hline 1 & 2 & 1 \\ \hline \end{array}$$

图 6.9　3×3 的均值滤波器

（2）卷积：卷积（convolution）是两个变量在某范围内相乘后求和的结果，和均值滤波一样，它也是一种线性运算。数字图像是一个二维的离散信号，对数字图像做卷积操作其实就是利用卷积核（模板）在图像上滑动，将图像点上的像素灰度值与对应的卷积核上的数值逐点相乘，然后将所有相乘后的值相加作为卷积核中间像素对应的图像上像素的灰度值，并最终滑动完所有图像的过程。图 6.10 演示了图像与卷积核计算的过程，并显示了其中一个像素计算后的数值。涉及使用卷积核的计算，一定要考虑卷积后图像的尺度问题，滑动步长（即卷积核在图像上每次平移滑动的像素数）为 s，原图像大小为 $N_1 \times N_1$，卷积核大小为 $N_2 \times N_2$，则卷积后的图像大小为 $(N_1 - N_2)/s + 1 \times (N_1 - N_2)/s + 1$。

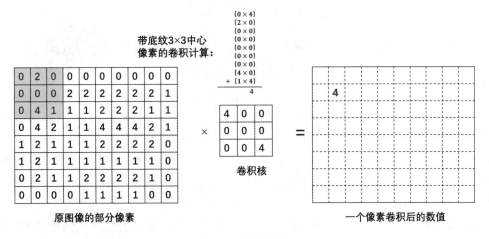

图 6.10　图像卷积演示

2. 边缘检测

无论是交通管理系统中的违章自动抓拍、显微镜下的细胞识别计数、智能手机拍照中的笑脸抓拍还是抖音滤镜下的美容功能实现，都离不开图像中的目标分割提取，其中最为基础的算法是边缘检测。图像中事物的边缘是周围像素灰度有跳跃性变化的那些像素的集合。边缘是图像局部强度变化最明显的地方，它主要存在于目标与目标、目标与背景、区域与区域之间，因此它是图像分割依赖的重要特征。图像边缘有两个要素，即方向和幅度。沿着边缘走向的像素值变化比较平缓；而沿着垂直于边缘的走向，像素值则变化得比较大。根据这一变化特点，在数字图像处理中，通常利用灰度值的差分计算来近似代替微分运算检测出图像边缘。一般来说，具体的差分计算依然是通过滤波模板来完成的，这些设计出来不同的滤波模板被称为边缘检测算子。实际应用较多的算子包括 Roberts 算子、Prewitt 算子、Sobel 算子、Canny 算子、Laplacian 算子等。

3. 特征提取

数字图像处理中的特征一般指具体某个像素的特征，或是一些区域的特征。如果算法检查的是图像的一些区域特征，那么图像的特征提取就是算法中的一部分。图像的特征提取分为几个方面，分别为颜色特征提取、纹理特征提取、形状特征提取和空间关系特征提取。图像颜色特征提取优点：对一幅图像中颜色的全局性的分布，它能简单描述出来不同颜色的布局在整幅图像中所占到的比例。颜色特征很适合描述难以自动分割的图像，以及不需要考虑物体空间位置分布的图像。其缺点：它无法对图像中产生的局部分布进行描述，以及对图像中各种色彩所处的空间位置进行描述，即无法对图像中的具体对象进行描述。图像纹理特征提取方法的优点：由于纹理特征提取的是全局性质，因此对其区域性的特征描述具有很好的可行性和稳定性，相比颜色特征提取不会因为局部的一些偏差而匹配失败，同时纹理特征有着良好的旋转不变性，对噪声的干扰有着很好的抵抗能力。其缺点：当图像的像素分辨率变化明显时，得到的纹理特征偏差就会明显增大。形状特征提取的优点：对图像中某个需要的部分来进行研究，图像目标的整体性把握良好。其缺点：若图像上的目标发生变形，则描述的稳定性会大大下降，同时由于形状特征也具有全局性，因此对其进行计算的时间和存储所用的空间要求比较高。空间关系特征提取优点：对静止图像运用空间特征描述效果良好。其缺点：空间关系特征对图像目标的旋转、图像目标的反转以及尺度变化较为敏感，经常需要和其他特征提取方法配合描述和使用。

6.2 关键技术

人工智能、图像识别、文字识别等领域的不断优化和发展都跟深度学习有联系，深度学习已经为各个领域突破技术壁垒、跳跃式发展提供了强大的动力。2012 年以来，深度学习技术极大地推动了图像识别的研究进展（突出体现在 ImageNet ILSVRC 和人脸识别方面），而且正在快速推广到与图像识别相关的各个问题。深度学习的本质是通过多层非线性变换，从大数据中自动学习特征，从而替代手工设计的特征。深层的结构使其具有极强的表达能力和学习能力，尤其擅长提取复杂的全局特征和上下文信息，而这是浅层模型难以做到的。一幅图像中，各种隐含的因素往往以复杂的非线性的方式关联在一起，而深度学习可以使这些因素分级，在其最高隐含层不同神经元代表了不同的因素，从而使分类变得简单。

深度模型并非黑盒子，它与传统的计算机视觉系统有着密切的联系，但是它使得这个系统的各个模块（即神经网络的各个层）可以联合学习，整体优化，从而性能得到大幅度提升。与图像识别相关的各种应用也在推动深度学习在网络结构、层的设计和训练方法各个方面的快速发展。可以预见在未来的数年内，深度学习将会在理论、算法和应用各方面进入高速发展的时期，在此期待着越来越多精彩的工作对学术和工业界产生深远的影响。

6.2.1　基于深度学习的图像处理技术

深度学习利用卷积神经网络模型来实现抽象表达的过程，其体系结构是简单模块的多层栈，所有（或大部分）模块的目标是学习，还有许多计算非线性输入输出的映射。一个典型的卷积神经网络结构（图 6.11）是由一系列的过程组成的。最初的几个阶段是由卷积层（convolution layer）和池化层（pooling layer）组成的，卷积层的作用是探测上一层特征的局部连接，然而池化层的作用是在语义上把相似的特征合并起来。实际训练中，池化层一般有两种方式：max pooling（较为常用）和 average pooling。

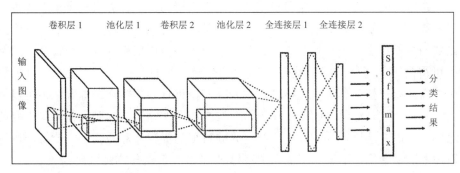

图 6.11　一个典型的卷积神经网络结构

卷积层的单元被组织在特征图中，在特征图中，每一个单元通过一组叫作滤波器的权值被连接到上一层的特征图的一个局部块，然后这个局部加权和被传给一个非线性函数，比如 ReLU（Rectified Linear Unit）。全连接层在整个卷积神经网络中起到"分类器"的作用。如果说卷积层、池化层等操作是将原始数据映射到隐层特征空间的话，全连接层则起到将学到的"分布式特征表示"映射到样本标记空间的作用。通过这一层之后可接自定义的一层结构用来做分类或者回归问题。

1. 深度学习在图像去噪算法上的应用

由于环境、人为等因素的影响，采集到的图像在识别的时候并不能获取有效的信息，这时需要对图像进行一定的优化。利用深度学习模型进行图像去噪处理，通过含噪声图像与原图像之间的非线性映射，结合卷积子网收集的特征信息恢复原图像。对于低信噪比图像，可以利用基于深度学习的卷积神经网络模型实现对真实场景图像的去噪处理。具体实现方法主要是在多层感知机的基础上，通过深度学习技术对隐藏层部分的参数进行改进，实现对多层感知机模型的优化。优化模型后发现，使用线形整流函数对激活函数进行改进可进一步提高其对图像，尤其是高斯噪声图像的去噪处理能力。

2. 深度学习在图像分类算法上的应用

图像分类算法一般包括区域划分、特征提取和分类器识别分类三个步骤。其中特征提取是关键的一步，有效的特征提取关系着下一步的分类结果，而反过来结合深度学习进行图像分类的算法设计能够进一步提高特征提取的性能。例如，可以分别从单标记图像和多标记图像两个方面研究深度学习在图像分类算法上的应用，运用主成分分析（Principal Component Analysis，PCA）算法先实现对单标记图像特征的降维处理，然后结合不同类型的分类器进行分类，从而通过降维处理优化图像分类的性能，这样可以实现多标记图像复杂分类的特征提取。

基于深度神经网络进行图像分类的研究成果越来越实用化。搜索引擎百度公司应用神经网络技术进行的图像分类识别，精确度为90%以上。百度引擎的广泛应用预示了基于深度学习的图像分类算法是一个目前以及未来的研究方向。

3. 深度学习在图像增强算法上的应用

作为图像处理的必需阶段，图像增强的结果能够突出图像中的特征区域，完善图像的视觉效果，使得增强后的图像能够更好地被人类和机器识别。例如，将图像超分辨率技术结合深度学习理论进行图像增强处理，对卷积神经网络和快速卷积神经网络的超分辨率算法进行改进；还可以针对不同的场景建模，运用场景深度模型可以实现图像的去模糊操作。

6.2.2　特征提取与物体识别

作为机器学习的分支，深度学习最重要的是学习能力。从计算机视觉角度来说，即让机器具有人类视觉识别观察的能力，学习的当然是图像特征。在深度学习的过程中，卷积层和池化层的主要作用就在于特征提取，某一个卷积核可以用来提取某一特征，这样一次卷积过程可得到这一特征的特征映射（feature map），例如人脸特征的提取，可以设计眼睛卷积核、嘴部卷积核、鼻子卷积核分别对人脸图像进行卷积操作，综合结果可以用来人脸识别或者人脸分类。池化层的作用在于将一幅大的图像缩小，同时又保留最重要的特征信息。池化后可以继续进行卷积过程，结合人脸特征的提取，对池化层多个特征进行映射的操作称为多通道卷积。下面以图像识别字母 X 和 O 为例进行详细说明。

标准的 X 和 O，字母位于图像的正中央，并且比例合适，无变形，如图 6.12 所示。6.1.2 节已经提到过，在计算机的"视觉"中，一幅图像看起来就像是一个二维的像素数组，每一个像素位置对应一个数字。这个例子使用黑白图像，像素值"1"代表白色，像素值"0"代表黑色。对于计算机来说，只要图像稍稍有一点变化，就可能会出现判断误差。那么如何识别手写非正规的字母呢？按照传统图像处理特征提取的方法，可以计算像素的连通域，也可以计算图像的特征角点，比如有像素交叉的可认为是字母 X，否则是字母 O。角点和连通域的计算是图像的特征提取过程。深度学习方法如何实现呢？

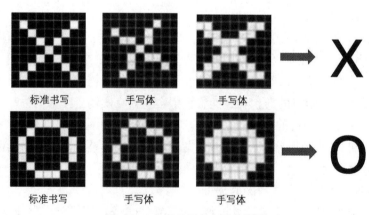

图 6.12　字母的黑白二值化图像

深度学习网络通常将一幅图像进行分割，从中找出小块图像作为特征。字母识别问题，通过观察可以将字母 X 的图像进行粗分割，无论是标准体还是手写体，都可以找出这样三个共同的特征像素块，并用 3×3 的卷积核表示。如图 6.13 所示，三个特征图像块分别对应三个卷积核，这些特征很有可能就是匹配任何含有字母 X 的图中字母 X 的四个角和它的中心。然后用这三个卷积核对待识别图像分别进行卷积运算，最后得到三个特征映射。在特征映射中，越接近 1 表示对应位置和卷积核代表的特征越接近。一般来讲，特征映射体现出来的特征矩阵维度较大，则需要对特征矩阵进行池化处理，得到维度较小的特征矩阵。此例可以用 2×2 的滤波模板，对于 Max-pooling 来说，即取输入图像中 2×2 大小的块中的最大值作为结果的像素值。这样特征映射缩小为原来的 1/4。

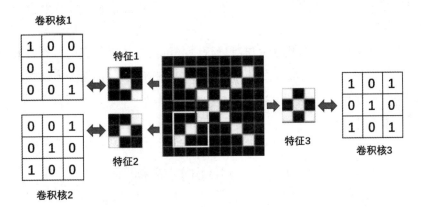

图 6.13　字母图像的特征提取

最大池化（max-pooling）保留了每一个小块内的最大值，相当于保留了这一块最佳的匹配结果（因为值越接近 1 表示匹配越好）。这也就意味着它不会具体关注窗口内到底是哪一个地方匹配成功。深度学习能够发现图像中是否具有某种特征，而不用在意到底在哪里具有这种特征。这也就能够帮助解决之前提到的计算子像素连通域逐一像素匹配方法死板的问题。加入池化层，相当于一系列输入的大图变成了一系列小图，很大程度上减少了计算量，降低了机器负载。

将以上的卷积和池化步骤以此增加多次，也就是增加了神经网络的学习深度，简单来说得到了深度学习网。

6.2.3　三维视觉技术

随着深度学习在计算机视觉中的应用，许多学者开始研究基于三维数据的深度学习。三维数据与二维数据最大的区别在于数据的表现形式。众所周知，二维数据可以表示为一个二维矩阵，但三维数据通常有许多种表现形式，如图 6.14 所示的多视角 RGB-D 图、点云图、三角化的网格图、体积网格（volumetric grids）图等。

（a）多视角 RGB-D 图　　（b）点云图　　（c）三角化的网格图　　（d）体积网络图

图 6.14　三维数据的表现形式

三维重建技术主要包括基于深度学习的深度估计和结构重建、基于运动恢复结构（Structure from Motion，SFM）的三维重建和基于 RGB-D 深度摄像头的三维重建。三维数据的表现形式通常由应用驱动，例如在计算机图形学中做渲染和建模通常选择网格化数据，而将空间进行三维划分一般使用体积网格等，在三维场景理解时，一般使用点云。

其中，三维点云在深度学习中的表示及处理方法如下所述。

1. 基于投影的方法

基于投影的方法通常将非结构化的点云投影至中间的规则表示（即不同的表示模态），接着利用 2D 或者 3D 卷积来进行特征学习，实现最终的模型目标。目前表示模态包括多视角表示、鸟瞰图表示、球状表示、体素表示、超多面体晶格表示以及混合表示。

2. 基于点的方法

基于点的方法直接在原始数据上进行处理，并不需要体素化或是投影。基于点的方法不引入其他的信息损失且变得越来越流行。根据网结构的不同，这类方法可以被分为以下几类：点光滑的多层感知机（MultiLayer Perceptron，MLP）、基于卷积的方法、基于图的方法、基于数据索引的方法等。

6.3　典型应用案例

本节将从两个实例入手，分别介绍智能视觉领域图像的生成和三维场景的重建过程。

6.3.1　生成逼真的图像：从文本到图像

1. 问题描述

根据给定的文本（text）条件准确地生成一张精度足够高的图像（image）。如图 6.15 所示，（a）图给出的文本描述是生成拥有粉色胸部和头冠、黑色主副翼羽毛的小鸟，根据文本描述生成的小鸟图像显示在下方；（b）图给出的文本描述是生成白色花瓣和黄色圆形花蕊的白黄色的花朵，由文本描述生成的花朵图像显示在下方，引自 Scott Reed 等的 "Generative Adversarial Text to Image Synthesis"（ICML2016）。

（a）生成小鸟图像　　　　　　（b）生成花朵图像

图 6.15　从文本到图像的示例

图像生成是人工智能中一个重要的研究领域，现在的图像生成效果已经能够达到以假乱真的地步，传统的图像生成只是简单地通过学习模拟真实图像的分布，再经过优化处理从而生成和真实图像相似的图像，相当于一个判别任务（生成图像能够和真实图像分到一类中即可），而基于描述生成逼真图像却要困难得多，需要更多的训练。在机器学习中，这是一项生成任务，比判别任务难多了，因为生成模型必须基于更小的种子输入产出更丰富的信息，如具有某些细节和变化的完整图像。

2. 生成对抗网络简介

生成对抗网络（Generative Adversarial Nets，GANs）最早是在 2014 年的时候由蒙特利尔大学的学者 Ian Goodfellow 提出的。GANs 对这个原理的实现方式是构建两个深度学习网络，让其相互竞争。其中一个叫作生成器网络（Generator Network，G），它不断捕捉训练库中的数据，从而产生新的样本。另一个叫作判别器网络（Discriminator Network，D），它根据相关数据去判别生成器生成的数据到底是不是足够真实。

G 网络是一个生成式的网络，它接收一个随机的噪声 z（随机数），通过这个噪声生成图像。D 是一个判别网络，判别一张图片是不是"真实的"。它的输入参数是 x，x 代表一张图像，输出 $D(x)$ 代表 x 为真实图片的概率，如果为 1，就代表 100% 是真实的图片，而输出为 0，就代表不可能是真实的图片。训练过程中，生成网络 G 的目标就是尽量生成真实的图片去欺骗判别网络 D。而 D 的目标就是尽量辨别出 G 生成的假图像和真实的图像。这样，G 和 D 构成了一个动态的"博弈过程"，最终的平衡点即纳什均衡点。

GANs 的特点如下：

（1）存在两个不同的网络，而不是单一的网络，并且训练方式采用的是对抗训练方式。

（2）GANs 中 G 的梯度更新信息来自判别器 D，而不是来自数据样本。

（3）GANs 采用的是一种无监督的学习方式训练，可以被广泛用在无监督学习和半监督学习领域。

（4）相比其他所有模型，GANs 可以产生更加清晰、真实的样本，可以应用于图像风格迁移、图像超分辨率、图像补全、图像去噪等领域。

3. 构建 GANs 网络学习框架

（1）训练数据集。花图像特征学习的数据库来自牛津大学的 102 类花数据库，该数据库收集有英国国内常见的 102 类花朵，每类花包含 40 ～ 258 幅数量不等的图像，这些图像广泛采集自花朵的不同姿态角度和不同的光线条件。图 6.16 分别从花形旋转不变选择特征和 HSV 颜色空间两方面对数据库中的花图像进行可视化关联。

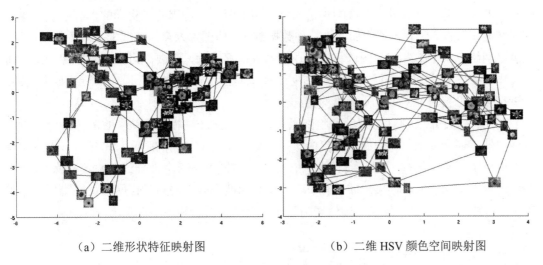

（a）二维形状特征映射图 　　　　　　 （b）二维 HSV 颜色空间映射图

图 6.16　102 类花数据库的图像特征关联可视化

鸟类图像生成的学习数据库来自加州理工学院的鸟类细粒度数据训练集，这个数据库也是目前细粒度分类识别研究的基准图像数据集。该数据集共有 11788 张鸟类图像，包含 200 类鸟类子类，其中训练数据集有 5994 张图像，测试集有 5794 张图像，每张图像均提供了图像类标记信息，即鸟的边界框图、鸟的关键部位信息，以及鸟类的属性信息。

（2）问题关键点和解决方案。该问题的解决关键可以总结为两点：一点是理解自然语言，准确描述图像的细节；另一点是利用图像的特征合成以假乱真的物体图像。文本描述基础上的图像生成问题是一种融合高维特征的多模态描述，换句话说，是利用数量巨大的像素配置组合来正确地表达反映文本信息。第一个关键点的解决方法是自然语言理解和表达方式，如句子拆分、语法分析、关键词提取、句意理解等；第二个关键点的解决方法是图像合成。

整个 GANs 的构建方案如图 6.17 所示。首先看产生器 G 网络，它将文本信息经过预处理得到其特征表达，然后将其和噪声向量组合在一起，输入到接下来的反卷积网络中，最终生成一幅图像。然后看判别器 D 网络，它对图像进行卷积操作后，将本文信息在深度（depth）方向上组合到原本图像卷积得到的特征（feature）上，最后得到一个二元值 0 或者 1，代表是或否。

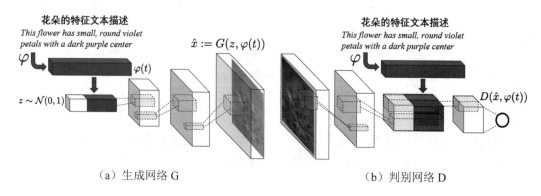

（a）生成网络 G   （b）判别网络 D

图 6.17　基于 CNN 的 GANs 结构

最直接的训练方法是将输入的文本及其对应图像特征的数据对 (pairs(text,image)) 看作一个联合的观察，深度训练的目的是判断这个数据对是真或假。由于判别网络输入的数据对存在任意的文本和合成的图像这两种输入，因此需要把文本的理解误差和合成的图像误差作为两类误差加以区分。这样增加了网络学习的复杂性，因此在实际的训练阶段，除了图像和文本数据，研究人员增加了第三种数据输入，即图像为真但其匹配文本为假的数据，也就是网络除了学习并判别图像真或假、文本理解真或假，还要学习并判别图像为真但匹配文本有误。整个训练目标是通过构造文本训练和图像训练的统一损失构造函数完成的。读者可以参见相关论文的具体函数表达。

利用该方法最终训练得到了人脸肉眼可以接受的分辨率为 64×64 的图像，但是生成图像中缺乏逼真的细节和图像中对象的一些主要部位，例如鸟的眼睛和鸟喙。该模型只有简单的一个 GANs 结构，如果盲目地增加采样提高图像分辨率，会导致 GANs 训练不稳定，最终产生无意义的输出结果。后来有研究人员采用两个堆叠的 GANs 网络最终得到了分辨率为 256×256 的图像，该生成图像清晰显示出鸟类的眼睛和鸟喙信息。

6.3.2　三维场景重建

1.　问题描述

深度相机对室内场景进行扫描，自动生成精确完整的三维模型，室内指的是一个封闭区域或者居住房间。要求达到实时重建，即相机边扫描边可以查看三维模型。如图 6.18 所示，深度相机在室内连续拍摄记录，以一定的频率持续获取深度数据流和彩色图像数据流，图中示例的频率为 30Hz，图像序列的分辨率为 640×480，在三维重建过程中，实时得到三维场景模型,即在整个扫描拍摄过程中,三维场景模型实时动态更新。

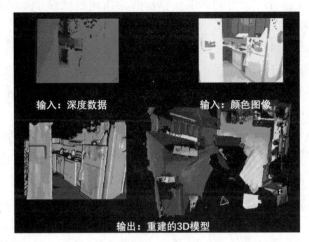

图6.18 深度相机对室内场景的重建问题

2. 重建数据采集

深度相机(RGB-D)拍摄的时候会受到红外距离的限制,如Kinect 2深度相机支持默认模式下的拍摄距离为0.8～4m,数据采集的时候易产生空洞,一般适合室内场景,但是Kinect 2需要连接计算机和电源,在实际应用中不够方便。为方便拍摄,成立于莫斯科的Occipital公司2019年发布了第二代深度传感器,该深度传感器包含了两个红外相机、一个激光投影模组,一个160° FoV(视场角)的可见光摄像头,一个85° FoV(视场角)的RGB摄像头,能够同时捕捉彩色+深度图像。接口方面,该设备配备一个USB Type C 3.0接口。将该深度传感器夹牢连接在平板计算机上,即可组成用于手持拍摄的深度相机,如图6.19所示。数据采集拍摄的时候,打开相机程序,手持平板计算机,缓慢扫描室内场景,同时获得深度图像数据流和彩色图像序列数据流。

(a)平板计算机+深度相机　　　　(b)手持平板计算机室内拍摄

图6.19 平板计算机+深度传感器的数据采集方法

3. 重建过程

(1)问题分析和理解。精细化的三维模型的应用范围非常广泛,在物体造型、增强现实、虚拟现实、文物保护、游戏和电子商务等领域需求量增长迅速。室内精细化三维模型的智能获取、精细化、应用等相关研究是近年来计算机视觉的热点。尽管应用市场各种类型的重建系统层出不穷,但真正达到消费电子级别,能够做到实时准确、精度较高、易于非专业人员操作掌握的重建系统几乎没有。从三维模型的应用需求角度来看,其主要难度可以总结为以下几个方面:

1）高质量的模型表面重建。用户需要的是无噪声、纹理色彩精美的三维模型，用以满足标准的三维图形应用，这里的标准可以理解为由建模软件手工制作的三维模型标准，这是对建模质量的要求。

2）整体模型的连接问题。室内机器人导航的系统中，既需要视野较大范围景物的建模，又需要室内小物体细节的建模，而将两类模型做到无缝连接，比较困难。

3）可靠的相机标定。手持相机边走边拍，相机晃动较大，相机位置不断改变，为相机位置的实时准确计算和图像序列的实时畸变矫正带来困难，

4）动态模型（on-the-fly model）更新。除了可靠的相机位置标定，不断输入的新数据流需要实时集成到已有的三维模型，不断更新得到新的三维模型，这也是一个难题。

5）保证系统实时建模。在解决以上所有问题的基础上，优化算法，提高系统运行效率，做到流畅的实时建模也是必须要解决的问题。

综上所述不难看出，三维重建方面的研究和应用涉及采集设备的高性能、具体相关算法的优化、系统集成及整体系统的运行效率优化等方面，是一项系统研究，随着云计算、5G 专网、人工智能技术的发展，必将迎来崭新的发展。

（2）一般的三维重建过程。利用深度相机实现三维重建，对于单个景物，一般经过数据流采集、深度图像增强、点云计算与配准、数据融合、模型表面生成等步骤。对拍摄输入的每一帧深度图像均进行上述步骤操作，直到处理完若干帧，最后完成纹理映射。整个场景重建的具体流程（以单个景物为主），如图 6.20 所示。

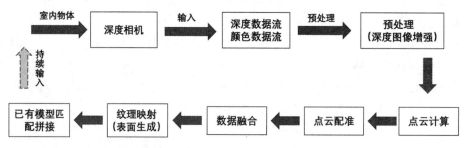

图 6.20　深度相机三维重建的一般流程

1）预处理。受到深度相机拍摄设备分辨率的限制，深度信息需要算法增强，这里包括对彩色图像去噪声和修复等步骤。除了彩色图像，深度相机输出的深度图也存在很多的问题，比如对于光滑物体表面反射、半透明/透明物体、深色物体、超出量程等都会造成深度图缺失。深度值的大面积缺失会影响重建数据的准确性和重建的视觉效果，相关的深度值增强研究被称为深度补全，这也是计算机视觉重建领域近年来的研究热点之一。2018年计算机视觉与模式识别会议（Conference on Computer Vision and Pattern Recognition，CVPR）发表了一项深度补全方面的研究成果，效果非常好。这个方法包括两个分别训练好的深度网络（一个是针对 RGB 图表面法线的深度学习网络，一个是针对物体边缘遮挡的深度学习网络），智能预测彩色图像中所有平面的表面法线和物体边缘遮挡。最后对深度图进行正则化处理，求解一个全局线性优化问题，最终得到补全的深度图。

2）点云计算。预处理后的深度图像具有二维信息，像素点的值是深度信息，表示物体表面到深度相机传感器之间的直线距离，以毫米为单位。以摄像机成像原理为基础，根据相机的外部位置参数和内部成像参数，计算出世界坐标系与图像像素坐标系之间的具体转换关系。

3）点云配准。对于多帧通过不同角度拍摄的景物图像，各帧之间包含一定的公共部

分。在这一步需要对图像进行分析，求解各帧之间的变换参数。深度图像的配准是以场景的公共部分为基准，把不同时间、角度、照度获取的多帧图像叠加匹配到统一的坐标系中。计算出相应的平移向量与旋转矩阵，同时消除冗余信息。点云配准除了会影响制约三维重建的速度，也会影响到最终模型的精细程度和全局效果。因此提升点云配准算法的性能是最为关键的一步。目前常见的方法有三类：粗糙配准（coarse registration）、精细配准（fine registration）和全局配准（global registration）。

4）数据融合。经过配准后的深度信息仍为空间中散乱无序的点云数据，仅能展现景物的部分信息。因此必须对点云数据进行融合处理，以获得更加精细的重建模型。通常的处理方法是以深度传感器的初始位置为原点构造体积网格，网格把点云空间分割成极多的细小立方体，这种立方体叫作体素（voxel）。通过为所有体素赋予有效距离场（Signed Distance Field，SDF）值来隐式地模拟表面。SDF 值等于此体素到重建表面的最小距离值。当 SDF 值大于 0 时，表示该体素在表面前；当 SDF 小于 0 时，表示该体素在表面后。SDF 值越接近于 0，表示该体素越贴近于场景的真实表面。数据融合的问题在于体素占用大量存储空间，数据融合过程会消耗极大的空间用来存取数目繁多的体素。

5）表面生成。表面生成的目的是构造物体的可视等值面，常用体素级方法直接处理原始灰度体数据。学者 Lorensen 提出了经典体素级重建算法：移动立方体（Marching Cube，MC）法。移动立方体法首先将数据场中 8 个位置相邻的数据分别存放在一个四面体体元的 8 个顶点处。对于一个边界体素上一条棱边的两个端点而言，当其值一个大于给定的常数 T，另一个小于 T 时，则这条棱边上一定有等值面的一个顶点。然后计算该体元中 12 条棱和等值面的交点，并构造体元中的三角面片。所有的三角面片把体元分成了等值面内与等值面外两块区域。最后连接此数据场中的所有体元的三角面片，构成等值面。合并所有立方体的等值面便可生成完整的三维表面。

4. 重建结果

重建过程中，深度传感器是夹在平板计算机上进行数据采集的，采集到的图像数据流和深度数据流通过无线网络传给台式机（带 GPU），重建过程中的匹配、优化和重建工作都是在台式机上运行的，重建的结果最后通过无线网络传到平板计算机上显示。若算法对每一帧的运行处理时间都低于 30ms，则重建效果较好，实验用的台式计算机包含两个 GPU（Titan X 和 Titan Black）。

尽管该方法得到了较好的实验效果，依然有值得改进和关注的地方。

（1）由于成像传感器存在噪声，彩色图像稀疏关键点匹配可能产生小的局部误匹配。这些误匹配可能会在全局优化中传播，导致误差累积。

（2）论文测试数据是公开的深度相机数据流的测试库，实际应用中，重建效果和所使用深度相机的性能、待重建场景的纹理丰富程度关系很大。例如办公室这种简洁风格的场景，纹理特点不明显，效果会下降很多。

课后题

1．简述视觉感知和视觉认知。

2．简述计算机视觉中的多层次视觉理论。

3．简述计算机视觉的定义。

4．理解计算机视觉和人工智能的关系。

5．简述相机的成像过程，理解其相关的 4 个坐标系：世界坐标系、相机坐标系、图像坐标系、像素坐标系。

6．简述立体视觉的概念。

7．理解数字直方图的概念。

8．简述图像卷积的概念，解释图像卷积的过程。

9．理解并描述一个典型的卷积神经网络结构。

10．简述三维视觉重建的基本步骤。

第7章　智能语音

本章导读

　　智能语音技术被称为物联网的入口技术，是人工智能的重要应用方向之一。智能语音技术主要通过拾音设备获取近场、远场的声信号并进行智能处理，具备便捷、经济、使用频率高等特点，经过多年发展，已与智能家居、智能医疗、智能客服、舆情监控等应用紧密结合，它作为万物互联的数据采集入口，发挥着越来越重要的作用。智能语音技术涵盖了语音信号预处理、自动语音识别、说话人识别、语音合成技术等多个应用领域。

　　智能语音系统通过对音频信号的处理、分析及识别，不但提高了人机交互的能力，而且大大提高了人类对智能设备的使用频率。语音信号处理包括噪声去除、语音端点检测、音频特征提取等。智能语音识别技术可以对实时或历史音频进行快速识别，并进行分析、翻译、甚至理解。

本章要点

- 智能语音技术的定义、基础知识
- 智能语音的核心技术：预处理、识别
- 智能语音技术的典型工具及应用

7.1　智能语音技术概述

智能语音技术综述

7.1.1　智能语音技术发展历史

　　从智能语音技术发展的历史来看，在计算机科学、电子工程、语言学、心理学或认知科学等诸多学科中，由于包含了许多不同但又相互重叠的领域，语音和语言处理一直备受关注。该学科不仅与语言学中的计算语言学、计算机科学中的自然语言处理（Natural Language Processing，NLP）、电子工程中的语音识别息息相关，甚至还涉及心理学中的计算心理语言学。

　　早在 20 世纪 50 年代，贝尔实验室就开始进行语音识别的研究。当时研究的主要是基于简单的孤立词的语音识别系统。例如，1952 年，贝尔实验室采用模拟电子器件实现了针对特定说话人的 10 个英文数字的孤立词语音识别系统。该系统提取每个数字发音的元音的共振峰特征，然后采用简单的模板匹配方法进行针对特定人的孤立数字识别。1956 年，普林斯顿大学的 RCA 实验室利用模拟滤波器组提取元音的频谱，然后再用模板匹配，构建了针对特定说话人的包括 10 个单音节单词的语音识别系统。1959 年，伦敦大学的科学家第一次使用统计学的原理构建了可以识别 4 个元音和 9 个辅音的音素识别器。同年，来自麻省理工学院林肯实验室的研究人员首次实现了针对非特定人的 10 个元音的识别器。

　　20 世纪 60 年代，三个关键技术的出现为语音识别的发展奠定了基础。首先是针对语音时长不一致的问题，来自 RCA 实验室的 Martin 提出了一种时间规整的机制，可以有效地降低时长不一致对识别得分计算的影响。其次是来自苏联的 Vintsyuk 提出采用动态规划算法实现动态时间规整（Dynamic Time Warping，DTW）。DTW 可以有效地解决两个不同长度的语音片段的相似度度量问题，一度成为语音识别的主流技术。最后是来自卡内基梅隆大学的 Reddy 利用音素动态跟踪的方法进行连续语音识别的开创性工作。这三项研究工作，对于此后几十年语音识别的发展都起到了关键的作用。虽然 60 年代语音识别获得了长足的发展，但是人们认为实现真正实用的语音识别系统依旧非常困难。

70 年代是语音识别技术快速发展的一个时期。这个时期三个关键技术被引入语音识别中，包括模式识别思想（Velichko and Zagoruyko，1970）、动态规划算法（Sakoe and Chiba，1978）和线性预测编码（Itakura，1970）。这些技术的成功使用使得孤立词语音识别系统从理论上得以完善，并且可以达到实用化的要求。此后研究人员将目光投向了更具有实用价值也更加具有挑战性的连续语音识别问题。其中以贝尔实验室、IBM 实验室为代表的研究人员开始尝试研究基于大词汇的连续语音识别系统（Large Vocabulary Continuous Speech Recognition，LVCSR）。当时主要有两种流派：一种是采用专家系统的策略，目前已经被淘汰；另一种是采用统计建模的方法，该方法目前依旧是主流的建模方法。这个时期美国国防部高级研究计划署（Defense Advanced Research Projects Agency，DARPA）介入语音领域，设立了语音理解研究计划。该研究计划的参与者包括 CMU、IBM 等研究机构。在 DARPA 计划的催动下诞生了很多具有一定实用价值的语音识别系统。例如卡耐基梅隆大学的 Harpy 系统，能够用来识别 1011 个字，并且获得不错的准确率。Harpy 系统的一个主要贡献是提出了图搜索的概念。Harpy 系统是第一个利用有限状态网络（Finite State Network，FSN）来减少计算量并有效地实现字符串匹配的模型。DARPA 计划下诞生的语音识别器还包括卡内基梅隆大学的 Hearsay 和 BBN 的 HWIM 系统。

80 年代是语音识别发展取得突破的一个关键时期。两项关键技术在语音识别中得到应用，分别是基于隐马尔可夫模型（Hidden Markov Model，HMM）的声学建模和基于 N-Gram 的语言模型。这个时期语音识别开始从孤立词识别系统向大词汇连续语音识别系统发展。HMM 的应用使得语音识别获得了突破，开始从基于简单的模板匹配方法转向基于概率统计建模的方法，此后统计建模的框架一直沿用到今天。这一时期，DARPA 所支持的研究催生了许多著名的语音识别系统。其中一个具有代表性的系统是李开复研发的 SPHINX 系统。该系统是第一个基于统计学原理开发的非特定人连续语音识别系统，其核心技术采用 HMM 对语音状态的时序进行建模，而用高斯混合模型（Gaussian Mixture Model，GMM）对语音状态的观察概率进行建模。直到最近的深度学习出来之前，基于 GMM-HMM 的语音识别框架一直是语音识别系统的主导框架。同时神经网络也在 80 年代后期被应用到语音识别中，但是相比于 GMM-HMM 系统并未展现出优势。

90 年代是语音识别技术基本成熟的时期，基于 GMM-HMM 的语音识别框架得到广泛研究和使用。这一时期语音识别声学模型的区分性训练准则和模型自适应方法的提出使得语音识别系统的性能获得极大的提升。首先基于最大后验概率估计（Maximum A Posteriori Probability，MAP）和最大似然线性回归（Maximum Likelihood Linear Regression，MLLR）技术的提出用于解决 HMM 模型参数自适应的问题。一系列声学模型的区分性训练（Discriminative Training，DT）准则被提出，例如最大互信息量（Maximum Mutual Information，MMI）和最小分类错误（Minimum Classification Error，MCE）准则。在基于最大似然估计训练 GMM-HMM 的基础上再使用 MMI 或者 MCE 等区分性准则对模型参数进行更新可以显著提升模型的性能。这一时期语音识别系统有 IBM 的 Via-vioce 系统、微软的 Whisper 系统、英国剑桥大学的 HTK（Hidden Markov ToolKit）系统等。其中 HTK 为语音研究人员提供了一套系统的软件工具，极大地降低了语音识别的研究门槛，促进了语音识别的交流和发展。

进入 21 世纪的前 10 年，基于 GMM-HMM 的语音识别系统框架已经趋于完善，相应的区分性训练和模型自适应技术也得到了深入的研究。这个阶段语音识别开始从标准的朗读对话转向更加困难的日常交流，包括电话通话、广播新闻、会议、日常对话等。但是基于 GMM-HMM 的语音识别系统在这些任务上的表现却不怎么理想，错误率很高，远远达不到实用化的要求。自此语音识别的研究陷入了一个漫长的瓶颈期。语音识别技术的再次突破与神经网络的重新兴起相关。2006 年，辛顿提出用深度置信网络（Deep Belief Networks，DBN）初始化神经网络，使得训练深层的神经网络变得容易，从而掀起了深度学习（Deep Learning，DL）的浪潮。2009 年，辛顿和他的学生穆罕默德（Mohamed）将深层神经网络应用于语音的声学建模，在音素识别 TIMIT 任务上获得成功。但是 TIMIT 是一个小词汇量的数据库，而且连续语音识别任务更加关注的是词甚至句子的正确率。而深度学习在语音识别真正的突破要归功于微软研究院俞栋、邓力等在 2011 年提出来的基于上下文相关（Context Dependent，CD）的深度神经网络和隐马尔可夫模型（CD-DNN-HMM）的声学模型，模型在大词汇量连续语音识别任务上比传统的 GMM-HMM 性能显著提升。从此基于 GMM-HMM 的语音识别框架被打破，大量研究人员开始转向基于 CD-DNN-HMM 的语音识别系统的研究。

7.1.2 智能语音技术发展趋势

当前我们正处于语音和语言处理技术发展过程中令人兴奋的时代。普通用户可利用的计算机资源的飞速增长，以及互联网和移动互联网的发展，促进了海量信息源的崛起。随着物联网技术的日益普及，语音和语言处理应用成为这项技术的重要组成部分，智能语音技术及应用在学术和产业界都成为焦点，一些快速发展的领域已突显这一趋势。

（1）公共交通、地图导航、旅游服务等服务商利用语音技术代替传统的人工，实现与旅客互动，引导他们完成预订和即时服务的获取。

（2）汽车制造商提供自动语音识别和文本语音转换系统，使驾驶员能够通过语音控制环境、娱乐和导航系统。

（3）视频搜索公司通过使用语音识别技术捕捉音轨中的单词，为网络上数百万小时的视频提供多媒体检索、字幕生成及内容筛查等服务。

（4）高精度的语音识别和合成为外语教育提供了巨大机会，实时翻译、发音纠正、讲解教学等功能可服务于百千万学子。

7.2 智能语音基础

7.2.1 声信号和语音

智能语音基础

声音信号（audio signals）指由人耳听到的各种声音信号。首先，声带产生的振动对空气产生压缩与伸张效应后形成声波，以大约 340m/s 的速度在空气中传播，随后，声波传递到收听者鼓膜，并施加声压信号，内耳神经感受到声压信号后再将此信号传递到大脑，并由大脑解析理解，最终形成言语认知，整个过程被称为言语链。图 7.1 是言语链示意图。

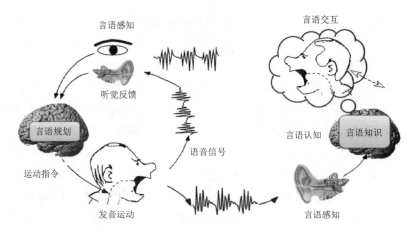

图 7.1   言语链示意图

（1）声信号可以有很多不同的分类方式，例如，若以发音的来源分，可以分为如下两类：
● 生物音：人声、狗声、猫声等。
● 非生物音：引擎声、关门声、打雷声、乐器声等。

（2）若以信号的规律性分，又可以分为如下两类：
● 准周期音：波形具有规律性，可以看出周期的重复性，人耳可以感觉其稳定音高的存在，例如单音弦乐器、人声清唱等。
● 非周期音：波形不具规律性，看不出明显的周期，人耳无法感觉出稳定音高的存在，例如打雷声、拍手声、敲锣打鼓声、人声中的浊音等。

（3）对人声而言，可以根据其是否具有音高而分为两类：
● 浊音（voiced sound）：由声带振动所发出的声音，例如一般的元音等。由于声带振动，造成规律性的变化，因此我们可以感觉到音高的存在。
● 清音（unvoiced sound）：由嘴唇所发出的浊音，并不牵涉声带的振动。这些浊音没有规律的波形特征，我们无法感受到稳定音高的存在。

要分辨这两种声音，其实很简单，只要在发音时，将手按在喉咙上，若感到振动，就是浊音，如果没有感到振动，那就是清音。图 7.2 显示在"蜜蜂"发音 |mi feng| 中的"i"部分波形，这是一个浊音。

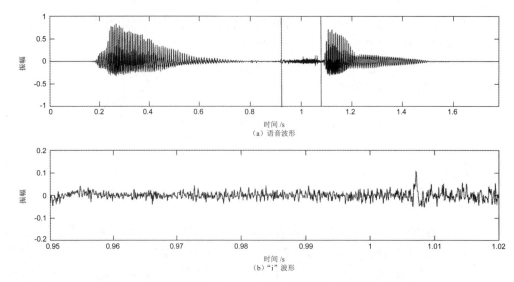

图 7.2   "蜜蜂"发音 |mi feng| 中的"i"的发音及其放大波形

由图 7.2（b）所示的放大图可以明显地看出振动周期对应其基本频率。而类似地，在"蜜蜂"发音 |mi feng| 中的清音"f"的发音及其放大波形如图 7.3 所示。

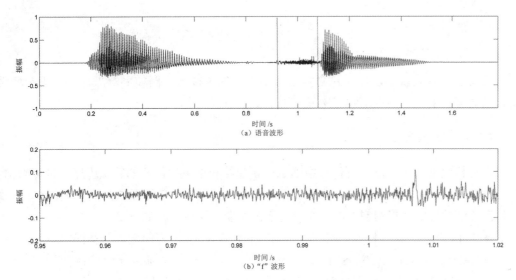

图 7.3 "蜜蜂"发音 |mi feng| 中的"f"的发音及其放大波形

在图 7.3（b）所示的放大波形中并无法观察到基本周期的存在，其波形比较像噪声的波形，并无周期性。

7.2.2 声音采样

声信号表征了人类鼓膜感知到的声波引起的空气压力变化，其取值随时间变化，是一个时间序列的连续信号，但是若要将此信号存储在计算机中，就必须先将此信号数字化。一般而言，将声音存储到计算机中，有下列几个参数需要考虑。

（1）采样频率（sample rate）：每秒所取得的声音资料点数，以 Hz 为单位。点数越高，声音质量越好，但是资料量越大，占用存储空间越大。常用取样频率如下：

- 8kHz：电话的音质、一般玩具内语音 IC 的音质。
- 16kHz：一般语音识别所采用。
- 44.1kHz：CD 音质。

（2）采样分辨率（bit resolution）：每个声音文件点所用的位元数，常用取值如下：

- 8bit：可表示的数值范围为 0 ～ 255 或 –128 ～ 127。
- 16bit：可表示的数值范围为 –32768 ～ 32767。

换句话说，每个取样点的数值都是整数，以方便存储。但是在 Matlab 中，通常把语音的值正规化到 [-1,1] 范围内的浮点数，因此若要转回原先的整数值，就必须再乘上 $2^{n\,\text{bit}/2}$，其中 n bit 是采样分辨率。

（3）声道：一般只分单声道（mono）或立体声（stereo），立体声即双声道。

对图 7.2 和 7.3 所录的"蜜蜂"来说，这是单声道的声音，取样频率是 16000Hz（16kHz），分辨率是 16bit（2Byte），总共包含了 15716 点（等于 15716/16000=0.98s），所以数据文件大小就是 15716×2=31432Byte=31.4KB。由此可以看出声音资料的庞大。例如：如果以相同的参数来录音 1min，所得到的数据文件大小大约为 60s×16kHz×2Byte=1920KB。以一般音乐 CD 来说，大部分是立体声，取样频率是 44.1kHz，分辨率是 16bit，所以一首 3min 的音乐，数据量的大小就是 180s×44.1kHz×2Byte×2=31752KB=32MB。由经验得知，从网络上下载的一般音质效果的歌曲按照 4min 左右一首，其存储资料量大概在 3MB，由此可知，MP3 的压缩率大概是 10 倍。

语音信号处理

7.3　语音信号处理

在智能语音系统中，往往包含多个语音信号处理技术，例如：端点检测、语音增强、特征抽取等。下面对端点检测、MFCC 特征进行简单介绍。

7.3.1　端点检测

端点检测是要在一段语音信号中确定语音起始和结束的位置的算法程序，也可以称为Speech Detection 或 Voice Activity Detection。端点检测在语音处理中具有重要的作用，端点检测算法的性能会影响到整个语音识别系统性能，这些影响如下：

- False Rejection：将 Speech 误认为 Silence 或 Noise，因而造成语音识别率下降。
- False Acceptance：将 Silence 或 Noise 误认为 Speech，此时语音识别率也会下降，但是可以在设计识别器时，前后加上可能的静音声学模型，此时识别率的下降就会比前者来得和缓。

常见的端点检测方法与相关的特征参数可以分成时域和频域两大类。

（1）时域（Time Domain）的方法：通常计算量比较小，因此比较容易移植到计算能力较差的微型计算机平台。

音量：只使用音量来进行端点检测，是最简单的方法，但是会对浊音造成误判。不同的音量计算方式也会造成端点检测结果的不同，至于是哪一种计算方式比较好，并无定论，需要靠大量的资料来测试得知。

音量和过零率：以音量为主，过零率为辅，可对浊音进行较精密的检测。

（2）频域（Frequency Domain）的方法：通常计算量比较大，因此比较难移植到计算能力较差的微型计算机平台。

频谱的变异数：有声音的频谱变化较规律，变异数较低，可作为判断端点的基准。

频谱的信息熵：也可以使用信息熵达到类似上述的功能。

首先介绍如何在时域进行音高追踪。

第一种方法是直接使用音量来进行端点检测的方法，只要音量小于某个阈值，就认定是静音或是噪声，至于这个阈值如何决定，除了靠人的直觉外，比较客观的方法还是靠大量的测试资料来决定最佳值。

首先，尝试设定音量相关的阈值对"蜜蜂"的录音波形进行端点检测。图 7.4 展示了4 种不同计算音量阈值的方法，并比较了结果。

在上述的示例中，我们使用了 4 个音量阈值来进行端点侦测：

- 最大音量的 1/10：以音量最大值为基线，可覆盖大部分拾音场景，然而在音量忽大忽小时或突发噪声时，会发生错误。
- 音量中值的 1/5：以音量中值为基线，可应对音量突变等情况，对于一般的平稳噪声场合，也可以保证良好的效果。
- 最小音量的 8 倍：以音量最小值为基线，容易受到噪声干扰，检测不到语音起始点。
- 初始音帧音量的 3 倍：此方法假设一开始是静音，但若是噪声干扰，特别是对于清音开头的语音，这种方法就很容易发生错误，且不易优化阈值。

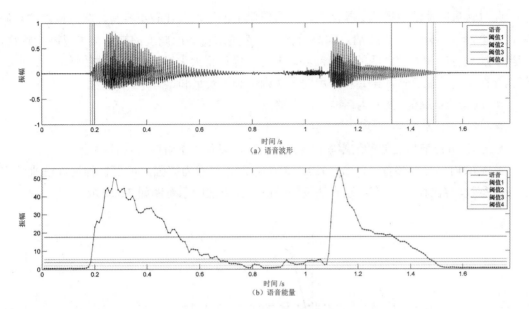

图 7.4　语音"蜜蜂"的端点检测

这些方法中的相关参数值（如 0.1、5、8 等取值）都只能适用于当前选取的语音片段，若要找出对其他声音也完全适用的参数值，就要靠大量实验获得。

实际测试中为了更加合理地选择音量阈值，图 7.5 给出了一种基于音量最大值 vol_{max} 和最小值 vol_{min} 加权平均的阈值确定方法。其阈值

$$vol_{Th}=(vol_{max}-vol_{min})vol_{Ratio}+vol_{min}$$

其中 vol_{Ratio} 是设定阈值的加权系数。

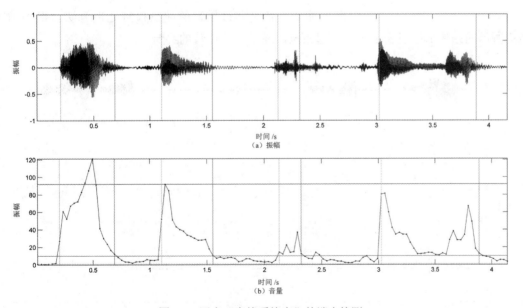

图 7.5　语音"蜜蜂采蜂蜜"的端点检测

针对无噪声或低噪声的语音信号，采用音量阈值检测端点即可获得不错的效果。但是真实应用场景常常碰到下列问题：

● 噪声比较强。
● 浊音比较多。
● 同一句话的音量变化太大。

此时音量阈值法遭遇较大挑战，单一音量阈值的选取就比较不容易，端点检测的正确率也会下降。另外，对一般端点检测而言，若希望求得高准确度的端点，可以减少帧移，相当于加大音帧和音帧之间的重叠部分，但这一操作将大大增加检出算法的计算量，此外其也存在一定性能瓶颈。第二种常用的方法则用到了音量和过零率，简述如下：

- 以高音量阈值（t_u）为标准，决定端点。
- 将端点前后延伸到低音量阈值（t_l）处。
- 再将端点前后延伸到过零率门槛（t_{zc}）处，以包含语音中的浊音部分。

此方法用到三个参数（t_u、t_l、t_{zc}），若计算机计算能力够强，可用各种搜寻法来调整这三个参数，否则，就只有靠观察法及经验值。此方法的示意图如 7.6 所示。

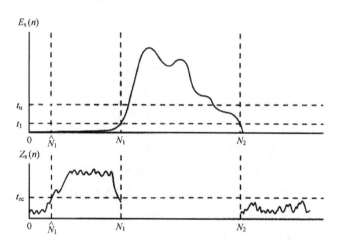

图 7.6 语音端点检测算法参数选择

依照上述原理，图 7.7 给出一种基于音量和过零率的端点检测处理方法，得到如图 7.7 所示的结果：红线表示声音的起始点，绿线表示声音的终节点。

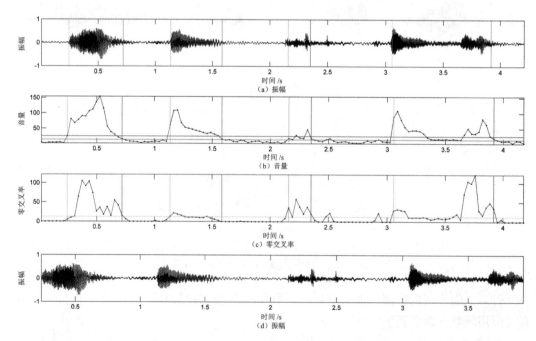

图 7.7 "蜜蜂采蜂蜜"音频语音端点检测结果

此外，由于清音信号与噪声接近，其端点检测方法也一直备受关注。有研究人员发现，

清音在多重微分后展现出更明显的能量保留，根据这个现象可设计多重微分算法来检测清音的存在。如图 7.8 所示，对于"蜜蜂采蜂蜜"语音片段，其中"mi feng cai feng mi"的 |m|、|c|、|f| 音素在经过多重微分后都保留了较高的能量，而且随着微分阶数增加越加明显。因此，结合语音音量和多阶微分可实现图 7.8 所示的端点检测效果。

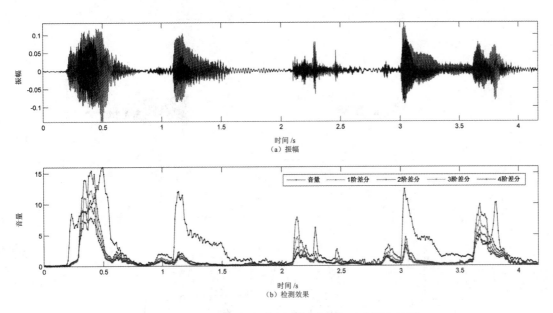

图 7.8 采用波形的微分及多阶微分进行语音端点检测

7.3.2 MFCC 特征抽取

在语音识别（Speech Recognition）和说话人识别（Speaker Recognition）方面，最常用到的语音特征就是梅尔倒频谱系数（Mel-scale Frequency Cepstral Coefficients，MFCC），此参数考虑到人耳对不同频率的感受程度，因此特别适合用于语音识别。接下来，将逐一说明 MFCC 的计算过程。

（1）预加重（Pre-emphasis）。将语音信号 $s(n)$ 通过一个高通滤波器：

$$H(z)=1-az^{-1}$$

其中 a 为 0.9 ～ 1.0。若以时域的表达式来表示，预加重后的信号 $s_2(n)$ 为

$$s_2(n) = s(n) - as(n-1)$$

预加重的目的就是消除发声过程中声带和嘴唇的效应，来补偿语音信号受到发音系统所压抑的高频部分（另一种说法则是要突显在高频的共振峰）。下面这个示例可以示范预加重所产生的效果，如图 7.9 所示。

对比图 7.9 的（a）和（b），很明显地，经过了预加重之后，声音变得比较尖锐清脆，但是音量（波形幅度）也变小了。

（2）语音帧化（Frame Blocking）。先将 N 个取样点集合成一个观测单位，称为音帧（Frame），通常 N 的值是 256 或 512，涵盖的时间为 20 ～ 30ms，如图 7.10 所示。为了避免相邻语音帧的变化过大，让两相邻因框之间有一段重叠区域，称为帧移（Frame Shift），此重叠区域包含了 M 个取样点，通常 M 的值约是 N 的 1/2 或 1/3。通常语音识别所用的语音的取样频率为 8kHz 或 16kHz，以 8kHz 来说，若音帧长度为 256 个取样点，则对应的时间长度是 256/8000×1000 =32ms。

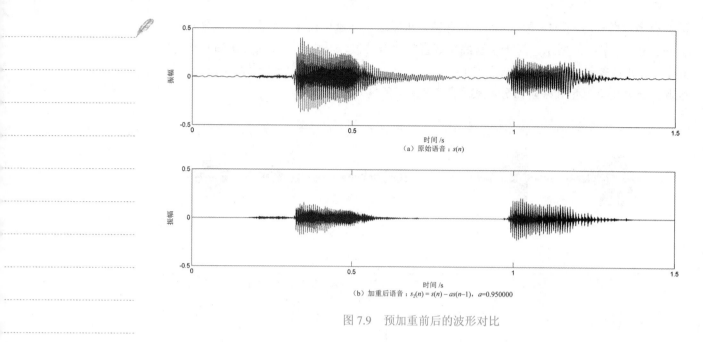

图 7.9　预加重前后的波形对比

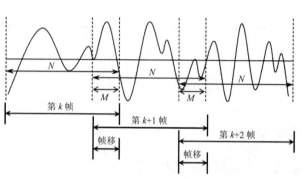

图 7.10　语音信号的帧化

（3）汉明窗（Hamming Window）。将每一个音帧乘以汉明窗，以增加音帧左端和右端的连续性。假设音帧化的信号为 $S(n)$，$n = 0, \cdots, N-1$。那么乘以汉明窗后为 $S'(n) = S(n)W(n)$，$W(n)$ 形式如下：

$$W(n, \alpha) = (1-\alpha) - \alpha \cos(2\pi n/(N-1)), \quad 0 \leqslant n \leqslant N-1$$

其中，不同的 α 值会产生不同的汉明窗。

快速傅里叶转换（Fast Fourier Transform，FFT）：由于语音信号在时域（Time Domain）上的变化通常很难看出信号的特性，因此通常将它转换成频域（Frequency Domain）上的能量分布来观察，不同的能量分布代表不同语音的特性。所以在乘以汉明窗后，每个音帧还必须再经过 FFT 以得到在频谱上的能量分布。

乘以汉明窗的主要目的是加强音帧左端和右端的连续性，这是因为在进行 FFT 时，都是假设一个音帧内的信号代表一个周期性信号，如果这个周期性不存在，FFT 会为了符合左右端不连续的变化，而产生一些不存在原信号的能量分布，造成分析上的误差。当然，如果在取音帧时，能够使音帧中的信号就已经包含基本周期的整数倍，这时候的音帧左右端就会是连续的，那就不需要乘以汉明窗了。但是在实际中，由于基本周期的计算会需要额外的时间，而且也容易算错，因此都用汉明窗来达到类似的效果。用实际的语音信号来进行测试，汉明窗的效果如图 7.11 所示。

上述示例是用一段歌声来分析，在乘以汉明窗之后，频谱的谐波结构就变得非常明显。

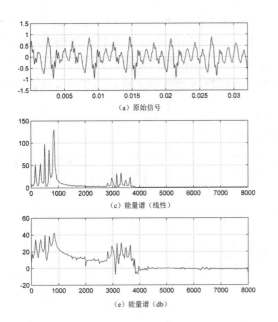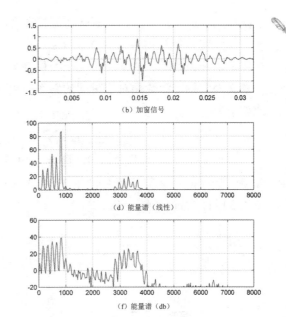

(a) 原始信号

(b) 加窗信号

(c) 能量谱（线性）

(d) 能量谱（线性）

(e) 能量谱（db）

(f) 能量谱（db）

图 7.11　汉明窗对语音信号波形的影响对比

（4）三角带通滤波器（Triangular Bandpass Filters）。将频谱能量乘以一组 20 个三角带通滤波器，求得每一个滤波器输出的对数能量（Log Energy）。必须注意的是：这 20 个三角带通滤波器在梅尔频率（Mel Frequency）上是平均分布的，而梅尔频率和一般频率 f 的关系式如下：

$$mel(f) = 2595 \log_{10}(1 + f / 700)$$

或是

$$mel(f) = 1125 \ln(1 + f / 700)$$

梅尔频率代表一般人耳对于频率的感受度，由此也可以看出人耳对于频率 f 的感受是呈对数变化的。在低频部分，人耳感受是比较灵敏的；在高频部分，人耳的感受就会越来越迟钝。

三角带通滤波器有两个主要目的：对频谱进行平滑化，并消除谐波的作用，突显原先语音的共振峰。因此一段语音的音调或音高是不会呈现在 MFCC 参数内的，换句话说，以 MFCC 为特征的语音识别系统，并不会受到输入语音的音调影响。

（5）离散余弦转换（Discrete Cosine Transform，DCT）。将上述 20 个对数能量 E_k 代入离散余弦转换，求出 L 阶的 Mel-scale Cepstrum 参数，这里 L 通常取 12。离散余弦转换公式如下：

$$C_m = \sum_{k=1}^{N} \cos[m(k-0.5)\pi/N] \times E_k, \quad m=1,2,\cdots,L$$

其中 E_k 是由前一个步骤所算出来的三角滤波器和频谱能量的内积值，N 是三角滤波器的个数。由于之前作了 FFT，因此采用 DCT 转换是期望能转回类似 Time Domain 的情况，又称 Quefrency Domain，其实也就是 Cepstrum。又因为之前采用 Mel-Frequency 来转换至梅尔频率，所以才称之为 Mel-scale Cepstrum。

（6）对数能量（Log Energy）。一个音帧的音量（即能量）也是语音的重要特征，而且非常容易计算。因此通常再加上一个音帧的对数能量（定义为一个音帧内信号的平方和，再取以 10 为底的对数值，再乘以 10），使得每一个音帧基本的语音特征就有 13 维，包含了 1 个对数能量和 12 个倒频谱参数。若要加入其他语音特征以测试识别率，也可以在此阶段加入，这些常用的其他语音特征包含音高、过零率、共振峰等。

（7）差量倒频谱参数（Delta Cepstrum）。虽然已经求出 13 个特征参数，然而在实际应用于语音识别时，通常会再加上差量倒频谱参数，以显示倒频谱参数对时间的变化。它的意义为倒频谱参数相对于时间的斜率，也就是代表倒频谱参数在时间上的动态变化，公式如下：

$$\Delta C_m(t) = \sum_{\tau=-M}^{M} C_m(t+\tau)\tau \bigg/ \sum_{\tau=-M}^{M} \tau^2$$

这里 M 的值一般取 2 或 3。因此，如果加上差量运算，就会产生 26 维的特征矢量；如果再加上差量运算，就会产生 39 维的特征矢量。一般在 PC 上进行的语音识别，就是使用 39 维的特征矢量。

7.4 语音处理基本原理

7.4.1 语音识别系统流程

语音识别系统的基本任务就是将输入的语音信号识别成文字符号输出，基本流程如图 7.12 所示，基本上分成两部分：前端处理（Front End Processing，FEP）、搜索和解码（Search and Decoding）。其中，搜索和解码需要利用训练好的声学模型（Acoustic Model，AM）、语言模型（Language Model，LM），以及联系这两个模型的发音词典（Lexicon）。

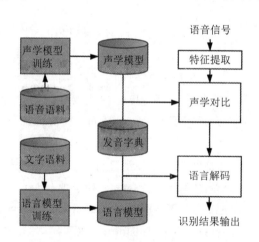

图 7.12 语音识别系统基本流程

其中，前端处理完成的基本任务就是特征提取和归一化，在广播语音或者电话语音等大段语音处理中，还需要做相应的前端预处理工作，切分成语音片断输入；搜索和解码引擎是整个识别器的主要算法所在，主要采用 Viterbi 搜索算法等动态规划方法，搜索在给定模型情况下的最优结果；语言和声学模型则是通过统计方法训练得到的，发音词典是将这两个模型联系起来的桥梁。

7.4.2 语音识别的统计模型描述

语音识别系统首先将输入语音提取成特征向量序列，目标是给出特定声学和语言模型下的最大后验词串，即

$$W_1^N = \underset{W_1^N}{\arg\max}\{P(W_1^N \mid X_1^T, AM, LM, Lex)\}$$

$$= \underset{W_1^N}{\arg\max}\left\{\frac{P(X_1^T \mid W_1^N)P(W_1^N)}{P(X_1^T)}\right\}$$

$$= \underset{W_1^N}{\arg\max}\{P(X_1^T \mid W_1^N)P(W_1^N)\}$$

$$= \underset{W_1^N}{\arg\max}\{\mathrm{Log}P(X_1^T \mid W_1^N) + \lambda\mathrm{Log}P(W_1^N)\}$$

其中，第二个等式中略去了 *AM*、*LM* 和 *Lex*，第三个等式略去 *P(XT)* 主要是因为该项不影响 W^N 的选择，第四个等式对概率取对数也不影响对 W^N 的选择，主要用于控制动态范围，参数 λ 用于平衡声学和语言模型的权重，因为声学和语言模型是用不同语料独立训练的。$\mathrm{Log}P(X^T|W^N)$ 为声学得分，$\mathrm{Log}P(W^N)$ 为语言得分，分别用相应的声学和语言模型计算，语言模型概率具体计算如下：

$$P(W_1^N) = P(W_1)P(W_2 \mid W_1)\cdots P(W_N \mid W_1^{N-1})$$

$$\approx P(W_1)\cdots P(W_k \mid W_{k-M+1}^{k-1})\cdots P(W_N \mid W_{N-M+1}^{N-1})$$

$$= \prod_{k=1}^{N} P(W_k \mid W_{k-M+1}^{k-1})$$

其中，第一个等式是联合概率的展开，第二个等式是用 M-Gram 近似计算，第三个等式是第二个等式的简写形式。声学模型概率具体计算如下：

$$P(X_1^T \mid W_1^N) = P(X_1^T \mid H_1^L)$$

$$= \sum_{S_1^T} P(X_1^T, S_1^T \mid H_1^L)$$

$$\approx \underset{S_1^T}{\max}\{P(X_1^T, S_1^T \mid H_1^L)\}$$

$$= \prod_{t=1}^{T} P(X_t \mid S_t)P(S_t \mid S_{t-1})$$

其中，第一个等式是利用 *Lex* 信息将词串 W^N 转换成音素模型串 H^L，该模型串为隐马尔可夫模型（HMM）；第二个等式引入隐含声学状态序列 *S*，包含模型的时间对齐信息，用于计算声学得分；第三个等式为 Virerbi 近似，用"最优"状态序列近似求和式，便于引入动态规划算法搜索最优识别结果；第四个等式将状态跳转概率和观测序列概率分开计算，并略去符号，因为模型已经确定；每帧观测概率通常由混合高斯模型（Gaussian Mixture Model，GMM）描述：

$$P(X_t \mid S_t) = \sum_{i=1}^{M} C_i N(X_t; \mu_{S_t, i}, \sigma_{S_t, i}^2)$$

式中：C_i 为混合项系数；M 为混合项数；$N(X_t; \mu_{S_t, i}, \sigma_{S_t, i}^2)$ 为第 i 个单高斯分布混合项。基于 HMM 的声学模型如图 7.13 所示。

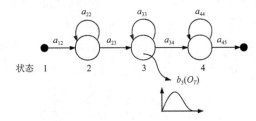

图 7.13　基于 HMM 的声学模型

图 7.13 中，声学模型是由 5 个状态构成的，第 1 个和第 5 个状态只起到连接作用，没有观测概率；中间的 2、3、4 状态具有 GMM 描述的观测概率分布。模型是一个从左到右的跳转结构，每个跳转有一个概率，这样，每个音素的发音特征就由这样一个模型描述。

7.4.3 语音识别的模型训练

通常情况下，语音识别的解码器搜索错误率相对比较低，语音识别的准确率主要取决于声学和语言模型的精度。模型精度主要取决于两个方面：一是训练语料的规模和质量；二是训练的工具和算法。

（1）声学模型训练。声学模型训练就是利用带标注的训练语料，训练每个音素的发音 HMM 模型。声学模型训练需要考虑两个基本因素：一是模型的精度，即模型要尽可能精细，以提高系统的识别率；二是模型的鲁棒性，即模型的参数必须得到比较好的估计，有足够的训练参数，确保模型对训练集外的数据具有足够的泛化能力。通常模型需要考虑这两方面因素的折中。

目前的 LVCSR 系统通常采用音素作为基本的建模单元，为了提高建模精度，通常要选用上下文相关的音素模型（Context Dependent Phone Model），即对不同声学上下文下的音素建立不同的模型。为了保证鲁棒性，通常需要对模型参数进行共享，这种共享的方法通常是通过决策树分裂的方式，根据给定的上下文问题集，进行自顶向下的分裂，确保训练集中样本很稀疏的模型可以得到鲁棒估计。

声学模型训练的过程实际上就是对训练数据的拟合过程，最基本的方法就是最大似然（Maximum Likehood，ML）的方法，通过 Baum-Welch 的 EM 算法，迭代优化模型参数得到。其他的区分度准则，如 MMI 和 MPE 准则也可以用于优化模型，提高模型精度。为了提高声学模型的精度，通常需要做一些特征归一化、噪声抑制等算法，提高声学模型对声道、说话人、加性噪声等因素的鲁棒性。另外，自适应技术也用于提高系统对环境和说话人的自适应能力，提高系统的性能。声学模型训练的典型工具是 HTK 工具包。

（2）语言模型训练。语言模型训练和声学模型训练类似，利用大量的文本语料对模型参数进行估计，对于稀疏的数据，采用回退和平滑技术，提高模型对训练集外语言现象的估计能力。语言模型训练典型的工具包有 SRILM 和 HTKLM，这两个工具包都可以对语言模型进行训练。

7.5 语音公开数据集

TIMIT（The DARPA TIMIT Acoustic-Phonetic Continuous Speech Corpus）是由德州仪器（Texas Instruments，TI）、麻省理工学院（Massachusetts Institute of Technology，MIT）和坦福研究院（Stanford Research Institute，SRI）合作构建的声学 - 音素连续语音语料库。TIMIT 数据集的语音采样频率为 16kHz，一共包含 6300 个句子，由来自美国 8 个主要方言地区的 630 个人每人说出给定的 10 个句子，所有的句子都在音素级别（phone level）上进行了手动分割和标记。70% 的说话人是男性；大多数说话人是成年白人。给定的 10 个句子如下：

（1）2 个方言句子（SA，dialect sentences），对每个人来说这 2 个方言句子都是相同的。

（2）5 个音素紧凑句子（SX，phonetically compact sentences），这 5 个是从 MIT 所给的 450 个因素分布平衡的句子中选出的，目的是尽可能地包含所有的音素对。

（3）3 个音素发散句子（SI，phonetically diverse sentences），这 3 个是由 TI 从已有的 Brown 语料库（the Brown Corpus）和剧作家对话集（the Playwrights Dialog）中随机选择的，目的是增加句子类型和音素文本的多样性，使之尽可能地包括所有的音位变体（allophonic contexts）。TIMIT 数据集见表 7.1。

表 7.1　TIMIT 数据集

语句类型	语句数	说话人	总计	语句 / 说话人
dialect（SA）	2	630	1260	2
compact（SX）	450	7	3150	5
diverse（SI）	1890	1	1890	3
total	2342	638	6300	10

TIMIT 官方文档建议按照 7∶3 的比例将数据集划分为训练集（70%）和测试集（30%），但一般只用到 SX 和 SI 的句子，也就是说训练集包括由 462 个人所讲的 3696 个句子，全部测试集（complete test set）包括由 168 个人所讲的 1344 个句子，核心测试集（core test）包括由 24 个人所讲的 192 个句子，训练集和测试集没有重合。具体见表 7.2。

表 7.2　TIMIT 数据集构成

数据集	说话人	语句	语料时长
training	462	3696	3.14
core test	24	192	0.16
complete test set	168	1344	0.81

TIMIT 的原始录音是基于 61 个音素的，见表 7.3。

表 7.3　TIMIT 数据集基本音素

序号	音速标记	示例	序号	音速标记	示例	序号	音速标记	示例
1	iy	beet	22	ch	choke	43	en	button
2	ih	bit	23	b	bee	44	eng	Washington
3	eh	bet	24	d	day	45	l	lay
4	ey	bait	25	g	gay	46	I	ray
5	ae	bat	26	p	pea	47	w	way
6	aa	bob	27	t	tea	48	y	yacht
7	aw	bout	28	k	key	49	hh	hay
8	ay	bite	29	dx	muddy	50	hv	ahead
9	ah	but	30	s	sea	51	el	bottle
10	ao	bought	31	sh	she	52	bcl	b closure
11	oy	boy	32	z	zone	53	del	d closure
12	ow	boat	33	zh	azure	54	gel	g closure

续表

序号	音速标记	示例	序号	音速标记	示例	序号	音速标记	示例
13	uh	book	34	f	fin	55	pci	p closure
14	uw	boot	35	th	thin	56	tel	t closure
15	ux	toot	36	V	van	57	kcl	k closure
16	er	bird	37	dh	then	58	q	glottal stop
17	ax	about	38	m	mom	59	pau	pause
18	ix	debit	39	n	noon	60	epi	epenthetic
19	axr	butter	40	ng	sing	60	epi	silence
20	ax-h	suspect	41	em	bottom	61	h#	begin/ end
21	jh	joke	42	nx	winner	61	h#	marker

由于在实际中 61 个音素考虑的情况太多，因此在训练时有些研究者整合为 48 个音素，当评估模型时，李开复在他的成名作（Lee KaiFu, Hon, et al. Recent Progress in the Sphinx Speech Recognition System. Morgan Kaufmann Publishers, Inc. 1989.）中提出的将 61 个音素合并为 39 个音素方法被广为使用。

下面列出近年来在 TIMIT 数据库上进行语音识别实验的研究成果，有兴趣可以查看相关论文。TIMIT 语料库多年来已经成为语音识别社区的一个标准数据库，在今天仍被广为使用。其原因主要有两个方面：数据集中的每一个句子都在音素级别上进行了手动标记，同时提供了语者的编号、性别、方言种类等多种信息；数据集比较小的话，可以在较短的时间内完成整个实验，同时又足以展现系统的性能。

语音识别工具介绍

7.6　语音识别工具包

本章罗列了目前世界上出现的开源语音识别工具包，希望为学生和技术人员提供更灵活的解决方案。表 7.4 列出了目前流行的大部分语音识别软件。2014 年 Gaida 等的一篇论文评估了 CMU Sphinx、Kaldi 和 HTK。其中 HTK 严格意义上来说并不是开源的，因为其代码并不能重用或作为商业用途使用。

表 7.4　几种开源语音识别工具包的横向对比

工具包	语言	活跃度	说明文档	社区	已训练模型
CMU Sphinx	Java、C、Python others	+++	+++	+++	英文及其他 10 种语言
Kaldi	C++、Python	+++	++	+++	部分英文
HTK	C、Python	++	+++	++	无
Julius	C、Python	++	++	+	日语
ISIP	C++	++	++	+	仅数字

7.6.1　编程语言

因为用户可能会对特定的工具包有自己的偏好，所以使用语言的情况各不相同。以上工具除了 ISIP 以外都有 Python 的封装，虽然在一些情况下，Python 封装并不包括核心代码的全部功能。CMU Sphinx 也包含了其他几种编程语言，如 Java 和 C。

7.6.2 开源项目

在智能语音处理的学术研究中，有大量的开源项目供爱好者及学生学习研究，下面简要介绍几款知名的语音处理开源项目。

- CMU Sphinix，显而易见，从它的名字就能看出是卡内基梅隆大学的产物。它已经以某些形式存在了 20 年了，现在它在 GitHub（C 语言版本和 Java 版本）和 SourceForge 上都开源了，而且两个平台上都有最新活动。
- Kaldi 从 2009 年的研讨会起就有它的学术根基了，现在已经在 GitHub 上开源，有 121 名贡献者。
- HTK 始于 1989 年的剑桥大学，已经商用一段时间了，但是现在它的版权又回到了剑桥大学并且已经不是开源软件了。它的最新版本更新于 2015 年 12 月，先前发布于 2009 年。
- Julius（http://julius.osdn.jp/en_index.php）起源于 1997 年，最后一个主要版本发布于 2016 年 9 月，有些活跃的 GitHub repo 包含三个贡献者，现在已经不大可能反映真实情况了。
- ISIP 是第一个最新型的开源语音识别系统，源于密西西比州立大学。它主要发展于 1996—1999 年间，最后版本发布于 2011 年，但是这个项目在 GitHub 出现前就已经不复存在了。

7.6.3 社区活跃度

CMU Sphinx 的论坛讨论热烈，但其 SourceForge 和 GitHub 平台存在许多重复的 repository。相比之下，Kaldi 的用户则拥有更多交互方式，包括邮件、论坛和 GitHub repository 等。HTK 有邮件列表，但没有公开的 repository。Julius 官网上的论坛链接目前已经不可用，其日本官网上可能有更详细的信息。ISIP 主要用于教育目的，其邮件列表目前已不可用。

7.6.4 教程和示例

CMU Sphinx 的文档简单易读，讲解深入浅出，且贴近实践操作。

Kaldi 的文档覆盖也很全面，同时包括了语音识别解决方案中的语音和深度学习方法。

如果并不熟悉语音识别，那么可以通过对 HTK 官方文档（注册后可以使用）的学习对该领域有一个概括的认识。同时，HTK 的文档还适用于实际产品设计和使用等场景。

Julius 专注于日语，其最新的文档也是日语，但团队正在积极推动英文版的发布。

最后是 ISIP，虽然它也有一些文档，但是并不系统。

7.6.5 训练模型

即使使用这些开源工具的最大理由是训练特定的识别模型，但其他语音功能也会是它们吸引人的地方。CMU Sphinx 包含英语和很多其他即开即用的模型，在该项目 GitHub 的 readme 上，可以很容易地找到它们。而 Kaldi 对现有模型进行解码的指令深深地隐藏在文档中（可在 egs/voxforge 子目录的 repo 下找到一个英语 VoxForge 数据集训练后的模型，而识别功能在 online-data 子目录下）。其他三个软件包没有容易找到的功能，但它们至少都有适配 VoxForge 格式的简单模型，后者是一个语音识别数据和训练模型的著名众包网站。

课后题

1. 智能语音预处理有哪些技术？分别是怎样处理的？
2. 语音信号的端点检测是如何实现的？
3. 语音识别的主要模块有哪些？

第8章 智能机器人

本章导读

机器人是实现人工智能技术综合应用的重要载体之一。人工智能中的智能传感器技术、机器学习、深度学习等智能决策技术在智能机器人中得到广泛使用。智能机器人成为人工智能重要的应用领域之一，是人工智能与机器人结合的产物。智能机器人广泛应用于工业制造、医疗、教育、农业、智能家居等领域。智能机器人技术包括智能传感技术、机器视觉技术、智能导航和路径规划技术、智能控制技术和智能交互技术等。

智能机器人抓取玩具应用案例很好地融合了智能感知技术、机器视觉技术、智能导航和路径规划技术以及智能交互技术，从而实现了智能机器人的感知、决策和行为。

本章要点

- 智能机器人的定义、分类
- 智能机器人的核心技术
- 智能机器人的应用案例

8.1 智能机器人概述

机器人（robot）源于捷克语 robota，是"强迫劳动"的意思。机器人技术涉及机械、电子、计算机、材料、传感器、控制技术、人工智能、仿生学、伦理学等多门学科。当前，随着人工智能的蓬勃发展，智能机器人成为人工智能重要的应用领域之一。

8.1.1 机器人定义

到目前为止，关于机器人有各种定义，不同的机构对机器人定义不同。

（1）维基百科把机器人定义为包括一切模拟人类行为或思想与模拟其他生物的机械（如机器狗、机器猫等）。

（2）美国机器人协会（Robot Institute of America，RIA）定义机器人是一种用于移动各种材料、零件、工具或专业装置的，通过可编程动作来完成各种任务的多功能机械手。

（3）国际标准化组织（International Organization for Standardization，ISO）认为机器人是一种自动的、位置可控的、具有编程能力的多功能机械手，这种机械手有多个轴，能通过编程来处理各种材料、零件、工具和专用装置，以完成各种任务。

（4）日本工业机器人协会把工业机器人定义为一种有记忆装置和末端执行器的装备，能够完成各种移动来替代人类劳动的通用机器。

（5）我国科学家对机器人的定义是"机器人是一种自动化的机器，这种机器具备一些与人或生物相似的智能能力，如感知能力、规划能力、动作能力和协同能力，是一种具有

✎ 高度灵活性的自动化机器"。

根据以上几种不同的定义，机器人是通过人工智能等算法仿真生物或人的智能能力，并通过操控机械装置实现某些功能的自动化机器。

8.1.2 机器人发展历史和现状

1. 机器人发展历史

1939 年，美国纽约世博会上展出了西屋电气公司制造的家用机器人 Elektro，它由电缆控制，可以行走，会说 77 个字，甚至可以抽烟，不过离真正干家务活还差得远。但它让人们对家用机器人的憧憬变得更加具体。

1942 年，美国科幻巨匠阿西莫夫提出"机器人三定律"。虽然这只是科幻小说里的创造，但后来成为学术界默认的研发原则。

1948 年，诺伯特•维纳出版《控制论》，阐述了机器中的通信和控制机能与人的神经、感觉机能的共同规律，率先提出以计算机为核心的自动化工厂。

1954 年，美国人乔治•德沃尔制造出世界上第一台可编程的机器人，并注册了专利。这种机械手能按照不同的程序从事不同的工作，因此具有通用性和灵活性。

1956 年，在达特茅斯会议上，马文•明斯基提出了他对智能机器的看法：智能机器"能够创建周围环境的抽象模型，如果遇到问题，能够从抽象模型中寻找解决方法"。这个定义影响到以后 30 年智能机器人的研究方向。

1959 年，德沃尔与美国发明家约瑟夫•恩格尔伯格联手制造出第一台工业机器人（图 8.1）。随后，成立了世界上第一家机器人制造工厂 Unimation 公司。由于恩格尔伯格对工业机器人的研发和宣传，他也被称为"工业机器人之父"。

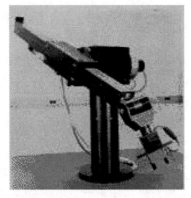

图 8.1　第一台工业机器人

1962 年，美国 AMF 公司生产出 VERSTRAN（意思是万能搬运），与 Unimation 公司生产的 Unimate 一样成为真正商业化的工业机器人，并出口到世界各国，掀起了全世界对机器人和机器人研究的热潮。

1962—1963 年，传感器的应用提高了机器人的可操作性。人们试着在机器人上安装各种各样的传感器，包括 1961 年恩斯特采用的触觉传感器，托莫维奇和博尼 1962 年在世界上最早的"灵巧手"上用到了压力传感器，而麦卡锡 1963 年则开始在机器人中加入视觉传感系统，并在 1965 年帮助 MIT 推出了世界上第一个带有视觉传感器且能识别并定位积木的机器人系统。

1965 年，约翰•霍普金斯大学应用物理实验室研制出 Beast 机器人。Beast 已经能通过声呐系统、光电管等装置，根据环境校正自己的位置。从 20 世纪 60 年代中期开始，美国麻省理工学院、斯坦福大学、英国爱丁堡大学等陆续成立了机器人实验室。美国兴起研究第二代带传感器、"有感觉"的机器人，并向人工智能进发。

1968 年，美国斯坦福研究所公布其研发成功的机器人 Shakey。它带有视觉传感器，能根据人的指令发现并抓取积木，不过控制它的计算机有一个房间那么大。Shakey 可以算是世界第一台智能机器人，拉开了第三代机器人研发的序幕。

1969 年，日本早稻田大学加藤一郎实验室研发出第一台以双脚走路的机器人。加藤一郎长期致力于研究仿人机器人，被誉为"仿人机器人之父"。日本专家一向以研发仿人机器人和娱乐机器人的技术见长，后来更进一步，催生出本田公司的 ASIMO 和索尼公司的 QRIO。

1974 年，ABB 发明了世界上第一台全电控式工业机器人，如图 8.2 所示，并拥有当今最多种类、最全面的机器人产品、技术和服务及最大的机器人装机量。

1978 年，美国 Unimation 公司推出通用工业机器人 PUMA，如图 8.3 所示，这标志着工业机器人技术已经完全成熟。PUMA 至今仍然工作在工厂第一线。

图 8.2　瑞典 ABB 工业机器人　　　　　图 8.3　PUMA 560 工业机器人

1984 年，约瑟夫·恩格尔伯格再推机器人 Helpmate，这种机器人能在医院里为病人送饭、送药、送邮件。同年，他还预言："我要让机器人擦地板、做饭，出去帮我洗车、检查安全。"

1998 年，丹麦乐高公司推出机器人（Mind-storms）套件，让机器人制造变得跟搭积木一样，相对简单又能任意拼装，使机器人开始走入个人世界。

1999 年，日本索尼公司推出犬型机器人爱宝（AIBO），当即销售一空，从此娱乐机器人成为目前机器人迈进普通家庭的途径之一。

2002 年，丹麦 iRobot 公司推出了吸尘器机器人 Roomba，如图 8.4 所示，它能避开障碍，自动设计行进路线，还能在电量不足时，自动驶向充电座。Roomba 是目前世界上销量最大、最商业化的家用机器人。

图 8.4　Roomba 吸尘器机器人

2006 年 6 月，微软公司推出 Microsoft Robotics Studio，机器人模块化、平台统一化的趋势越来越明显，比尔·盖茨预言，家用机器人很快将席卷全球。

2016 年 3 月，由谷歌（Google）公司旗下 DeepMind 公司戴密斯·哈萨比斯领衔的团队开发阿尔法围棋机器人（AlphaGo）与围棋世界冠军、职业九段棋手李世石进行围棋人机大战，以 4 比 1 的总比分获胜。阿尔法围棋机器人主要利用深度学习原理。

2. 机器人发展现状

近些年，全球机器人市场呈现持续扩张与繁荣状态，机器人的技术日趋进步与成熟。在国内外相继形成了一批具有代表性的研究院所和知名企业。

随着机器人引入人工智能的机器学习、深度学习和自然语言理解等相关技术，以及 ROS 机器人操作系统的广泛应用，机器人具有强大的学习能力，从而向更高智能方向发展。智能机器人将在丰富的传感器信息支持下，进行大量数据的有效分类、归纳，并提取可靠有效的信息，具有强大的学习能力，具体分为有监督学习和无监督学习两种。其中有监督学习利用具有人工标签的样本集合训练出合理的模型参数，从而产生相应的控制决策机制；无监督学习则在缺少先验知识的情况下从无标签的样本集合中训练出最优的控制律。

在无监督学习方面，主要集中在构建复杂神经网络和深度学习的研究上。深度学习首次由 Hinton 等提出，其基本观点是采用神经网络模拟人类大脑特征学习过程。Levine 等通过构建大型的 CNN 神经网络，令机器人进行无监督的自学习，在训练过程中完成特征的提取，建立机器人运动、传感器信息和任务执行状况的映射关系，使机器人可以在无人干预的情况下学会开门、关门、分拣物品的任务。谷歌公司利用深度学习算法 QT-Opt 实现智能抓取如图 8.5 所示。这种无监督特性学习方法借鉴大脑多层抽象表达机制，实现初始特征深层抽象表达，同时深度学习在一定程度上解决了传统人工神经网络局部收敛和过适性问题。

图 8.5　谷歌公司利用深度学习算法 QT-Opt 实现智能抓取

8.1.3　机器人分类

一提到机器人，在我们印象中应该是有双足、双手和大脑的智能生命体。其实广义的"机器人"是一种可以协助或取代人类的某些工作或功能的智能机械装置，它既可以根据内部的程序做出相应的动作，也可以接受人的指挥。具有一定"智能"的机器人还可以自主地根据环境状况和自身状态作出决策。

机器人的种类多种多样，但是大致可以分为两类：工业机器人和非工业机器人。工业机器人是面向工业领域的多关节机械手或多自由度机器人，在工业生产加工过程中通过自动控制来代替人类执行某些长时间重复性的工作。由于取代了人工，因而能够提高生产效率。按照不同标准，可以将机器人分为不同类型。

1. 按照机器人应用环境分类

从应用环境的角度来分，机器人分为工业机器人、服务机器人和特种机器人。

（1）工业机器人。工业机器人是应用于工业领域的多关节机械手或多自由度机器人。工业机器人是自动执行工作的机器装置，是靠自身动力和控制能力来实现各种功能的一种机器。它可以接受人类指挥，也可以按照预先编排的程序运行，现代工业机器人还可以根据人工智能技术实现相关行动。当今工业机器人技术正逐渐向着具有行走能力、具有多种感知能力、具有较强的环境自适用能力的方向发展。日本在工业机器人数量和种类方面居世界首位。

（2）服务机器人。非工业机器人是指除了工业机器人之外的、用于非制造业并服务于人类的各种先进机器人。非工业机器人又分为服务机器人和特种机器人。服务机器人是指在非结构环境下为人类提供必要服务的多种高技术集成的机器人，它还细分为家用服务机器人（图 8.6）、医疗服务机器人（图 8.7）、公共服务机器人（图 8.8，包括教育、农林等领域的机器人）。

（a）送物机器人　　　　　　（b）扫地机器人

图 8.6　家用服务机器人

图 8.7　医疗服务机器人

（a）教育、娱乐机器人　　　　　　（b）农林业应用机器人

图 8.8　公共服务机器人

教育机器人典型应用是法国 Aldebaran 公司开发的 NAO 双足人形机器人，如图 8.9 所

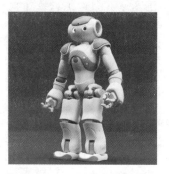

示。该机器人广泛应用于教学和科研等领域。NAO 机器人可以在多种平台上编程并且拥有一个开放式的编程构架，所以不同的软件模块可以更好地相互作用，不论使用者的专业水平如何，都能够通过图像编程平台来为 NAO 机器人编制程序。

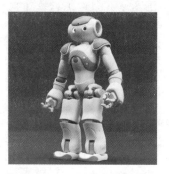

图 8.9　NAO 双足人形机器人

在医疗服务机器人方面，医疗外科机器人具有出血少、精准度更高、恢复快的优势，市场潜力巨大。1985 年，PUMA 560 完成了机器人辅助定位的神经外科脑部活检手术，这是第一次将机器人用于手术中。1997 年，伊索（AESOP）完成了第一例腹腔镜手术，成为 FND 批准的第一个清创手术机器人。Intuitive Surgical 公司率先突破外科手术机器人的 3D 视觉精确定位和主从控制技术，1999 年首次发布达·芬奇外科手术机器人，如图 8.10 所示，至今已推出第 4 代，是目前世界上最成功的医疗外科机器人。

图 8.10　达·芬奇外科手术机器人

（3）特种机器人。特种机器人是替代人在危险恶劣环境下作业必不可少的工具，可以辅助完成人类无法完成的作业（如空间与深海作业、精密操作、管道内作业等）的关键技术装备，主要包括军事应用机器人［图 8.11（a）］、应急救援机器人［图 8.11（b）］、极限作业机器人。美国在特种机器人方面处于世界领先地位，我国在政策鼓励下进步明显，尤其是在水下机器人方面进步突出。

（a）军事应用机器人　　　　　　　　　（b）应急救援机器人

图 8.11　特种机器人

　　由美国 ReconRobotics 公司推出的战术微型机器人 Recon Scout 和 Throwbot 系列具有重量轻、体积小、无噪声和防水防尘的特点。由 Sarcos 公司最新推出的蛇形机器人 Guardian S 可在狭小空间和危险领域打前哨，并协助灾后救援和特警及拆弹部队的行动。

　　由斯坦福大学研究团队发明的人形机器人 OceanOne 采取 AI+ 触觉反馈的协同工作方式，让机器人手部能够感受到所抓取物体的重量与质感，实现对抓取力量的精确掌控。美国波士顿动力公司致力于研发具有高机动性、灵活性和移动速度的先进机器人，先后推出了用于全地形运输物资的 BigDog、拥有超高平衡能力的双足机器 Atlas 和具有轮腿结合形态并拥有超强弹跳力的 Handle，如图 8.12 所示。

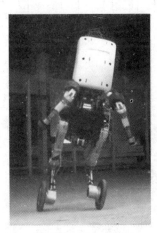

（a）Atlas　　　　　　　　　　　（b）Handle

图 8.12　波士顿动力公司机器人

　　在国内，2009 年沈阳新松机器人自动化有限公司研制了我国首台具有生命探测功能的井下探测救援机器人。此外，哈工大机器人集团研制成功并推出了排爆机器人、爬壁机器人、管道检查机器人和轮式车底盘检查机器人等多款特殊应用机器人。在水下机器人方面，7000m 级深海载人潜水器 "蛟龙号" 创造了下潜 7062m 的世界载人深潜纪录，是目前世界上下潜能力最强的作业型载人潜水器。此外我国航天领域机器人也取得举世瞩目的成就，玉兔二号月球车继续刷新人类探测器在月球背面工作的记录，如图 8.13 所示。

（a）蛟龙号潜水器　　　　　　　　　（b）玉兔二号月球车

图 8.13　蛟龙号潜水器和玉兔二号月球车

　　因此，根据不同的应用环境对机器人的分类如图 8.14 所示。2018 年，全球机器人市场的分布结构如图 8.15（a）所示；2018 年，我国机器人市场的分布结构如图 8.15（b）所示。可见我国的机器人应用主要还是在工业上，但服务机器人和特种机器人的需求与发展潜力巨大。

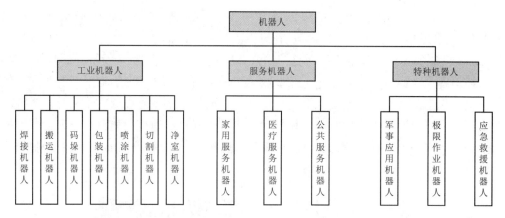

图 8.14　根据不同的应用环境对机器人的分类

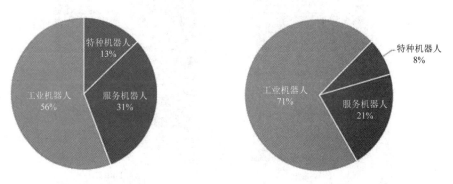

（a）全球机器人市场的分布结构　　（b）我国机器人市场的分布结构

图 8.15　2018 年机器人市场的分布（数据来源：IFR，中国电子学会）

2. 按照智能水平分类

按照智能水平分类，机器人分为示教型机器人、感觉型机器人和智能型机器人。示教型机器人是按照人们预先编写的程序工作，不管外界条件有何变化，自己都不能对程序做任何调整。因此它毫无智能可言。感觉型机器人根据外界条件的变化而变化，在一定范围内自行修改程序，也就是它能依据外界条件的变化对自己做相应调整。不过修改的程序也是人预先规定的。感觉型机器人拥有初级的智能水平，该机器人目前已达到实用水平。智能型机器人拥有一定的自动规划能力，能够自己安排自己的工作，能完全不需要人的干预独立完成工作。

8.1.4　智能机器人与人工智能

1. 智能机器人定义

智能机器人是一种具备一些与人或其他生物相似的智能能力，如感知能力、规划能力、动作能力和协同能力，具有高度灵活性的自动化机器。智能机器人相较于一般机器人而言，具有感知周围环境的能力，并且能对周围的环境进行分析，调整自己的行为来达到操作者的要求，甚至能够在信息不充分及环境迅速变化的情况下完成动作。

2. 智能机器人与人工智能的关系

人工智能主要是研究知识推理、机器学习、感知和语言理解等任务。而机器人是实现人工智能应用的载体。机器人与人工智能相结合，由人工智能相关技术实现的机器人便是智能机器人。图 8.16 所示可以说明人工智能、机器人和智能机器人的关系。

图 8.16 机器人、人工智能及智能机器人的关系

其实无论机器人具有什么外形和功能，都是由检测装置、驱动装置、执行机构、控制系统和复杂机械等部分构成。下面对前四者进行介绍。

- 检测装置能够让机器人具有各种感知功能。与人的眼、耳、皮肤等器官类似，机器人是通过各种传感器获得外界环境和自身内部状态信息的。例如，视觉传感器可以作为机器人的眼睛，声音信号采集装置可以成为机器人的耳朵，而足底压力传感器、温湿度传感器等可以安装在机器人的"皮肤"上感受外界的各种刺激信号。与上述这些机器人的外部传感器不同，机器人的内部传感器安装在操作机上，包括位移、速度、加速度等传感器，用来检测机器人操作机的内部状态，并在伺服控制系统中作为反馈信号存在。
- 驱动装置是驱动机械系统动作的装置，根据驱动源的不同可分为电气、液压和气压三种以及把它们结合起来应用的综合系统，相当于人的骨骼和肌肉，能够发出力量驱动身体的各部位运动。
- 执行机构相当于机器人的手和脚等部位，能够按照大脑发出的指令完成抓取物品、行走等智能性工作。对于机器人而言，驱动装置和执行机构通常是集成在一起不加区分的。
- 机器人的控制系统主要由计算机硬件和控制软件组成。控制系统相当于人脑，以智能策略为核心控制机器人的各部分协调工作，使机器人具有思考能力。机器人的思考过程就是对检测装置获取的各种内外部信息作出判断与处理，根据处理结果作出决策，进而控制驱动装置和执行机构使机器人根据决策结果做出具有类似于人的智能行为，例如行走、抓取物品、躲避障碍物等。

8.2　智能机器人设计

一个人既要有身体又要有思想。同样，智能机器人也包括硬件和软件。没有硬件的机器人是不存在的（虚拟机器人除外），而没有软件的机器人就如同一堆没有思想的金属。下面分别介绍智能机器人的硬件和软件知识。

8.2.1　硬件设计

各种各样的机器人虽然在形体上区别很大，但其内部组成却基本相似。本节提及的机器人硬件并不是指它的外部结构和各种支撑件，而是指驱动和控制机器人能够智能行动的硬件设备。

前面已经提到的机器人的各种传感器就是这种硬件，而传感部分又分为感受系统和机器人与环境交互系统。智能机器人的感受系统由内部传感器和外部传感器模块组成，分别获取机器人内部状态和外部环境的各种信息，也就是机器人的视觉、触觉、听觉等各种感觉。机器人与环境交互系统是实现机器人与其他机器人或者外部设备之间相互联系和协调的系统。

机器人的控制部分由控制系统和人机交互系统组成。控制系统是控制机器人进行各项运动的系统。机器人的控制系统获取从传感器传递过来的数据后，经过决策进而支配机器人的执行机构去完成规定的动作。人机交互系统是人与机器人进行联系和参与机器人控制的装置，包括计算机终端、指令控制台、信息显示板等硬件。

机器人要运动就必须安装驱动装置与执行器。工业机器人和较大型的机器人大多使用液压、气压驱动或混合驱动，小型和服务型机器人大多使用电机驱动。电机是根据电磁感应定律实现电能转化为机械能的装置，俗称马达。常用的电机有普通电机、减速电机和步进电机，如图 8.17 所示。

（a）普通电机　　　　　　　（b）减速电机　　　　　　　（c）步进电机

图 8.17　各种类型的电机

● 普通电机可用于电动玩具、吹风机等。它只有两个引脚，用电池的正负极分别接上两个引脚就会转动。它的特点是转速快、扭力小。

● 减速电机是在普通电机上加了减速箱，这样便降低了转速，同时增加了扭力，常作为智能小车的车轮驱动电机。这种电机可以使用驱动芯片进行控制。

● 步进电机是将电脉冲信号转变为角位移或线位移的开环控制电机。它的转速和停止的位置只取决于脉冲信号的频率和脉冲数，因此可以通过控制脉冲个数来控制转动角度，从而达到准确定位的目的。步进电机一般用在需要精确控制的智能机器人上。

与上述开环控制的步进电机不同，还有一种闭环控制的伺服电机，即通过传感器实时反馈电机的运行状态，由控制芯片进行实时调节，因此能达到很高的精度。伺服电机在航模、小型机器人等领域中还有一个特殊版本叫作舵机，一般来说比较轻量、小型、简化和廉价，并附带减速机构，如图 8.18 所示。

（a）舵机外观　　　　　　　　　　（b）舵机的内部结构

图 8.18　舵机的外观与内部结构

舵机是一种位置伺服电机，最早出现在航模运动中。和普通电机不同，舵机的工作任务并不是绕一个轴不停地旋转。就像它的名字一样，它的主要工作是掌舵（控制方向），也就是希望精确控制舵机旋转到某一个特定的角度。舵机旋转的角度范围一般是 0～180°。

8.2.2　软件设计

计算机是依靠程序来运行的，机器人也一样，需要预先编好程序才能工作。只是与普通的计算机程序是按照预先规划的指令运行不同，在机器人的程序中还要考虑根据变化的环境自主选择合适的策略。

机器人要想成为"人"，就需要在强大的身躯之上拥有可以思考的大脑，拥有可以感知并传递信息的各种传感器、通信系统和线路，以及赋予机器人灵魂的软件系统。

通常可将机器人的发展分为三个阶段，这种划分不仅是基于机器人硬件技术上的进步，更多的是基于机器人的软件能力，即它的智能性。

- 第一代机器人是只有记忆和存储能力的"示教再现"型机器人。它只能按照已有的程序进行重复性工作，对周围的环境没有感知和反馈能力。因此它不是智能机器人。
- 第二代机器人拥有了感觉，它可以实时地处理一些从外界感知的信息。也就是通过视觉、力觉、触觉等传感器采集到环境信息，并相应地进行处理。它也不是完整意义上的智能机器人。
- 第三代机器人也就是现在经常提及的"智能机器人"。它与上一代机器人的最大区别就是具有了思维和决策的能力，能够自主地采集、判断和处理信息，自主地进行工作。在这里，软件方面的智能算法与结构的创新起到非常重要的作用。

在电子信息和互联网技术迅猛发展的今天，物联网和机器智能的概念再次得到了高度重视。而智能机器人恰恰融合了感知世界的传感技术、智能控制算法、驱动和执行装置等硬件设备，实现了自主和智能，进而可以利用互联网和通信技术遥控其他机器人或使多个机器人（甚至与人类一起）彼此沟通、共融并协同工作。

在软件和基础方面，深度学习、对抗学习和强化学习等智能算法的结合已经为人工智能和智能机器人相关领域带来了很多重大突破。众多研究者也继续从生物学、脑科学、神经学等领域汲取新的思想和灵感。这些都是机器人具有"智能"的源泉。

"巧妇难为无米之炊"，智能机器人需要利用感知数据及背景数据进行判断，实现智能功能。传感器是智能机器人采集信息的硬件设备，同时也是使机器人具有思想灵魂的源泉。几乎每一个智能系统都离不开各种各样的传感器。它是实现自动检测和智能控制的首要环节。通过不同传感器获得的各种外界信息和内部状态按一定规律变换成电信号或其他所需形式输入给机器人。

8.3　智能机器人关键技术

随着人工智能时代的开启，机器人、信息、通信、人工智能进一步融合，历经电气时代、数字时代，机器人将进入智能时代。在技术上，机器人技术从控制器、伺服电机、减速器等传统的工业技术向机器视觉、自然语言处理、深度学习等人工智能技术演进。智能机器人主要使用人工智能的智能感知技术、智能导航与规划技术、机器视觉技术、智能控制技术和智能交互技术，实现智能机器人的感知、决策和行为。

8.3.1　智能感知技术

传感技术是从环境中获取信息并对之进行处理、变化和识别的多学科交叉的现代科学与工程技术，涉及传感器的规划设计、开发、制造、测试和应用等信息处理和识别技术。

智能机器人涉及视觉传感、听觉传感、触觉传感和力觉传感等相关智能感知技术。智能机器人主要利用智能传感器采集相关数据进行相关分析和处理，做出正确的行动。

1. 视觉传感技术

人类获取信息大概80%以上来源于视觉。机器人通过视觉传感器获取环境图像，并通过视觉处理器分析和解释，进而转为符号，让机器人能够识别物体和识别当前所处的位置。机器人有了视觉传感器就好像人有了眼睛。

视觉传感器是指通过对摄像机拍摄到的图像进行图像处理，来计算对象物的特征量（面积、重心、长度、位置等），并输出数据和判断结果的传感器。视觉传感器的主要功能是获取足够的机器视觉系统要处理的最原始图像。

智能视觉传感技术下的智能视觉传感器也称智能相机，是近年来机器视觉领域发展最快的一项新技术。智能相机是一个兼具图像采集、图像处理和信息传递功能的小型机器视觉系统，是一种嵌入式计算机视觉系统。它将图像传感器、数字处理器、通信模块和其他外设集成到一个单一的相机内，这种一体化的设计可降低系统的复杂度，并提高可靠性。同时系统尺寸大大缩小，拓宽了视觉技术的应用领域。

视觉传感器一般由图像采集单元、图像处理单元、图像处理软件和通信接口单元等组成，如图8.19所示。其中图像采集单元主要由图像传感器、光学系统、照明系统组成，将光学影像转换成数字图像，传递给图像处理单元。通常使用的图像传感器有CCD图像传感器和CMOS图像传感器两种，它们是视觉传感器系统中的核心部件。其功能是将光信号转变成有序的电信号。

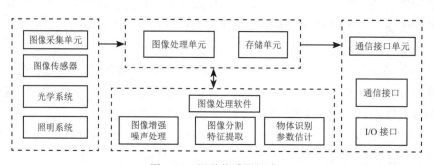

图8.19   视觉传感器组成

2. 听觉传感技术

听觉传感器是人工智能装置，是机器人中必不可少的部件。它是利用语音信号处理技术制成的。机器人由听觉传感器实现"人-机"对话。一台机器人不仅能听懂人讲的话，而且能讲出人能听懂的语言，赋予机器人这些智慧的技术统称语音处理技术，前者为语言识别技术，后者为语音合成技术。具有语音识别功能的传感器称为听觉传感器。

听觉传感器是检测出声波（包括超声波）或声音的传感器，用于识别声音的信息传感器。在所有的情况下，都使用话筒等振动检测器作为检测元件。

麦克风就是最基本的声音传感器，可接收声波、输出声音的振动图像。声音传感器内置一个对声音敏感的电容式柱极体话筒，声波使话筒内的薄膜振动，导致电容变化，而产生与之对应变化的微电压。

3. 触觉传感技术

触觉是人与外界环境直接接触时的重要感觉功能，研制满足要求的触觉传感器是机器人发展中的关键技术之一。触觉是机器人获取环境信息的一种仅次于视觉的重要知觉形式，是机器人实现与环境直接作用的必需媒介。与视觉不同，触觉本身有很强的敏感能力，可直接测量对象和环境的多种性质特征，因此触觉不仅仅只是视觉的一种补充。

机器人触觉传感器有检测功能和识别功能两大功能。检测功能包括对操作对象的状态、机械手与操作对象的接触状态、操作对象的物理性质进行检测。识别功能是在检测的基础上提取操作对象的形状、大小、刚度等特征以进行分类。

接触觉传感器是用来判断机器人是否接触物体的测量传感器，可以感知机器人与周围障碍物的接近程度。接触觉传感器可以使机器人在运动中接触到障碍物时向控制器发出信号。

（1）微动开关：一种最简单、最经济适用的接触传感器，主要由弹簧和触头构成。其特点是触点间距小、动作行程短、按动力小、通断迅速、使用方便、结构简单。微动开关主要有触须式触觉传感器和接触棒触觉传感器。

（2）柔性触觉传感器：具有获取物体表面形状二维信息的潜在能力，主要有柔性薄层触觉传感器、导电橡胶传感器、气压式触觉传感器

（3）触觉传感器阵列：由若干个感知单元组成阵列结构的传感器，主要有成像触觉传感器和 TIR 触觉传感器。

（4）仿生皮肤：仿生皮肤是集触觉、压觉、滑觉和热觉传感于一体的多功能复合传感器，具有类似于人体皮肤的多种功能。

8.3.2　智能导航与规划技术

1. 智能导航

导航是智能机器人研究的核心和热点之一。Leonard 和 Durrant-Whyte 将移动机器人导航定义为三个子问题：

- "Where am I？"——环境认知与机器人定位。
- "Where am I going？"——目标识别。
- "How do I get there？"——路径规划。

为完成导航，机器人需要依靠自身传感系统对内部姿态和外部环境信息进行感知，通过对环境空间信息的存储、识别、搜索等操作寻找最优或近似最优的无碰撞路径并实现安全运动。对于不同的室内与室外环境、结构化与非结构化环境，机器人完成准确的自身定位后，常用的导航方式主要有磁导航、惯性导航、视觉导航、卫星导航等。

（1）磁导航：在路径上连续埋设多条引导电缆，分别流过不同频率的电流，通过感应线圈对电流的检测来感知路径信息。

（2）惯性导航：利用陀螺仪和加速度计等惯性传感器测量移动机器人的方位角和加速率，从而推知机器人当前位置和下一步的目的地。

（3）视觉导航：依据环境空间的描述方式，移动机器人的视觉导航方式划分为三类。

1）基于地图的导航：完全依靠在移动机器人内部预先保存好的关于环境的几何模型、拓扑地图等比较完整的信息，在事先规划出的全局路线基础上，应用路径跟踪和避障技术来实现导航。

2）基于创建地图的导航：利用各种传感器来创建关于当前环境的几何模型或拓扑模型地图，然后利用这些模型来实现导航。

3）无地图的导航：在环境信息完全未知的情况下，可通过摄像机或其他传感器对周围环境进行探测，利用对探测的物体进行识别或跟踪来实现导航。

（4）卫星导航：移动机器人通过安装卫星信号接收装置，可以实现自身定位，无论其在室内还是室外。

2. 环境地图的表示

构造地图的目的是进行绝对坐标系下的位姿估计。地图的表示方法通常有 4 种：拓扑图、特征图、网格图和直接表征法（Appearance Based Methods）。不同方法具有各自的特点和适用范围，其中特征图和网格图应用较为普遍。

3. 定位

定位是确定机器人在其作业环境中所处的位置。机器人可以利用先验环境地图信息、位姿的当前估计以及传感器的观测值等输入信息，经过一定处理变换，获得更准确的当前位置和姿态。移动机器人定位方式有很多种，常用的可以采用里程计、摄像机、激光雷达、声呐、速度或加速度计等。从方法上来分，移动机器人定位可分为相对定位和绝对定位两种。

（1）相对定位。相对定位又称为局部位置跟踪，要求机器人在已知初始位置的条件下通过测量机器人相对于初始位置的距离和方向来确定当前位置，通常也称航迹推算法。

相对定位只适于短时短距离运动的位姿估计，长时间运动时必须应用其他的传感器配合相关的定位算法进行校正。

（2）绝对定位。绝对定位又称为全局定位，要求机器人在未知初始位置的情况下确定自己的位置。主要采用导航信标、主动或被动标识、地图匹配、卫星导航技术或概率方法进行定位，定位精度较高。这几种方法中，信标或标识牌的建设和维护成本较高，地图匹配技术处理速度慢，GPS 只能用于室外，目前精度还很差，绝对定位的位置计算方法包括三视角法、三视距法、模型匹配算法等。

4. 路径规划

（1）路径规划分类。路径规划本身可以分成不同的层次，从不同的方面有不同的划分。根据对环境的掌握情况，机器人的路径规划问题大致可以分为三种类型。

1）基于地图的全局路径规划：根据先验环境模型找出从起始点到目标点的符合一定性能的可行或最优的路径。

2）基于传感器的局部路径规划：依赖传感器获得障碍物的尺寸、形状和位置等信息。环境是未知或部分未知的。

3）混合型方法：试图结合全局和局部的优点，将全局规划的"粗"路径作为局部规划的目标，从而引导机器人最终找到目标点。

（2）路径规划方法。路径规划方法主要有可视图法、基于模糊逻辑的路径规划、基于神经网络的路径规划和基于遗传算法的路径规划等。

5. 移动机器人的同步定位与地图构建

机器人构建一个环境地图，并同时运用这个地图进行机器人定位，称作同时定位与建图（Simultaneous Localization and Mapping，SLAM）或并发定位与建图（Concurrent Localization and Mapping，CLM）。

（1）环境建模（Mapping）是建立机器人所工作环境的各种物体（如障碍、路标等）的准确的空间位置描述，即空间模型或地图。

（2）定位（Localization）是确定机器人自身在该工作环境中的精确位置。精确的环境模型（地图）及机器人定位有助于高效地规划路径和决策，是保证机器人安全导航的基础。

定位和环境建模是一个"鸡和蛋"的问题，环境建模需要定位，定位又依赖于环境建模。

8.3.3 机器视觉技术

机器视觉技术主要用来实现机器人识别环境、理解人的意图并完成工作任务的技术。

利用机器视觉检测零部件

机器视觉技术主要包括图像识别技术、视觉跟踪技术、主动视觉技术和视觉导航技术等。

1. 图像识别技术

智能机器人利用图像识别技术进行产品特征检查、智能分拣等。利用机器视觉检测零部件如图 8.20 所示。

图 8.20 利用机器视觉检测零部件

通过视觉传感器采集到图像，经过图像预处理、图像分割、目标特征提取和图像识别匹配，实现图像的识别预检测。图像识别主要流程如图 8.21 所示。

图 8.21 图像识别主要流程

（1）图像预处理与图像分割。图像预处理的目的是减小后续图像处理的工作压力，提前对图像进行去噪、增强、补偿等处理，提供清晰度较高的图像。如今已有的图像识别算法有上千种，但核心还是边缘检测、图像分割、图像二值化、灰度检测等技术。在图像预处理过程中，根据不同的图像识别算法，可对不同的特征值、灰度值等参数进行相应处理，处理结果的质量对最终分析的结果有直接影响。其中边缘检测属于低层视觉中研究的问题，是图像增强、特征提取、图像分割等中高层任务执行的基础。图像分割的目的是从较复杂的图像中将特征目标保留下来，但如何从复杂的图像中高效地提取特征目标一直是研究的热点。图像二值化（Image Binarization）是将整个图像的像素点设置为 0 或 255，使图像呈现黑白效果，极大地减少图像中的数据量，突出图像轮廓。

（2）目标特征提取。特征提取是使用计算机提取图像信息，决定每个图像的点是否属于一个图像特征。特征提取的作用就是把图像上各个点划分为不同的子集（如孤立的点、连续曲线、连续区域等）。通常图像的特征为颜色特征、纹理特征、形状特征等。

1）颜色特征描述了图像或图像区域所对应的景物的表面性质。一般颜色特征是基于像素点的特征，此时所有属于图像或图像区域的像素都有各自的贡献。由于颜色对图像或图像区域的方向、大小等变化不敏感，因此颜色特征不能很好地捕捉图像中对象的局部特征。另外，仅使用颜色特征查询时，如果数据库很大，常会将许多不需要的图像也检索出来。颜色直方图是最常用的表达颜色特征的方法，其优点是不受图像旋转和平移变化的影响，进一步借助归一化还可不受图像尺度变化的影响，其缺点是没有表达出颜色空间分布的信息。

2）纹理特征是一种全局特征，它描述了图像或图像区域所对应景物的表面性质。但由于纹理只是一种物体表面的特性，并不能完全反映出物体的本质属性，因此仅仅利用纹理特征是无法获得高层次图像内容的。与颜色特征不同，纹理特征不是基于像素点的特征，它需要在包含多个像素点的区域中进行统计计算。在模式匹配中，这种区域性的特征具有较大的优越性，不会由于局部的偏差而无法匹配成功。作为一种统计特征，纹理特征常具有旋转不变性，并且对于噪声有较强的抵抗能力。但是，纹理特征也有其缺点，一个很明显的缺点是当图像的分辨率变化的时候，所计算出来的纹理可能会有较大偏差。另外，由于有可能受到光照、反射情况的影响，从 2D 图像中反映出来的纹理不一定是 3D 物体表面真实的纹理。

3）形状特征的检索方法都可以比较有效地利用图像中感兴趣的目标来进行检索，但它们也有一些共同的问题：①目前基于形状的检索方法还缺乏比较完善的数学模型；②如果目标有变形，检索结果往往不太可靠；③许多形状特征仅描述了目标局部的性质，要全面描述目标则对计算时间和存储量有较高的要求；④许多形状特征所反映的目标形状信息与人的直观感觉不完全一致，特征空间的相似性与人视觉系统感受到的相似性有差别。另外，从 2D 图像中表现的 3D 物体实际上只是物体在空间某一平面的投影，从 2D 图像中反映出来的形状常不是 3D 物体真实的形状，由于视点的变化，可能会产生各种失真。

（3）图像识别与决策。在进行目标特征提取的基础上，进行图像识别与决策，主要任务是完成图像识别匹配。图像匹配是指将两幅图像中具有相同／相似属性的内容或结构进行像素上的识别与对齐。一般而言，待匹配的图像通常取自相同或相似的场景或目标，或者具有相同形状或语义信息的其他类型图像对，从而具有一定的可匹配性。特征匹配是图像匹配比较常见的一种方法。

特征匹配是指通过分别提取两个或多个图像的特征（点、线、面等特征），对特征进行参数描述，然后运用所描述的参数来进行匹配的一种算法。通过计算不同图像中特征向量之间的距离，将距离小的特征向量认为是同一个特征点。常用的距离有欧氏距离、汉明距离、余弦距离等。

匹配方法主要有直接匹配、间接匹配和基于深度学习匹配。直接匹配的思想主要是将特征匹配问题抽象为两个点集对应的问题，直接从中估计正确的点点对应关系；而间接匹配一般先通过特征点的局部描述子的相似程度建立初步的对应关系，然后根据几何约束剔除误匹配；深度学习方法因其对深层特征有着优越的学习和表达能力，基于深度卷积网络的特征匹配技术为解决图像匹配问题提供了一个新的方向。

2. 视觉跟踪技术

智能机器人不仅要实现静态场景的识别，也要实现动态场景的识别。视觉跟踪是根据给定的一组图像序列，对图像中物体的运动形态进行分析，从而确定一个或多个目标在图像序列中是如何运动的。

移动机器人视觉跟踪系统流程及结构如图 8.22 所示。

常用视觉跟踪算法有基于对比度分析的目标跟踪算法、光流法、基于匹配的目标跟踪算法和均值偏移方法等算法。

（1）基于对比度分析的目标追踪算法利用目标与背景在对比度上的差异来提取、识别和跟踪目标。

（2）光流法是基于运动检测的目标跟踪代表性算法。光流是空间运动物体在成像面上的像素运动的瞬时速度，光流矢量是图像平面坐标点上的灰度瞬时变化率。光流的计算是利用图像序列中的像素灰度分布的时域变化和相关性来确定各自像素位置的运动。

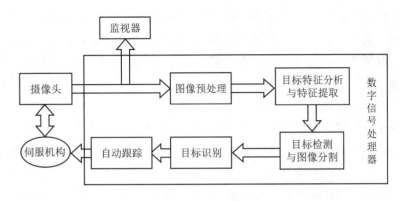

图 8.22 移动机器人视觉跟踪系统流程及结构

（3）基于匹配的目标跟踪算法需要提取目标的特征，并在每一帧中寻找该特征。寻找的过程就是特征匹配过程。目标跟踪中用到的特征主要有几何形状、子空间特征、外形轮廓和特征点等。其中特征点是匹配算法中常用的特征。特征点的提取算法很多，如 Kanade Lucas Tomasi（KLT）算法、Harris 算法、SIFT（尺度不变特征变换）算法以及 SURF 算法等。

（4）均值偏移方法也称为 Mean Shift 跟踪算法，其基本思想是对相似度概率密度函数或者后验概率密度函数采用直接的连续估计。Mean Shift 跟踪算法采用彩色直方图作为匹配特征，反复不断地将数据点朝向 Mean Shift 矢量方向移动，最终收敛到某个概率密度函数的极值点。

3. 主动视觉技术

主动视觉（active vision）理论最初由宾夕法尼亚大学的 R.Bajcsy 于 1982 年提出。主动视觉强调在视觉信息获取过程中，应能主动地调整摄像机的参数与环境动态交互，根据具体要求有选择地得到视觉数据。显然，主动视觉可以更有效地理解视觉环境。

4. 视觉导航技术

利用视觉进行机器人导航是智能机器人的主要技术之一。根据其特点分为被动视觉导航和主动视觉导航。其中被动视觉导航是依赖于可见光或不可见光成像技术的方法。CCD 相机作为被动成像的典型传感器，广泛应用于各种视觉导航系统中。主动视觉导航是利用激光雷达、声呐等主动探测方式进行环境感知的导航方法。例如，1997 年着陆的火星探路者号使用编码激光条纹技术进行前视距离探测，可靠地解决了未知环境中的障碍识别问题。

根据导航中使用的摄像头的多少可以分为单目视觉导航和立体视觉导航。单目视觉导航的特点是结构和数据处理较简单，研究的方向集中在如何从二维图像中提取导航信息，常用技术有阈值分割、透视图法等。

（1）基于阈值分割模型的导航通过对由机器人行走过程中采集到的灰度图像计算出的合适的阈值进行分割，将图像分为可行走区域和不可行走区域，从而得出避障信息进行导航。

（2）基于单摄像机拍摄的图像序列的导航利用透视图法，通过不断地将目标场景图像与单摄像机拍摄到的图像相比较，计算两者之间的联系，进而确定向目标行进的动作参数。

立体视觉导航通过图像获取、摄像机标定、特征提取、立体匹配、深度确定及内插重建等过程实现。

8.3.4 智能控制技术

智能控制技术是机器人完成各种任务和动作所执行的各种控制手段。智能机器人的运动行为由其运动系统决定，而智能控制技术实现运动系统的控制，保障机器人行为的稳定性、灵活性、准确性和可操作性。机器人的运动行为主要包括爬行、滑行、奔跑、跳跃、行走和滚动等。

1. 自动控制与智能控制

自动控制是能按照规定程序对机器进行自动操作或控制的过程。简单来说，不需要人工干预的控制就是自动控制。如反馈控制、最优控制、随机控制和自适应控制等都是自动控制。

智能控制是驱动智能机器自主地实现其目标的过程。智能控制是一类无须人为干预就能够独立驱动智能机器实现其目标的自动控制。

2. 智能控制主要技术

（1）机器人模糊控制。英国学者 Mamdani 在 20 世纪 80 年代初将模糊控制引进机器人的控制中，控制结果证明了模糊控制方案具有可行性和优越性。模糊控制的基本思想是用机器去模拟人对系统的控制，而不是依赖控制对象的模型。模糊控制有 3 个基本组成部分：模糊化、模糊决策和精确化计算。模糊系统可以看作一种不依赖于模型的估计器，给定一个输入，便可以得到一个合适的输出，它主要依赖模糊规则和模糊变量的隶属度函数，无须知道输入与输出之间的数学依赖关系，因此它是解决不确定性系统控制的一种有效途径。但是它对信息进行简单的模糊处理导致被控制系统的精度降低和动态品质变差，为了提高系统的精度则必然增加量化等级，从而导致规则迅速增多，因此影响规则库的最佳生成，且增加系统的复杂和推理时间。模糊控制既具有广泛的应用前景，又存在许多待开发和研究的理论问题。

（2）机器人的神经网络控制。神经网络的研究始于 20 世纪 60 年代，在 20 世纪 80 年代得到了快速的发展。近几年来，神经网络的研究方向是复杂的非线性系统的识别和控制等，其在控制应用上具有以下特点：①能够充分逼近任意复杂的非线性系统；②能够学习与适应不确定系统的动态特性；③有很强的鲁棒性和容错性等。

神经网络对机器人控制具有很大的吸引力，机器人的神经网络动力学控制方法中，典型的是计算力矩控制和分解运动加速度控制。对于多自由度的机器人控制，输入参数多，学习时间长，为了减少训练数据样本的个数，可将整个系统分解为多个子系统，分别对每个子系统进行学习，这样就会减少网络的训练时间，可实现实时控制。

8.3.5 智能交互技术

人机交互系统是人与机器之间交流与信息传递的桥梁，人们可以通过语言、表情、动作或者一些可穿戴设备实现人与机器人自由的交流与理解。智能交互技术广泛应用于服务机器人、教育机器人和娱乐机器人等领域。

1. 智能语音交互技术

智能语音交互技术主要研究人机之间语音信息的处理问题，即让机器实现"能听会说"，根据机器发挥作用的不同，智能语音技术主要分为语音合成、语音识别、自然语言处理等技术。整个语音交互过程如图 8.23 所示。

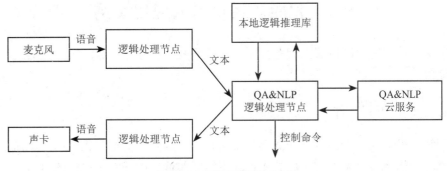

图 8.23 智能语音交互过程

（1）语音合成。语音合成即将文本信息转换为语音信号，如图 8.24 所示。语音合成的发展经历了机械式语音合成、电子式语音合成和基于计算机的语音合成发展阶段。语音合成方法按照设计的主要思想分为规则驱动方法和数据驱动方法，前者的主要思想是根据人类发音物理过程制定一系列规则来模拟这一过程，如共振峰合成、发音规则合成等，后者则是在语音库中的数据上利用统计方法（如建模）来实现合成，因而数据驱动方法更多地依赖语音语料库的质量、规模和最小单元等，如波形拼接合成、单元选择合成、波加噪声模型、HMM 合成、神经网络模型合成等。

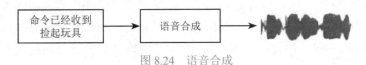

图 8.24 语音合成

（2）语音识别。语音识别是将人类的声音信号转化为文字或者指令的过程，如图 8.25 所示。语音识别系统包括前端处理、特征提取、声学模型、语言学模型和解码器几个模块。前端处理包括对高频信号进行预加重、将语音信号分帧、对语音信号做初步处理。特征提取将声音信号从时域转换为频域。声学模型以特征向量作为输入，对应到语音到音节的概率。语言学模型根据语言特性，对应到音节到字的概率。解码器结合声学模型和语言学模型及词典信息输出可能性最大的词序列。其中，声学模型和语言学模型是语音识别系统中比较重要的模块。

图 8.25 语音识别

（3）自然语言处理。自然语言处理主要研究机器如何处理人类语言，即让机器实现"能理解会思考"。自然语言处理的应用方向主要有文本分类和聚类、信息检索和过滤、信息抽取、问答系统和机器翻译等。

2. 手势识别技术

基于手势的人机交互是人机交互系统的重要技术之一。基于手势的人机交互技术的核心是手势识别。目前的手势识别技术一般是将手势的 RGB 图像预处理之后，再运用模型匹配的方式进行手势识别。也可使用人工智能技术的深度学习方法进行手势识别。此外，可以通过云端识别手势，如百度人工智能平台可以识别拳头、OK、比心、作揖、作别、祈祷、我爱你、点赞等手势。

8.4 智能搬运机器人应用案例

为了更好地理解智能机器人相关技术的应用，我们搭建智能搬运机器人的应用场景案例进行分析。

8.4.1 项目准备工作

提到智能机器人，人们可能会觉得非常复杂、很难开发。本节将介绍一个简单机器人的开发过程。读者学习完本节之后其实也并不能立即就可以开发出自己的机器人（还需要继续学习与应用相关的知识和技术），但是能够从中初步了解机器人的开发步骤，为今后的研究打下基础。我们将从机器人的机械本体、控制电路和软件调试这几方面介绍如何自行设计与开发机器人。基本步骤如下：

（1）明确待开发机器人的功能，确定整体方案的可行性。动手设计机器人之前必须仔细思考一下机器人的工作环境、功能需求及功能实现。如果考虑不周，在制作过程中才发现该方案行不通，那就很可能会半途而废了。

（2）设计机器人的功能与动作。方案确定好之后，就进入具体的设计阶段。此时要考虑机器人可以通过哪些动作来实现相应的功能，然后确定各个动作的实现形式，据此设计机器人的各个零部件。在这一步最好先通过计算机仿真来验证机器人动作的可行性。

（3）准备相应的材料和器材。按照机器人的功能与动作要求和软件执行环境来准备各种硬件材料（机械手和各种传感器等）。此时读者应该对各种硬件的功能与控制方式、动作的实现原理与技术有了更进一步的构思和理解。

（4）制作机器人。用材料制作出机器人实体。应该根据机器人的结构特点合理安排机械布局和组装步骤，要便于调试和更换部件。在各个模块安装前要分别测试其功能是否完好。各种导线及接口一定要做好标记，知道它的来源和去处。

（5）调试。硬件组装和软件编写完成后，经常需要根据不同的状况来局部调整部件位置和软件参数。调试既是一个不断尝试和不断优化的过程，同时也是进一步熟悉机器人系统的过程。

8.4.2 应用场景设计

2020 年在新冠疫情背景下，医院出现送药、送餐和消杀等智能机器人，引起了人们的关注。鉴于此我们设计一个智能搬运机器人用来整理房间中玩具的应用场景，如图 8.26 所示，即识别玩具、抓起玩具、识别存放玩具的箱子，通过室内导航与蔽障到达箱子附近，然后把玩具放到箱子中。由于是智能机器人应用场景，因此主要使用 AI 技术来完成项目任务。

图 8.26　智能搬运机器人整理玩具应用场景

8.4.3 软硬件平台

（1）硬件平台介绍。智能搬运机器人硬件包括驱动机器人底座、传感器、机械臂、主控板和驱动板等。以下介绍传感器、主控板和驱动板。

- 传感器包括手臂位置传感器、手的状态传感器、机器人视觉传感器、激光雷达、姿态传感器等。
- 主控板 CPU 采用树莓派 4B，该 CPU 主要执行相关智能算法，如物体识别等。
- 驱动板 CPU 采用 STM32F103，主要实现机器人小车运动控制，如 PWM 控制直流电机的速度、小车的姿态控制等。

树莓派 4B 软硬件平台搭建

机器人 ROS 操作系统介绍

（2）软件平台介绍。软件平台主要包括主控制器树莓派 4B 运行的操作系统 ROS 和 Ubuntu Linux 操作系统。其中 ROS 是一个适用于机器人的开源操作系统。它提供了操作系统应有的服务，包括硬件抽象、底层设备控制、常用函数的实现、进程间消息传递，以及包管理。它也提供用于获取、编译、编写和跨计算机运行代码所需的工具及库函数。它使用发布 / 订阅技术来是实现两个不同地方的数据通信，符合机器人各个部件的完全解耦。

案例所用编程语言主要有 Python 和 C 语言。由于涉及物体识别等，案例中还是用到了 Open CV2、Keras 和 Tensorflow 等。

主要软件功能如下：

1）寻找玩具功能：侦测物体、学习区分物体、判断哪个玩具是最近的。

2）捡起玩具功能：包括移动手臂可以够到玩具、设计出抓取的策略、判断是否抓取成功等。

3）把玩具放入箱子功能：学习识别玩具箱、发现玩具箱、室内导航功能、躲避障碍和卸货功能。

4）人机交互功能：语音识别及语音控制等。

8.4.4 功能设计

（1）物体识别。物体识别主要是利用机器视觉方法判断是否为玩具。本系统采用卷积神经网络和有监督学习方法来实现。利用卷积神经网络实现物体识别主要包括两个步骤：①构建卷积神经网络模型，卷积神经网络模型具体步骤包括准备训练图像集、图像的标注，然后通过 Keras/Tensorflow 训练网络得到模型；②构建玩具 / 非玩具探测器，利用网络模型判断是否是玩具。

（2）物体抓取。物体抓取主要利用 6 自由度手臂来抓取玩具。即通过 3 个伺服马达来控制机械臂的肩部水平转动、肘部水平转动和手腕水平转动。机械手臂可以执行哪些动作呢？其实控制 3 个马达的动作，就可以实现不同的动作。每个马达有 3 种动作，可以保持不变，可以逆时针方向转动，使马达的角度变小；可以顺时针转动，使马达的角度变大。因此，这 3 个机械手臂马达可以有 3×3×3 共 27 种组合。可以使用动作矩阵来记录。如 [1,0,–1] 表示马达 1 增加一个角度，马达 2 保持不变，马达 3 减小一个角度。

如何教机械手臂选择行为呢？机械臂的训练是将几种 AI 技术组合的过程。用强化学习技术处理最大化奖励过程，用 Q 学习来计算完成或部分完成任务时的奖励，使用一个神经网络来预估给定起始状态下动作的结果，然后引入遗传算法来创立和制定我们能教给机械臂的动作模式，如图 8.27 所示。

（3）人机交互。人机交互主要使用语音进行交互。人们通过语音向机器人发送语音指令（如整理房间、放玩具等），让机器人开始将房间中的玩具放入到盒子中。机器人需要通过说话来做出回应。

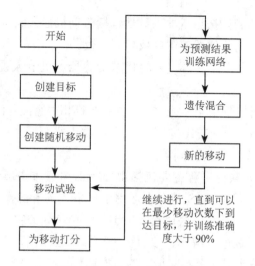

图 8.27　机械臂训练流程图

要实现机器人语音控制与交互，则软件整体架构为：①接收音频输入；②把接收到的语音转换为机器人可以处理的文本；③对转换的文本进行处理，使机器人可以理解说话人的意图；④把说话人的意图作为命令去执行；⑤以口头回复操作者的形式进行反馈，来确定机器人听到并理解了命令。

1）接收音频输入。通过树莓派自带的录音功能来采集语音信号并保存。具体可以使用 USB 麦克风来实现音频输入功能。

2）把接收到的语音转换为机器人可以处理的文本。由于树莓派没有足够的板载计算能力来运行一个语音转换文本（STT）的引擎，因此采用科大讯飞的 SDK 实现。科大讯飞提供了用于研究的语音识别、语音合成的免费 SDK，科大讯飞分发该 SDK 的形式是库文件（libmsc.so）+ 库授权码（APPID），库文件 libmsc.so 与库授权码 APPID 是绑定在一起的，这也是大多数商业软件分发的方式。树莓派用来实现与科大讯飞语音接口的逻辑处理，而科大讯飞接口实现语音转换成文本并发送给树莓派。利用科大讯飞提供的 SDK 库文件和官方 API 说明文档，就可以开发出自己的语音交互实例程序，当然也可以开发对应的 ROS 程序。

系统如何实现开始语音转换呢？一般使用语音唤醒词的方式。如"你好，小度"等，这个唤醒词的识别树莓派是可以完成的。当收到唤醒词后，系统将接收语音并将语音传送到科大讯飞平台进行识别。

3）对转换的文本进行处理并执行命令。机器人收到文本后，进行自然语言处理，它只需识别讲话中包含的机器人可以执行的命令部分。只要告诉机器人"捡起玩具""四处移动""停止"和"暂停"等关键词，即可以实现命令匹配并使机器人执行相关命令。

4）机器人使用语音回答操作者。机器人使用语音回答操作者是对操作语音的应答。可以使用已经保存的录音来进行回复。如"命令已经收到，捡起玩具"，或者"明白了，马上捡起玩具"等，具体采用树莓派 USB 声卡和音响播放声音。

（4）导航与路径规划。机器人的室内导航和路径规划是比较困难的。导航包括两个部分：一是要知道机器人在哪里，也就是定位；二是计算机器人想去哪里，也就是路径规划。机器人导航大多使用同步定位与建图（SLAM）算法，先构建房间地图，然后指出机器人的位置。利用 DWA 路径规划器导航功能规划一条移动路径，最后到达目的地。由于搬运机器人在整理完玩具后，其地图会变化，因此需要再次构建地图。导航与路径规划基本流程如图 8.28 所示。

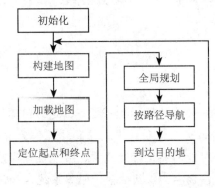

图 8.28　导航与路径规划基本流程

同步定位与建图使用的雷达为 RPLIDAR A1 激光雷达。树莓派利用 Robot_navigation 雷达功能包中的 Gmapping 建图功能进行地图构建。基于 DWA 路径规划器导航功能，根据室内二维地图中设置的目的地点，机器人会在全局范围内进行路径规划，规划出一条从初始点到目的地的无障碍路线，从而实现室内导航功能。

课后题

1．什么是智能机器人？
2．根据不同的应用环境，机器人主要分为哪几类？
3．智能机器人的关键技术有哪些？
4．请简述智能搬运机器人整理玩具的流程，并说明采用卷积神经网络识别物体的步骤。

第9章　自然语言处理

本章导读

　　自然语言处理是人工智能领域的核心技术之一，是一门集语言学、数学、计算机科学和认知科学等于一体的综合性交叉学科。中文信息处理作为自然语言处理中的一个分支，近几年来备受关注，经常与智能问答、智能搜索、智能翻译等应用紧密结合。自然语言处理可以划分为文本分类、机器翻译、信息检索、问答系统、知识图谱等多个应用方向。

　　自然语言亦是我们生活中的语言，必然要与生活息息相关，那么自然语言处理技术是如何体现在我们生活中的？又与我们的日常行为有何关系？我们又是如何将其应用于生活的？本章将针对以上问题给出解答。

本章要点

- 自然语言处理重点概念
- 自然语言处理关键技术
- 自然语言处理应用案例

9.1　自然语言处理概述

9.1.1　自然语言环境

　　语言作为人类特有的用来表达情感、交流思想的工具，是一种特殊的社会现象，由词汇和语法构成。语言学（linguistics）是指对语言的科学研究。作为一门纯理论的学科，语言学获得了快速发展，尤其从 20 世纪 60 年代起，已经成为一门广泛教授的学科。根据语言学家的注意中心和兴趣范围，语言学可以分为一些不同的分支，例如，历时语言学、共时语言学、一般语言学、理论语言学、描述语言学、对比语言学或类型语言学、结构语言学等。

　　目前全世界正在使用的语言有 1900 多种，其中，世界上 45 个国家的官方语言是英语，75% 的电视节目是英语，80% 以上的科技信息是用英语表达的。近几年来，随着中国经济的迅猛发展和国力的不断增强，汉语正在成为继英语之后的又一大强势语言，世界上 100 多个国家的 3000 多万外国人正在学习汉语。有关专家指出，语言障碍已经成为制约 21 世纪社会全球化发展的一个重要因素。以欧洲为例，整个欧洲有 380 多种语言，2004 年 5 月以前欧盟委员会有 11 种官方语言，每年为了将各种文件、法规、会议发言等转录和翻译成 11 种官方语言，就需要耗费约 5.49 亿欧元的资金。

9.1.2　自然语言处理发展史

　　自然语言处理是一门包含计算机科学、人工智能以及语言学的交叉学科，这些学科既

自然语言发展史

有区别又相互交叉。在自然语言处理上，有两种研究方式分别在其历史进展中起着至关重要的作用，分别是理性主义和经验主义两种研究思想，二者在基本出发点上的差异导致了在很多领域中都存在着两种不同的研究方法和系统实现策略，这些领域在不同的时期被不同的方法所主导。自然语言处理发展关键节点时间轴如图 9.1 所示。

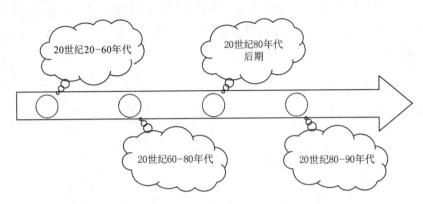

图 9.1　自然语言处理发展关键节点时间轴

- 在 20 世纪 20—60 年代的近 40 年时间里，经验主义方法在语言学、心理学、人工智能等领域中处于主导地位，在研究语言运用的规律、认知过程等问题时，都从客观记录的语言、语音数据出发，进行统计、分析和归纳，并以此为依据建立相应的分析或处理系统。

- 在 20 世纪 60—80 年代，语言学、心理学、人工智能和自然语言处理等领域的研究几乎完全被理性主义研究方法控制着，更注重关于人类思维的科学，通过建立很多小的系统来模拟智能行为，但是这种研究方法因为只能处理一些小的问题，而不能对研究方法的有效性给出一个总的客观的评估。在这一时期计算机语言学理论得到了长足的发展并逐渐成熟，形成了乔姆斯基的形式语言理论，而后其又在 20 世纪 50 年代与 70 年代提出转换生成语法和约束管辖理论。基于此，很多学者又提出了扩充转移网络、词汇功能语法、功能合一语法、广义短语结构语法和中心驱动的短语结构语法等。

- 在 20 世纪 80 年代后期，工程化、实用化的解决问题的方法成为关注焦点，经验主义方法被重新认识并得到迅速发展。在自然语言处理研究中，重要的标志是基于语料库的统计方法被引入到自然语言处理中，并发挥出重要作用。这使得研究和关注基于大规模语料的统计机器学习方法及其在自然语言处理中的应用，以及客观地比较和评价各种方法的性能成为目标。在这一时期，基于语料库的机器翻译方法得到了充分发展，尤其是 IBM 的研究人员提出的基于噪声信道模型的统计机器翻译模型，这一时期也成为机器翻译领域的里程碑。

- 在 20 世纪 80—90 年代，研究人员开始将两种方法结合起来，寻找一种融合的解决问题的方法，这使得当时的自然语言处理理论研究和技术开发处于一个前所未有的繁荣发展时期。自然语言处理技术经过多年的发展，期间潮起潮落，几经曲折。冯志伟曾将整个发展历程归纳为萌芽期、发展期和繁荣期三个历史阶段。

回顾自然语言处理技术的发展历程，**繁荣期主要表现在三个方面**：首先是概率方法的大规模应用；其次是计算机的速度和存储量的大幅度提高促使该领域的物质基础得到了改善；最后是网络技术的发展带来的强大推动力。

现今的自然语言处理技术已经取得一定的成效，拥有一批自然语言资源库，一些技术已经达到工业化使用程度，不仅是外语研究，中文信息处理也出现一大批优秀的成果。自然语言处理技术不断与新的相关技术相结合，用于研究和开发越来越多的实用技术。例如，网络内容管理、网络信息监控和有害信息过滤等，这些研究不仅与自然语言处理技术密切相关，而且涉及图像理解、情感计算和网络技术等多种相关技术。而语音自动翻译则是涉及语音识别、机器翻译、语音合成和通信等多种技术的综合集成技术。语音自动文摘、语音检索和基于图像内容及文字说明的图像理解技术研究等，都是集自然语言处理技术和语音技术、图像技术等于一体的综合应用技术。

9.1.3 自然语言处理任务

自然语言处理研究的内容十分广泛，根据其应用目的的不同，可以大致归纳出如图 9.2 所示的研究方向。

自然语言处理任务

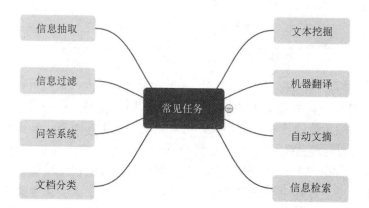

图 9.2　常见自然语言处理任务

（1）机器翻译：实现一种语言到另一种语言的自动翻译。

（2）自动文摘：将原文档的主要内容和含义自动归纳、提炼出来，形成摘要或缩写。

（3）信息检索：信息检索也称情报检索，就是利用计算机系统从海量文档中找到符合用户需要的相关文档。

（4）文档分类：文档分类也称文本分类或信息分类，其目的就是利用计算机系统对大量的文档按照一定的分类标准（例如，根据主题或内容划分等）实现自动归类。近年来，情感分类（或称文本倾向性识别）成为本领域研究的热点，情感分类已经成为支撑舆情分析的基本技术。

（5）问答系统：通过计算机系统对用户提出的问题的理解，利用自动推理等手段，在有关知识资源中自动求解答案并做出相应的回答。问答技术有时与语音技术和多模态输入、输出技术，以及人机交互技术等相结合，构成人机对话系统。

（6）信息过滤：通过计算机系统自动识别和过滤那些满足特定条件的文档信息。通常指网络有害信息的自动识别和过滤，主要用于信息安全和防护、网络内容管理等。

（7）信息抽取：指从文本中抽取出特定的事件或事实信息，有时候又称事件抽取。例如，从时事新闻报道中抽取出某一恐怖事件的基本信息；从经济新闻中抽取出某些公司发布的产品信息等。前种事件一般是过程性的，有一定的因果关系，而后一类事件则是静态事实性的。

（8）文本挖掘：也称数据挖掘，是指从文本中获取高质量信息的过程。文本挖掘技术一般涉及文本分类、文本聚类、概念或实体抽取、粒度分类、情感分析、自动文摘和实体关系建模等多种技术。有时也具有更广泛的含义，可以包括音视数据、图像数据和统计数据等。

9.1.4　自然语言处理应用

自然语言处理包括自然语言处理技术和资源，技术又可分为基本和高级两种。这个分类一方面根据自然语言处理的深度和层次，另一方面则考虑了技术的复杂性和难度。自然语言处理资源主要指的是机器可读的词典。自然语言处理的应用前景如图 9.3 所示，接下来将分别介绍这两方面的应用。

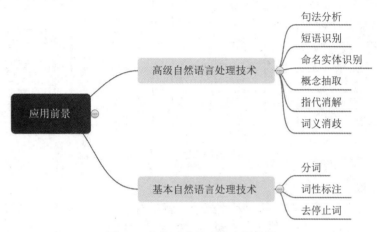

图 9.3　自然语言处理的应用前景

1. 基本自然语言处理技术应用

基本自然语言处理技术包括分词、去停止词、词性标注等。分词是在亚洲语言检索中遇到的特殊问题，大多数欧洲语言不需要分词，因此在中文信息检索等自然语言应用领域中，分词被广泛应用。停止词指的是在文档中出现次数很多而本身没有实际意义的词，例如英文中大部分的介词、冠词等。去停止词常被用在信息检索系统中，作为文档预处理的一个步骤。去停止词虽然对提高检索效果帮助很小，但可以提高检索效率，这对于实验系统来说有一定价值。词性标注是只对某些词性的词进行索引。一种方法是对不同词性的词赋以不同的权重；另一种用法是将不同词性的词分开，只让查询和文档中词性相同的词能够匹配上，然而事实上有时的确需要匹配不同词性的词。

2. 高级自然语言处理技术应用

高级自然语言处理技术包括句法分析、短语识别、命名实体识别、概念抽取、指代消解和词义消歧等。其中，识别查询文档中的短语可以借助于自然语言处理中的句法分析技术，也可以采用统计的方法。短语识别技术在信息检索中使用的效果好坏很大程度上取决于具体的识别技术、使用的短语类型以及使用的匹配策略。命名实体是一种标识了某个概念或实体的特殊短语，例如专有名词、人名、地名、机构名等。概念是比命名实体更为一般的一种特殊短语。命名实体标识了某种概念，因此可以认为都属于概念，但概念还包括了更多不属于命名实体的短语。指代消解技术为文档中出现的代词或指代不明的短语找到它们实际所指代的事物，能够消除文档中不明确的表达方式，实现减少信息的冗余性，提高用户检索速率。词义消歧是研究者们不断尝试着应用的一种自然语言处理技术，针对自然存在的同一个词可以表达多种意思的问题，为每个词找到其在具体语境中实际表达的含义。

9.2　自然语言处理关键技术

9.2.1　处理流程

根据一般自然语言处理的需求，整个过程一般可以概括为 5 部分：语料获取、语料预处理、特征提取、模型训练和指标评价。自然语言处理流程如图 9.4 所示。

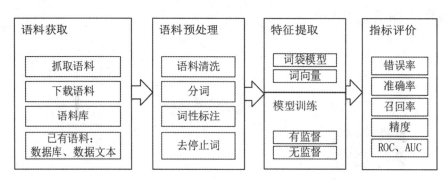

图 9.4　自然语言处理流程

1. 语料获取

语料是 NLP 主要研究的内容，因此第一步就是对语料进行搜集。通常用一个文本集合作为语料库（corpus）。其主要来源包括已有语料、下载语料和抓取语料。已有语料包括现有的数据文本、数据库数据等，下载语料和抓取语料是通过网页下载或使用爬虫工具搜集到的百科语料等数据。

2. 语料预处理

通过语料清洗、分词、词性标注、去停止词 4 方面来完成语料的预处理工作。

（1）语料清洗。清洗顾名思义就是在语料中找到感兴趣的东西，把不感兴趣的、视为噪声的内容清洗删除，包括对于原始文本提取标题、摘要、正文等信息；对于爬取的网页内容，去除广告、标签、HTML、JavaScript 等代码和注释等。常见的数据清洗方式有人工去重、对齐、删除和标注等，或者规则提取内容，正则表达式匹配，根据词性和命名实体提取、编写脚本或者代码批处理等。

（2）分词。中文语料数据为一批短文本或者长文本，比如句子、文章摘要、段落或者整篇文章组成的一个集合。一般句子、段落之间的字、词语是连续的，有一定含义。而进行文本挖掘分析时，我们希望文本处理的最小单位粒度是词或者词语，所以这个时候就需要将文本全部进行分词。较为常见的中文分词方法有基于字符串匹配的分词方法、基于理解的分词方法、基于统计的分词方法和基于规则的分词方法，每种方法都对应许多具体的算法。

（3）词性标注。词性标注就是给每个词或者词语打词类标签，如形容词、动词、名词等。这样做可以让文本在后面的处理中融入更多有用的语言信息。词性标注是一个经典的序列标注问题，不过对于有些中文自然语言处理来说，词性标注不是必需的。比如，常见的文本分类就不用关心词性问题，但是类似情感分析、知识推理却是需要的。常见的词性标注方法可以分为基于规则和基于统计的方法。其中基于统计的方法包括基于最大熵的词性标注、基于统计最大概率输出词性和基于 HMM 的词性标注。

（4）去停止词。停止词一般指对文本特征没有任何作用的字词，比如标点符号、语气、人称等词。所以在一般性的文本处理中，分词之后，接下来一步就是去停止词。但是对于中文来说，去停止词操作不是一成不变的，停止词词典是根据具体场景来决定的，比如在情感分析中，语气词、感叹号是应该保留的，因为它们对表示语气程度、感情色彩有一定的作用和意义。

3. 特征提取

做完语料预处理之后，需要考虑如何把分词之后的字和词语表示成计算机能够计算的类型。常用的表示模型有两种，分别是词袋模型和词向量模型。词袋模型（Bag of Word，BOW），即不考虑词语原本在句子中的顺序，直接将每一个词语或者符号统一放置在一个集合（如 list），然后按照计数的方式对出现的次数进行统计。统计词频只是最基本的方式，TF-IDF 是词袋模型的一个经典用法。词向量模型是将字、词语转换成向量矩阵的计算模型。目前为止最常用的词表示方法是 One-Hot，这种方法把每个词表示为一个很长的向量。还有 Google 团队的 Word2Vec，可以较好地表达不同词之间的相似和类比关系。除此之外，还有一些词向量的表示方式，如 Doc2Vec、WordRank 和 FastText 等。

4. 模型训练

在特征向量选择好之后，需要按照不同的应用需求建立训练模型，一般使用传统的有监督和无监督等机器学习模型（如 KNN、SVM、Naive Bayes、决策树、GBDT、K-means 等），以及深度学习模型（比如 CNN、RNN、LSTM、Seq2Seq、FastText、TextCNN 等）。训练过程需要注意过拟合、欠拟合问题，不断提高模型的泛化能力。而对于神经网络，要注意梯度消失和梯度爆炸问题。

5. 指标评价

训练好的模型上线之前要进行必要的评估，目的是让模型对语料具备较好的泛化能力。对于二分类问题，根据其真实类别与学习器预测类别的组合，可将样例划分为真正例（True Positive）、假正例（False Positive）、真反例（True Negative）、假反例（False Negative）4 种情形，分类结果使用"混淆矩阵"（Confusion Matrix）评价。具体参考指标如下：

（1）错误率、精度、准确率、精确度、召回率、F1 值衡量。错误率：分类错误的样本数占样本总数的比例。精度：分类正确的样本数占样本总数的比例。准确率：缩写为 P。准确率是针对预测结果而言的，它表示的是预测为正的样例中有多少是真正的正样例。精确度：缩写为 A。精确度则是分类正确的样本数占样本总数的比例。精确度反映了分类器对整个样本的判定能力（即能将正的判定为正的，负的判定为负的）。召回率：缩写为 R。召回率是针对原来的样本而言的，它表示的是样本中的正例有多少被预测正确。F1 值衡量：表达出对查准率 / 查全率的不同偏好。

（2）ROC 曲线、AUC 曲线。ROC 全称是"受试者工作特征"（Receiver Operating Characteristic）曲线。根据模型的预测结果，把阈值从 0 变到最大，即刚开始是把每个样本作为正例进行预测，随着阈值的增大，学习器预测正样例数越来越少，直到最后没有一个样本是正样例。在这一过程中，每次计算出两个重要量的值，分别以它们为横、纵坐标作图，即得到 ROC 曲线。AUC 即 ROC 曲线下的面积，同样是衡量学习器优劣的一种性能指标。AUC 是衡量二分类模型优劣的一种评价指标，表示预测的正例排在负例前面的概率。

9.2.2 文本表示

由于文本文档是大量字符的集合，由非结构化或半结构化的数字信息组成，因此不能直接被分类器所识别，必须将其转换为一种计算机可理解的语言。文本表示可以用图的形式表示，也可以用向量来表示。文本表示可分为离散表示和分布式表示。其中离散表示的代表有词袋模型、独热编码（One-Hot）、TF-IDF、N-Gram 等。分布式表示也叫作词嵌入（word embedding），经典模型有 Word2Vec，还包括后来的 Glove、ELMO、GPT 以及 BERT 等。本节对几种经典的文本表示方式进行介绍。文本表示算法模型如图 9.5 所示。

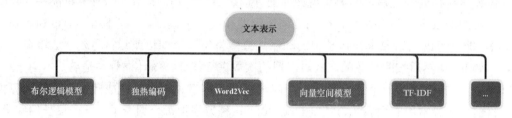

图 9.5　文本表示算法模型

- 布尔逻辑模型。二元逻辑，即假定某文本特征出现的情况仅为两种：出现或不出现。布尔检索法是指利用布尔运算符连接各个检索词，然后由计算机进行逻辑运算，找出所需信息的一种检索方法。但是这种方法也存在着缺陷：它的检索结果只有 0 和 1 两个判定标准，也就是一篇文档只有不相关和相关两种状态，缺乏文档分级的概念，限制了检索功能。这种表示也没有反映概念之间内在的语义联系，所有的语义关系被简单的匹配代替，常常很难将用户的信息需求转换为准确的布尔表达式。

- 独热编码（One-Hot）。One-Hot representation 又叫作 One-Hot Encoding，是文本表示中比较常用的文本特征提取方法，是通过 n 位状态寄存器编码 N 个状态进行表示的，其中每个状态都有独立的寄存器位，且这些寄存器位中只有一位有效即只能有一个状态。其转化方式为保证每个样本中的每个特征只有 1 位处于状态 1，其他都是 0。缺陷也是很明显的：首先就是不考虑词与词之间的顺序问题，而在文本中，词的顺序是一个很重要的问题；其次是基于词与词之间相互独立的情况，然而在多数情况中，词与词之间应该是相互影响的；最后就是得到的特征是离散的、稀疏的。因此用 One-Hot 编码需要注意：并不是出现的次数越多就越重要。

- Word2Vec。Word2Vec 是将词表征为实数值向量的一种高效的算法模型，其利用深度学习的思想，可以通过训练，把对文本内容的处理简化为 K 维向量空间中的向量运算，而向量空间上的相似度可以用来表示文本语义上的相似。其基本思想是通过训练将每个词映射成 K 维实数向量（K 一般为模型中的超参数），通过词之间的距离（比如 cosine 相似度、欧氏距离等）来判断它们之间的语义相似度。其采用一个三层的神经网络：输入层－隐藏层－输出层。核心技术是根据词频用 Huffman 编码，使得所有词频相似的词隐藏层激活的内容基本一致，出现频率越高的词语，激活的隐藏层数目越少，有效地降低了计算复杂度。

- 向量空间模型。向量空间（Vector Space Model，VSM）模型把对文本内容的处理简化为向量空间中的向量运算，通过计算空间上的相似度表达文本语义的相似性。VSM 是一种非常经典的文本表示方式，在信息检索领域得到了广泛应用，它和词袋模型有些相似，都是基于某些统计规则计算文档中单词的权重信息。但是词袋模型的维度一般是基于字典的长度，VSM 表示可以根据自己模型的需要，适当地选择单词或者一些词组，然后给这些词或词组赋予权重。

现在大多都是在训练语言模型的同时，顺便得到词向量。词向量的表示不是唯一的，主流的训练词向量的方法已经有五六种了，最经典的就是 Bengio 的语言模型的框架，其次还有 C&W 的 SENNA、M&H 的 HLBL，以及 Nikolov 的 RNNLM 和 Huang 的改进算法。

9.2.3　专家系统

专家系统作为智能的计算机程序，它能够运用知识进行推理，解决专业性的复杂问题。不同的专家系统其功能与结构有所不同。专家系统主要由知识库及其管理系统、推理机、综合数据库、知识获取机制、解释机构和人机接口 6 部分组成。其建立流程如图 9.6 所示。

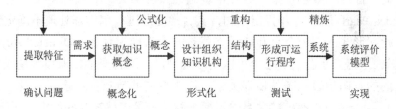

图 9.6　专家系统建立流程

（1）知识库及其管理系统。知识库是以一致的形式存储知识的机构，用于存储某领域专家的经验性知识、原理性知识、相关的事实、可行操作与规则等。解决知识获取和知识表示问题是建立知识库的关键。

（2）推理机。推理机是专家系统中实现基于知识推理的部件，是基于知识的推理在计算机中的实现，是专家系统的核心部分。推理机用于记忆所采用的规则和控制策略的程序，完成依据既定的知识规则从已有的事实推出结论的近似专家的思维过程，保证整个专家系统能够以逻辑方式协调地工作。

（3）综合数据库。综合数据库又称全局数据库或"黑板"等，它用于存储领域或问题的初始数据（信息）、推理过程中得到的中间结果或状态以及系统的目标结果，包含了被处理对象的一些问题描述、假设条件、当前事实等。

（4）知识获取机制。知识获取机制的建立，实质上是设计一组程序，把知识送入到知识库，负责维护知识的正确性、一致性和完整性。知识获取是专家系统知识库是否优越的关键，人们试图建立自动知识获取机制，实现专家系统的自动学习功能，不断地扩充和修改知识库中的内容。

（5）解释机构。解释机构能够向用户解释专家系统的行为，包括解释推理结论的正确性以及系统输出其他候选解的原因。这是专家系统区别于其他软件系统的主要特征之一，解释机构实际也是一组计算机程序，通常采用预置文本法和路径跟踪法。当用户有询问需求时，解释机构可以跟踪和记录推理过程，把解答通过人机交互接口输出给用户。

（6）人机接口。接口又称界面，是用户与专家系统之间的连接桥梁，它能够使系统与用户进行对话，使用户能够输入必要的数据、提出问题和了解推理过程及推理结果。专家系统则通过接口，要求用户回答提问，并回答用户提出的问题，进行必要的解释。

9.2.4　统计学习方法

统计学习（Statistical Learning）是一种计算机基于给定的训练数据集合通过学习算法从假设空间中选取一个策略最优的概率统计模型并使用该模型对数据进行分析与预测的方法。统计学习方法假设训练数据集中数据由独立同分布产生并具有某些统计规律性，然后从数据出发通过提取数据之间的特征构建数据模型。统计学习方法包括模型假设空间、模型选择策略和模型学习算法（统计学习方法的三要素），简称模型（model）、策略（strategy）和算法（algorithm）。统计学习方法的基本步骤如下：基于给定的有限训练数据集合首先确定包含所有可能模型的假设空间，即学习模型的集合；其次确定模型选择的准则和求解最优模型的算法，即学习策略和学习算法；再次根据学习策略通过学习算法从假设空间中选取最优模型；最后利用学习得到的最优模型对新数据进行预测与分析。在此分别介绍几种较为经典的统计学习方法。

- 贝叶斯网络：贝叶斯网络又称为信度网络或信念网络（belief networks），是一种基于概率推理的数学模型，其理论基础是贝叶斯公式。贝叶斯网络的概念最初是由 Judea Pearl 于 1985 年提出来的，其目的是通过概率推理处理不确定性和不完整性问题。形式上，一个贝叶斯网络就是一个有向无环图（Directed Acyclic Graph，DAG），节点表示随机变量，可以是可观测量、隐含变量、未知参量或假设等；节点之间的有向边表示条件依存关系，箭头指向的节点依存于箭头发出的节点（父节点）。两个节点没有连接关系表示两个随机变量能够在某些特定情况下条件独立，而两个节点有连接关系表示两个随机变量在任何条件下都不存在条件独立。

- 隐马尔可夫模型：在马尔可夫模型中，每个状态代表了一个可观察的事件，所以，马尔可夫模型有时又称作可视马尔可夫模型（Visible Markov Model，VMM），这在某种程度上限制了模型的适应性。在隐马尔可夫模型（HMM）中，我们不知道模型所经过的状态序列，只知道状态的概率函数，也就是说，观察到的事件是状态的随机函数，因此，该模型是一个双重的随机过程。其中，模型的状态转换过程是不可观察的即隐蔽的，可观察事件的随机过程是隐蔽的状态转换过程的随机函数，可以用图 9.7 说明隐马尔可夫模型的基本原理。

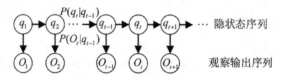

图 9.7　隐马尔可夫模型的基本原理

- 最大熵模型：最大熵模型的基本原理是在只掌握关于未知分布的部分信息的情况下，符合已知知识的概率分布可能有多个，但使熵值最大的概率分布最真实地反映了事件的分布情况，因为熵定义了随机变量的不确定性，当熵最大时，随机变量最不确定，最难准确地预测其行为。也就是说，在已知部分信息的前提下，关于未知分布最合理的推断应该是符合已知信息最不确定或最大随机的推断。对于自然语言处理中某个歧义消解问题，若用 A 表示待消歧问题所有可能候选结果的集合，B 表示当前歧义点所在上下文信息构成的集合，则称 (a,b) 为模型的一个特征，一般定义 $(0,1)$ 域上的一个二值函数来表示特征。

$$f(a,b) \begin{cases} 1, & \text{如果 } (a,b) \in (A,B)，\text{且满足某种条件} \\ 0, & \text{其他情况} \end{cases}$$

- 条件随机场：条件随机场是一种概率无向图模型，采用无向图结构表示随机变量间的联合概率分布，即由无向图 $G=(V,E)$ 表示一个概率分布 $P(Y)$，在图 G 中边 $e \in E$ 表示随机变量之间的概率依赖分布；节点 $v \in V$ 表示一个随机变量 Y_v，$Y=(Y_v)$，$v \in V$。如果概率分布 $P(Y)$ 满足成对、局部或全局马尔可夫性，则此概率分布被称为马尔可夫随机场（markov random field）。条件随机场便是一种给定输入随机变量

X 的条件下，随机变量 Y 的马尔可夫随机场。条件随机场在模型训练时利用训练数据集合通过极大似然估计来学习模型中的参数向量并获得统计概率模型 $P(Y|X)$，在预测时对于给定的输入序列 X 求出使条件概率 $P(Y|X)$ 最大的输出序列。

现今各类统计学习的方法还有很多，大部分研究在经典的几种方法上进行改进，以提高模型训练速度和分词准确率等，实现自然语言处理水平的进一步提高。

9.2.5　深度学习方法

目前，人工智能领域中最热的研究方向当属深度学习，由于其拥有优秀的特征选择和提取能力，对包括机器翻译、目标识别、图像分割等在内的诸多任务产生了越来越重要的影响。深度学习的概念最早是由 Hinton 在 2006 年提出的，研究如何从数据中自动提取多层特征。其核心思想是通过数据驱动的方式，采用一系列的非线性变换，从原始数据中提取由低层到高层、由具体到抽象的特征。不同于传统的浅层学习，深度学习强调模型结构的深度，通过增加模型深度来获取深层次含义。最经典的深度学习网络包括卷积神经网络和递归神经网络。

（1）CNN 是一种前馈神经网络，区别于其他神经网络模型，CNN 处理复杂图像和自然语言的特殊能力较好。CNN 神经元之间采用局部连接和权值共享的连接方式。其中，局部连接是指每个神经元只需对图像或者文本中的部分元素进行感知，最后的神经元对感知到的局部信息进行整合，进而得到图像或文本的综合表示信息。权值共享使得模型在训练时，可以使用较少的参数，以此来降低深度神经网络模型的复杂性，加快模型训练速度，从而使深度神经网络模型可以被应用到实际生产中。卷积神经网络通常由输入层、卷积层、池化层、全连接层和输出层组成。经典的 LeNet 如图 9.8 所示。

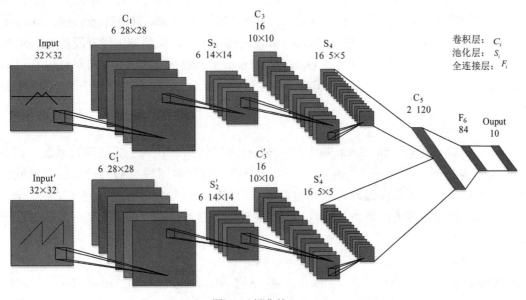

图 9.8　经典的 LeNet

（2）递归神经网络是具有树状层结构且网络节点按其连接顺序对输入信息进行递归的人工神经网络。RNN 具有可变的拓扑结构且权重共享，多被用于包含结构关系的机器学习任务，在 NLP 领域受到研究者的重点关注。RNN 的基本结构包括输入层、隐藏层和输出层。与传统神经网络最大的区别在于 RNN 每次计算都会将前一次的输出结果送入下一次的隐藏层中一起训练，最后仅仅输出最后一次的计算结果。

RNN 的缺点：

1）对短期的记忆影响比较大，但对长期的记忆影响很小，无法处理很长的输入序列。

2）训练 RNN 需要极大的成本投入。

3）RNN 在反向传播时求底层的参数梯度会涉及梯度连乘，容易出现梯度消失或者梯度爆炸现象。而长短时记忆网络（Long Short Term Memory，LSTM）和门控循环单元（Gated Recurrent Unit，GRU）在一定程度上可以解决该问题。图 9.9 所示为 LSTM 神经元的结构图。

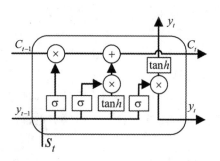

图 9.9　LSTM 神经元的结构图

尽管深度学习在 NLP 各个任务中取得了巨大成功，但若大规模投入使用，仍然有许多研究难点需要克服。深度神经网络模型越大，模型训练时间越长，减小模型体积但同时保持模型性能不变是未来研究的一个方向。

9.2.6　开源框架

近几年来，深度学习的研究和应用热潮持续高涨，各种深度学习开源框架层出不穷，包括 TensorFlow、Keras、MXNet、PyTorch、CNTK、Theano、Caffe、DeepLearning4、Lasagne、Neon，还包括教学时用的 NLTK（Nature Language ToolKit）、斯坦福大学开发的 CoreNLP、国内哈尔滨工业大学开发的 LTP（Language Technology Platform）、中文分词库 HanLP（Han Language Processing）等。接下来对其中 4 种主流的深度学习开源框架从几个不同的方面进行简单的对比。

1. TensorFlow

TensorFlow 是 Google Brain 基于 DistBelief 研发的第二代人工智能学习系统，其命名来源于本身的运行原理。TensorFlow 是一个使用数据流图进行数值计算的开源软件库。图中的节点表示数学运算，而图边表示节点之间传递的多维数据阵列（又称张量）。灵活的体系结构允许使用单个 API 将计算部署到服务器或移动设备中的某个或多个 CPU 或 GPU。

2. Keras

Keras 是一个用 Python 编写的开源神经网络库，它能够在 TensorFlow、CNTK、Theano 或 MXNet 上运行，旨在实现深度神经网络的快速实验。它专注于用户友好、模块化和可扩展性。其主要作者和维护者是 Google 工程师 François Chollet。Keras 由纯 Python 编写而成并基于 TensorFlow、Theano 以及 CNTK 后端，相当于 TensorFlow、Theano、CNTK 的上层接口，具有操作简单、上手容易、文档资料丰富、环境配置容易等优点，降低了神经网络构建代码编写的难度。目前 Keras 封装有全连接网络、卷积神经网络、RNN 和 LSTM 等算法。

3. MXNet

MXNet 是 DMLC（Distributed Machine Learning Community）开发的一款开源的、轻量级、可移植的、灵活的深度学习库，它让用户可以混合使用符号编程模式和指令式编程模式来最大化效率和灵活性，目前已经是 AWS 官方推荐的深度学习框架。MXNet 的很多作者都是中国人，其最大的贡献组织为百度。

4. PyTorch

PyTorch 是 2017 年 1 月 FAIR（Facebook AI Research）发布的一款深度学习框架。从名称可以看出，PyTorch 是由 Py 和 Torch 构成的。其中，Torch 是纽约大学在 2012 年发布的一款机器学习框架，采用 Lua 语言为接口，但因 Lua 语言较为小众，导致 Torch 知名度不高。PyTorch 是在 Torch 基础上用 Python 语言进行封装和重构打造而成的。PyTorch 是一款强大的动态计算图模式的深度学习框架。大部分框架是静态计算图模式，其应用模型在运行之前就已经确定了，而 PyTorch 支持在运行过程中根据运行参数动态改变应用模型。

总而言之，目前深度学习开源框架种类繁多，其应用属性对比见表 9.1。

表 9.1　深度学习开源框架应用属性对比

属性	TensorFlow	Keras	MXNet	PyTorch
支持语言	C++/Python	Python	Python/C++/R···	Python
支持硬件	CPU/GPU/mobile	CPU/GPU/mobile	CPU/GPU/mobile	CPU/GPU/mobile
分布式	P	P	P	P
命令式	Î	Î	P	P
声明式	P	P	P	Î
自动微分	P	P	P	P

9.3　自然语言处理应用案例

9.3.1　文本分类

自然语言应用案例

文本自动分类简称文本分类，是模式识别与自然语言处理密切结合的研究课题。传统的文本分类是基于文本内容的，研究如何将文本自动划分成政治的、经济的、军事的、体育的、音乐的等各种类型。

国外关于文本自动分类的研究起步较早，始于 20 世纪 50 年代末。1957 年，美国 IBM 公司的 H.P.Luhn 在自动分类领域进行了开创性的研究，标志着自动分类作为研究课题的开始。近几年来文本自动分类研究取得了若干引人关注的成果，并开发出了一些实用的分类系统。概括而言，文本自动分类研究在国外经历了如下几个发展阶段：第一阶段（1958—1964），主要进行自动分类的可行性研究；第二阶段（1965—1974），进行自动分类的实验研究；第三阶段（1975—1989），进入实用化阶段；第四阶段（1990 年至今），进行面向互联网的文本自动分类研究。

相对而言，国内在文本分类方面的研究起步较晚。20 世纪 90 年代，国内一些学者也曾把专家系统的实现技术引入文本自动分类领域，并建立了一些图书自动分类系统，如东北大学图书馆的图书分类系统、长春地质学院图书馆的图书分类系统等。根据分类知识获取方法的不同，文本自动分类系统大致可分为两种类型：基于知识工程的分类系统和基于机器学习的分类系统。在 20 世纪 80 年代，文本分类系统以知识工程的方法为主，根据领域专家对给定文本集合的分类经验，人工提取出一组逻辑规则，作为计算机文本分类的依据，然后分析这些系统的技术特点和性能。进入 90 年代以后，基于统计机器学习的文本分类方法日益受到重视，这种方法在准确率和稳定性方面具有明显的优势。系统使用训练样本进行特征选择和分类器参数训练，根据选择的特征对待分类的输入样本进行形式化处理，然后输入到分类器进行类别判定，最终得到输入样本的类别。文本分类处理流程如图 9.10 所示。

图 9.10　文本分类处理流程

文本通常表现为一个由文字和标点符号组成的字符串，由字或字符组成词，由词组成短语，进而形成句、段、节、章、篇的结构。要使计算机能够高效地处理真实文本，就必须找到一种理想的形式化表示方法，这种表示一方面要能够真实地反映文档的内容（主题、领域或结构等），另一方面，要有对不同文档的区分能力。目前文本表示通常采用向量空间模型。VSM 是 20 世纪 60 年代末由 G. Salton 等提出的，最早用在 SMART 信息检索系统中，目前已经成为自然语言处理中常用的模型。需要指出的是，除了 VSM 文本表示方法以外，研究比较多的还有另外一些表示方法，如词组表示法、概念表示法等。但这些方法对提高文本分类效果的影响并不十分显著。词组表示法的表示能力并不明显优于普通的向量空间模型，原因可能在于，词组虽然提高了特征向量的语义含量，但却降低了特征向量的统计质量，使得特征向量变得更加稀疏，让机器学习算法难以从中提取用于分类的统计特性。

概念表示法与词组表示法类似，不同之处在于前者用概念作为特征向量的特征表示，而后者用词组作为特征向量的特征表示。在用概念表示法的时候需要额外的语言资源，主要是一些语义词典，例如，英文的 Wordnet，中文的 Hownet、《同义词词林》等。相关研究表明，用概念代替单个词可以在一定程度上解决自然语言的歧义性和多样性给特征向量带来的噪声问题，有利于提高文本分类的效果。

如何选取特征？各种特征应该赋予多大的权重？选取不同的特征对文本分类系统的性能有什么影响？很多问题都值得深入研究。目前已有的特征选取方法比较多，常用的方法有基于文档频率的特征提取法、信息增益法、x 统计量法和互信息方法等。但如何降低特征向量的维数，并尽量减少噪声，仍然是文本特征提取中的两个关键问题。

需要说明的是，权重计算方法存在与特征提取方法类似的问题，就是缺少理论上的推导和验证，因而，表现出来的非一般性结果无法得到合理的解释。很多论文所提出的权重计算方法中引入了新的计算变量，实质上都是考虑特征项在整个类中的分布的问题。因此，有必要对特征权重选取方法进行进一步的理论研究，获得更一般的有关特征权重确定的结论，而不是仅仅从不同的角度定义不同的计算公式。

由于文本分类本身是一个分类问题，因此，一般的模式分类方法都可用于文本分类研究。常用的分类算法包括朴素的贝叶斯分类法（naive Bayesian classifier）、基于支持向量机（Support Vector Machines，SVM）的分类器、k 最近邻法（k- Nearest Neighbor，kNN）、神经网络法（Neural Network，NNet）、决策树（decision tree）分类法、模糊分类法（fuzzy classifier）、Rocchio 分类方法和 Boosting 算法等。

针对不同的目的，人们提出了多种文本分类器性能评价方法，包括召回率、正确率 F-测度值、微平均和宏平均、平衡点（break-even point）、11 点平均正确率（11-point average precision）等。

9.3.2　机器翻译

随着当今世界信息量的急剧增加和国际交流的日益频繁，计算机网络技术迅速普及和发展，语言障碍越加明显和严重，对机器翻译的潜在需求也越来越大。目前欧盟已有 20 多种官方语言，而且，近几年来欧盟越来越注重与中国和亚洲其他国家的合作，因此，除了考虑官方语言之间的翻译以外，往往还需要进行欧盟语言与汉语等其他亚洲语言之间的翻译。机器翻译就是用计算机来实现不同语言之间的翻译。被翻译的语言通常称为源语言（source language），翻译成的结果语言称为目标语言（target language）。机器翻译就是实现从源语言到目标语言转换的过程。

在过去的多年里，机器翻译研究大约经历了热潮、低潮和发展三个不同的历史时期。一般认为，从美国乔治顿大学进行的第一个机器翻译实验开始，到 1966 年美国科学院发表 ALPAC 报告的大约 10 多年里，机器翻译研究在世界范围内一直处于不断升温的热潮时期，在机器翻译研究的驱使下，诞生了计算语言学这门新兴的学科。1966 年美国科学院的 ALPAC 报告给蓬勃兴起的机器翻译研究当头泼了一盆冷水，机器翻译研究由此进入了低潮时期。但是，机器翻译的研究并没有停止。自 20 世纪 70 年代中期以后，一系列机器翻译研究的新成果和新计划为这个领域的再次兴起点亮了希望。随着计算机网络技术的快速发展和普及，人们要求用计算机实现语言翻译的愿望越来越强烈，而且除了文本翻译以外，人们还迫切需要可以直接实现持不同语言的说话人之间的对话翻译，机器翻译的市场需求越来越大；另一方面，自 1990 年统计机器翻译模型提出以来，基于大规模语料库的统计翻译方法迅速发展，取得了一系列令人瞩目的成果，机器翻译再次成为人们关注的热门研究课题。

自 80 年代末期以来，语料库技术和统计机器学习方法在机器翻译研究中的广泛应用，打破了长期以来分析方法一统天下的僵局，机器翻译研究进入了一个新纪元，基于语料库的机器翻译方法相继问世，并得到快速发展。机器翻译现有方法如图 9.11 所示。

图 9.11　机器翻译现有方法

- 基于记忆的翻译方法：这种方法假设人类进行翻译时是根据以往的翻译经验进行的，不需要对句子进行语言学上的深层分析，翻译时只需要将句子拆分成适当的片段，然后将每一个片段与已知的例子进行类比，找到最相似的句子或片段所对应的目标语言句子或片段作为翻译结果，最后将这些目标语言片段组合成一个完整的句子。
- 基于实例的翻译方法：这种方法需要对已知语料进行词法、句法，甚至语义等分析，建立实例库用以存放翻译实例。系统在进行翻译的过程中，首先对翻译句子进行适当的预处理，然后将其与实例库中的翻译实例进行相似性分析，最后，根据找到的相似实例的译文得到翻译句子的译文。

- 统计翻译方法：最初的统计翻译方法是基于噪声信道模型建立起来的，该方法认为，一种语言的句子 T（信道意义上的输入）由于经过一个噪声信道而发生变形，从而在信道的另一端呈现为另一种语言的句子 S（信道意义上的输出）。翻译问题实际上就是如何根据观察到的句子 S 恢复最有可能的输入句子 T。这种观点认为，任何一种语言的任何一个句子都有可能是另外一种语言的某个句子的译文，只是可能性大小不同而已。

- 神经网络翻译方法：与基于记忆的方法类似，用人工神经网络的方法也可以实现从源语言句子到目标语言句子的映射，其网络模型可以经语料库训练得到。

近年来，统计翻译方法与神经网络翻译已经名副其实地成为这一领域的主流方法，但无论如何不能否认，各种翻译方法各有利弊，要解决机器翻译这样一种需要高度智慧的复杂问题，恐怕不是某一种方法可以单独完成的任务，至少可以说至今还没有哪一种翻译方法可以绝对地优于甚至完全替代其他所有的翻译方法。

9.3.3　信息检索

信息检索研究起源于图书馆的资料查询和文摘索引工作。信息检索研究的目的是寻找从文档资料中获取可用信息的模型和算法。信息检索的传统问题是需要用户输入一个表述需求信息的查询字段，系统回复一个包含所需要信息的文档列表，这一类问题称为点对点的检索问题。计算机诞生以后，尤其是随着计算机网络技术的迅速发展和普及，信息检索研究的内容已经从传统的文本检索扩展到包含图片、音频、视频等多媒体信息的检索；检索对象从相对封闭、稳定一致、独立数据库集中管理的信息内容扩展到开放、动态、更新速度快、分布广泛、管理松散的网络内容；信息检索的用户由原来的情报专业人员扩展到包括商务人员、管理人员、教师和学生各专业人员等在内的普通大众，他们对信息检索从结果到方式都提出了更高、更多样化的要求。海量互联网信息的涌现是信息检索技术发展最直接的驱动力。

对于点对点模式的搜索问题，目前主要有两种模型：一种是精确匹配模型，即检索系统返回与用户要求精确匹配的检索结果，如布尔查询系统，主要应用于基于内部文本库的商业（或企业）信息系统中；另一种是文档相关匹配模型，即系统按用户要求与查询文档之间的相关度返回查询结果，主要应用于基于互联网等开放数据库的检索系统，即网络搜索。前一种模型尽管仍在商业信息系统中广泛应用，但后一种模型往往具有更广泛的用户群，因此，近年来的研究一般都集中在后一种模型上。

另外，根据检索的信息粒度不同，又可将检索分为文本检索、段落检索、句子检索、词序列检索等多种类型。信息粒度越小，越需要定位准确，实现难度也就越大。其实，谈到信息检索人们自然会想到百度、搜狐等知名搜索网站。信息检索实例如图 9.12 所示。

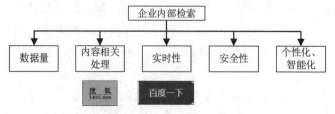

图 9.12　信息检索实例

检索步骤如下：

（1）标引。建立统一的用户查询语句（或关键词序列）和候选查询文本的数学表示模型，通常将查询语句和候选文本都表示为词向量。

（2）相关度或相似度计算。计算用户查询标引和候选查询文本标引之间的相关度，基于词向量标引方式的矢量内积法是常用的相似度计算方法。

如何实现用户查询词与相关文档的准确匹配是困扰信息检索技术的一个关键问题。一方面，对于一个给定的概念往往有很多不同的表达方式，因此，利用用户查询中的文字项可能无法匹配相关的文档（查询用户和文档作者可能使用不同的文字表达同样的概念）；另一方面，大多数词都具有多个含义，根据查询用户给出的文字项匹配出来的文档可能根本不是用户感兴趣的文档。因此，如何建立查询文字与文档之间的语义概念关联，一直是信息检索中关键问题之一。为了解决这一问题，研究人员提出了隐含语义标引模型（LSI），随后这一模型得到了广泛应用，并被不断改进。其中，统计隐含语义标引模型和弱指导的统计隐含语义标引模型是基于隐含语义标引模型提出的两个典型模型。

对于一个实用信息系统来说，评价系统优劣的唯一标准应该是用户的满意程度。但是，这种标准只适用于针对特定用户的特定系统，因为它带有很强的主观性，无法实现不同系统之间自动、客观的对比。因此，一般在系统评比中，包括 TREC 评测，采用如下几个客观指标：准确率、召回率和最差 $x\%$ 的主题查询准确率。

9.3.4 问答系统

传统的搜索引擎存在局限性，比如，搜索不到用户真正需要的信息，返回的无关信息太多，或者用户需要的信息未排列在前几位结果中，等等。这使得网络用户对于现有的搜索技术仍然不满。根据相关调查，只有 18% 的用户表示总能在网上搜索到需要的信息。在很多情况下，用户并不想搜索文献的全文，而只是想知道某一个具体问题的确切答案，这种能够接收用户以自然语言形式描述的提问，并能从大量的异构数据中查找或推断出用户问题答案的信息检索系统称为问答系统。从某种意义上说，问答系统是集知识表示、信息检索、自然语言处理和智能推理等技术于一身的新一代搜索引擎。问答系统与传统的信息检索系统在很多方面都有所不同。

问答系统也可以划分为很多种类型，如果根据系统的应用目的和获取问题答案所依据的数据，可以将问答系统划分为基于固定语料库的问答系统、网络问答系统和单文本问答系统三种。基于固定语料库的问答系统的问题答案是从预先建立的大规模真实文本语料库中进行查找。尽管语料库中无法涵盖用户所有类型的问题答案，但能够提供一个良好的算法评测平台，因而适合对不同问答技术的比较研究。网络问答系统是从互联网中查找问题的答案，所以，可以认为它基本能够包含所有问题的答案。网络问答系统的目的是在真实环境下研发问答技术，但是，由于网络本身是一个变化着的巨大语料库，因此，不适合评价各种问答技术的优劣。单文本问答系统也可称为阅读理解式的问答系统，它是从一篇给定的文章中查找问题的答案，要求系统在"阅读"完一篇文章后，根据对文章的"理解"给出用户提问的答案。这种系统非常类似于我们在学习英语时见到的阅读理解。这种系统仅在一篇文章中查找针对提问的答案，数据冗余性不高，所以要求的技术相对复杂。

在目前的情况下，一个自动问答系统通常由提问处理模块、检索模块和答案抽取模块三部分组成。提问处理模块主要负责对用户的提问进行处理，包括生成查询关键词（提问关键词、扩展关键词等）、确定提问答案类型（人称、地点、时间、数字等）以及提问的句法、语义分析等。问答系统构建流程如图 9.13 所示。

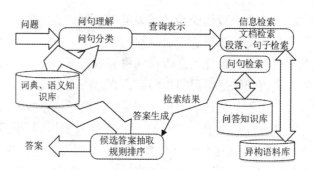

图 9.13　问答系统构建流程

检索模块主要根据提问处理模块生成的查询关键词，使用某种检索方式，检索与提问相关的信息。该模块返回的信息可以是段落，也可以是句群或者句子。答案抽取模块则利用相关的分析和推理机制从检索出的相关段落、句群或句子中抽取出与提问答案类型一致的实体，根据某种原则对候选答案进行排序，把概率最大的候选答案返回给用户。根据问答系统在各个技术模块中所采用的不同方法，将问答技术大致分为以下几种类型。

- 基于检索的问答技术就是利用检索算法直接搜索问题的答案，候选答案的排序是这类技术的核心，排序的依据通常是提问处理模块生成的查询关键词。由于不同类别的关键词对排序的贡献不同，算法一般把查询关键词分为几类：①普通关键词，即从提问中直接抽取的关键词；②扩展关键词，从 Wordnet 或其他词汇知识库或 Web 中扩展的关键词；③基本名词短语（base NP）；④引用词，通常是引号中的词；⑤其他关键词等。缺点是无法从句法关系和语义关系的角度解释系统给出的答案，也无法回答需要推理的提问。运用这种方法时，往往先离线地获得各类提问答案的模式，在运行阶段，系统首先判断当前提问属于哪一类，然后使用这类提问的所有模式来对抽取的候选答案进行验证。

- 基于模式匹配的问答技术虽然对于某些类型的提问（如定义、出生日期等）具有良好的性能，但模板不能涵盖所有提问的答案模式，也不能表达长距离和复杂关系的模式，同样也无法实现推理。鉴于这两种方法都存在自身的缺陷，很多专家认为，要想改进或者更大限度地提高问答系统的性能，必须引入自然语言处理的技术。因此，很多系统将自然语言处理的相关技术引入问答系统，如句法分析技术、语义分析技术等，不过由于现阶段的自然语言处理技术还不成熟，深层的句法、语义分析技术还不能达到实用化水平。因此，目前的大多数系统还仅限于利用句子的浅层分析结果。

- 基于自然语言处理的问答技术可以对提问和答案文本进行一定程度的句法分析和语义分析，并实现推理。但目前自然语言处理技术还不成熟，除一些浅层的技术（汉语分词、词性标注、命名实体识别、基本短语识别等）以外，其他技术还没有达到实用化水平。

总之，问答技术可以说是一项综合性的技术，涉及搜索、知识推理、自然语言理解等方方面面。一个高性能的问答系统必须具备综合利用各种知识源（包括语言知识、常识等）和推理技术的能力。

9.3.5　知识图谱

知识图谱是结构化的语义知识库，用于以符号形式描述物理世界中的概念及其相互关系。其基本组成单位是"实体－关系－实体"三元组，以及实体及其相关属性值对，实体间通过关系相互连接，构成网状的知识结构。通过知识图谱可以实现 Web 从网页链接向概念链接转变，基于知识图谱的搜索引擎能够以图形方式向用户反馈结构化的知识，用户不必浏览大量网页，就可以准确定位和深度获取知识。图 9.14 为电力设备故障知识图谱案例。

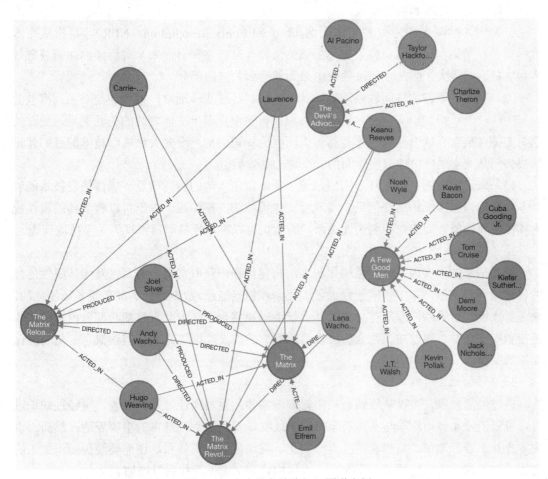

图 9.14　电力设备故障知识图谱案例

知识图谱的架构包括知识图谱自身的逻辑结构以及构建知识图谱所采用的技术（体系）架构。从逻辑上将知识图谱划分为两个层次：数据层和模式层。在知识图谱的数据层，知识以事实（fact）为单位存储在图数据库。知识图谱构建流程如图 9.15 所示，从原始数据出发，采用自动或半自动的技术手段提取出知识要素，并存入知识库的数据层和模式层，其主要包括三个阶段：信息抽取、知识融合和知识加工。

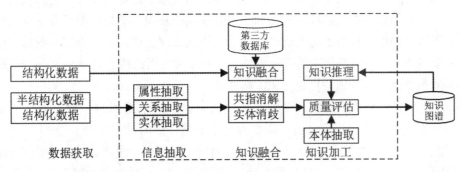

图 9.15　知识图谱构建流程

1. 信息抽取

信息抽取（information extraction）是知识图谱构建的第一步，其中的关键问题是如何从异构数据源中自动抽取信息得到候选知识单元。信息抽取是一种自动化地从半结构化和无结构数据中抽取实体、关系以及实体属性等结构化信息的技术。其涉及的关键技术包括实体抽取、关系抽取和属性抽取。

（1）实体抽取也称为命名实体识别（Named Entity Recognition，NER），是指从文本数据集中自动识别出命名实体。实体抽取的质量（准确率和召回率）对后续的知识获取效率和质量影响极大，因此是信息抽取中最为基础和关键的部分。

（2）关系抽取即实体间联系的提取。文本语料经过实体抽取，得到的是一系列离散的命名实体，为了得到语义信息，还需要从相关语料中提取出实体之间的关联关系，通过关系将实体（概念）联系起来，才能够形成网状的知识结构。研究关系抽取技术的目的就是解决如何从文本语料中抽取实体间的关系这一基本问题。

（3）属性抽取的目标是从不同信息源中采集特定实体的属性信息。属性抽取技术能够从多种数据来源中汇集这些信息，实现对实体属性的完整勾画。由于可以将实体的属性视为实体与属性值之间的一种名词性关系，因此也可以将属性抽取问题视为关系抽取问题。

2. 知识融合

通过信息抽取实现了从非结构化和半结构化数据中获取实体、关系以及实体属性信息的目标，然而，这些结果中可能包含大量的冗余和错误信息，数据之间的关系也是扁平化的，缺乏层次性和逻辑性，因此有必要对其进行清理和整合。知识融合包括两部分内容：实体链接和知识合并。通过知识融合，可以消除概念的歧义，剔除冗余和错误概念，从而确保知识的质量。

3. 知识加工

通过信息抽取，可以从原始语料中提取出实体关系与属性等知识要素，再经过知识融合，可以消除实体指称项与实体对象之间的歧义，得到一系列基本的事实表达，然而，事实本身并不等于知识，要想最终获得结构化、网络化的知识体系，还需要经历知识加工的过程。知识加工主要包括三方面内容：本体构建、知识推理和质量评估。

（1）本体构建。本体（ontology）是对概念进行建模的规范，是描述客观世界的抽象模型，以形式化方式对概念及其之间的联系给出明确定义。本体的最大特点在于它是共享的，本体中反映的知识是一种明确定义的共识，即本体是同一领域内的不同主体之间进行交流的语义基础。在知识图谱中，本体位于模式层，用于描述概念层次体系，是知识库中知识的概念模板。

（2）知识推理。知识推理是指从知识库中已有的实体关系数据出发，经过计算机推理，建立实体间的新关联，从而拓展和丰富知识网络。知识推理是知识图谱构建的重要手段和关键环节，通过知识推理，能够从现有知识中发现新的知识。知识的推理方法可以分为两大类：基于逻辑的推理和基于图的推理。基于逻辑的推理主要包括一阶谓词逻辑、描述逻辑以及基于规则的推理；基于图的推理方法主要基于神经网络模型或 Path Ranking 算法。

（3）质量评估。质量评估也是知识库构建技术的重要组成部分。

1）受现有技术水平的限制，采用开放域信息抽取技术得到的知识元素有可能存在错误，因此在将其加入知识库之前，需要有一个质量评估的过程。

2）随着开放关联数据项目的推进，各子项目所产生的知识库产品间的质量差异也在增大，数据间的冲突日益增多，对其质量进行评估对于全局知识图谱的构建起着重要的作用。

课后题

1. 自然语言处理的发展经过萌芽期、发展期和繁荣期三个阶段，其中（　　）注重工程化、实用化应用，并重新认识经验主义方法。

　　A．20 世纪 20—60 年代　　　　　　B．20 世纪 60—80 年代

　　C．20 世纪 80 年代后期　　　　　　D．20 世纪 80—90 年代

2. 自然语言处理的常见任务包括（　　）（多选）。

　　A．信息抽取　　　B．信息过滤　　　C．问答系统　　　D．语音识别

　　E．图像分割　　　F．文档分类

3. 文本表示是将非结构化或半结构化的信息转换为一种以结构化形式语言描述且计算机可理解识别的信息。文本表示可以用图的形式表示，也可以用向量来表示。这种说法是（　　）的。

　　A．正确　　　B．错误

4. 文本分类是在预定义的分类体系下，根据文本的特征，将给定文本与多个类别相关联的过程。因此，文本分类研究涉及文本内容理解和模式分类等若干自然语言理解和模式识别问题，其处理流程一般包括输入文档、＿＿＿＿＿、文本表示、＿＿＿＿＿、类别输出。

5. 最大熵模型属于哪一种学习方法？请简述其在解决消歧问题时的应用原理。

第 10 章　无人驾驶

本章导读

汽车作为一种方便快捷的交通工具，延长了人类的双腿，缩短了地域之间的距离，促进了经济跨区域发展。汽车同我们的生活已经密不可分，由于汽车驾驶行为的可复制性，有关驾驶行为模式化的研究越来越多，越来越深入。我们希望汽车能在自动化和智能化的推动下，进化成无人驾驶的机器人，不需要有肢体机器人复杂的控制，但是能够保障出发点和目的地间的安全驾驶，达到运输人、物品的目的。

无人驾驶是指智能汽车在无人控制的情况下，自动完成线路规划、车辆转弯、避障等一系列的动作。无人驾驶不是一个单一的技术，是多个子系统组成的复杂系统，包含传感、感知、决策。无人驾驶的目标是从原始的传感器数据中提取有意义的信息来感知周围环境作出行动决策。国内外针对无人驾驶的研究主要集中在各个模块之间的协作，以及每个模块的算法优化，大部分的算法有待实践。

本章要点

- ♀ 无人驾驶系统概述
- ♀ 无人驾驶的核心技术
- ♀ 无人驾驶的控制系统

10.1　无人驾驶系统概述

无人驾驶概述

10.1.1　司机是人还是机器

随着自动化水平的提高，驾驶车辆的方式在不断改进。就驾驶的行为而言，对司机的要求近乎是一样的：感知线路情况、预测驾驶路径、决定驾驶行为。因此，解决汽车带来的交通拥堵和交通事故问题最好的办法是去掉司机，让汽车进化成为自动控制的机器人。事实上，我们在自动控制的路上已经获得了很多成果。

在凌晨的道路上，无人驾驶清扫车能够按照设定的路线完成道路清理工作，图 10.1 显示的是贵州本土企业研发的智能无人驾驶清洁车，其可以自动清扫作业、自动感知避障、自动绕行；路面上的垃圾被两个大吸盘全部吸干净，遇到行人，它还会"礼貌"地停下来，等行人通过再前行，这台智能无人驾驶清洁车一个小时的工作量可以替代一个普通清洁员一整天的工作量。

在人少的矿区，无人驾驶车辆能自动地从矿井里面挖出矿石并运送到地面。2019 年 1 月 24 日，中国首台无人驾驶电动轮矿车下线，进入调试阶段，标志着我国成为继美国、日本之后，世界第三个涉足矿用车无人驾驶技术的国家。该 110 吨 NTE120AT 型无人驾驶电动轮矿车是中国国内首台无人驾驶矿车，车长 10m、宽 5.5m、高 5.7m，载重 110t，采用车辆线控技术，可在矿山现场流畅、精准、平稳地完成倒车入位、停靠、自动倾卸、轨迹运行、自主避障等各个环节，如图 10.2 所示。

图 10.1　智能无人驾驶清洁车

图 10.2　中国首台无人驾驶矿车

图 10.3 是航天重工最新研制的 5G+ 无人驾驶矿用卡车编组，通过环境感知、定位导航、轨迹规划、决策控制、5G 车联网、线控底盘、故障诊断、遥控驾驶等技术加持，5 辆车编成一组，在 5G 网络的远程控制下，负责转运一个作业面的原煤。363t 两轴重型电动轮矿用自卸车标志着我国在高端重型采掘运输设备制造上的进步，同类产品不再依赖国外进口。

图 10.3　5G+ 无人驾驶矿用卡车编组

在大面积的农场里，无人驾驶收割机和无人驾驶运粮机正在协同作业，如图 10.4 所示。随着指令发出，无人驾驶收割机轰隆隆驶进稻田。借助卫星导航定位，收割机匀速直线推进，遇到田埂的尽头便自主转向掉头，不一会儿，机身仓储就显示已经装满。此时，后方无人驾驶的运粮机"闻讯"赶来，两车默契协同作业，收割机准确地将稻谷转移到运粮机上。大约 90s 后，运粮机显示已经满仓，很快自主转弯掉头回仓。整个过程全部无人驾驶。

图 10.4　无人驾驶收割机、运粮机完成稻谷转仓

2020 年初，滴滴在上海推出"无人驾驶"出租车，如图 10.5 所示，车顶部安装了 3 个激光雷达以及 7 个摄像头，能分析、判断路况并做出反应，为保证安全，当前车内还是配有专门的技术人员对车进行控制，按智能汽车划分标准，其智能化程度处在"人机共驾"阶段。从现实中发现并归纳的智能汽车演化状态，正与《交通强国建设纲要》中对交通系统发展的智能化、新能源化、网联化、共享化的"四化"目标相契合。

图 10.5　滴滴推出的"无人驾驶"出租车

畅想一下，假如无人驾驶技术已经非常成熟，通过 App 就能预约到一辆无人驾驶的共享汽车（根据是一个人出行、三口旅行、多个人聚餐等不同的出行需求，预约到的无人驾驶车辆可能是一个胶囊车、三个胶囊车或者多个胶囊车组），所有的汽车都在统一的平台下调度，汽车的归属权问题将会被弱化，传统的私家车会被共享的无人驾驶汽车所取代，交通拥堵将得到彻底改善。

目前我国无人驾驶物流车主要有江铃的特定场景自动驾驶物流车、苏宁的无人驾驶重卡、京东的小型无人物流车、菜鸟的 ET 无人快车等，如图 10.6 所示。

既然目前达到的自动化水平这么高，为什么到现在还没有实现无人驾驶呢？99% 的驾驶行为都是常规的操作，而另外的 1% 是根据本能对突发事件做出的反应，而这 1% 正是无人驾驶的难点。人在驾驶中的本能包含了人类在行为判断上的智能控制，也包含了驾驶经验积累带来的预判。应对突发事件的前提是对周围环境的有效感知，人类有复杂的视觉系统能够看到周围的环境，并对看到的信息进行理解和处理。而对无人驾驶车辆而言，需要给无人驾驶车辆配置高清的视觉系统，高清图像的识别和计算需要计算机有强大的数据处理能力，同时也需要有优秀的算法对图像进行分析和理解，然后转化成机器能够执行的指令。在过去受限于机器对图像的处理能力，无人驾驶技术并没有获得较快的发展。

图 10.6　无人驾驶物流车

计算机的快速发展和深度学习能力的提高，让无人驾驶的"眼睛"得到质的进化，进而让无人驾驶车辆实时感知周围环境、制订行车计划、决定车辆驾驶的动作序列。

10.1.2　无人驾驶全面数据解读

无人驾驶汽车是如何感知周围环境的？无人驾驶依靠不同传感器传回的数据流来"看""听"驾驶环境。无人驾驶技术中常用的传感器有 GPS/IMU、激光雷达、摄像头、毫米波雷达和声呐，在无人驾驶汽车中，通常是多种传感器并用来提高系统的安全性和可靠性。

1. 高清数字地图

在没有 GPS 的情况下，人们可以通过纸质的二维地图进行路线的辨认和标示，熟练驾驶员的脑海里也有一张高清的"地图"来描述他经常驾驶的路线，并且针对周围环境的变化及时更新"地图"。

无人驾驶的高清地图是通过机器学习算法处理车辆传感器捕捉到的环境特征、摄像头拍摄的信息等形成的精确可靠的视觉流数据。高清数字地图包含山川河脉，街边花草树木，无人驾驶车辆行驶的车道线、交叉口、人行斑马线、道路交通标志等的数据信息。高清地图制作的核心是通过车辆的激光雷达传感器来定位车辆相对高清地图的位置信息，通过融合不同的传感器信息最大限度地减少地图中每个单元的误差。在实时的高清地图中，通过无人驾驶车辆上的粒子滤波器分析距离数据来提取车辆下方的地平面在高清地图中的位置。图 10.7 展示的是带有传感器数据的 Here 高清地图，不同车辆的轨迹、图像数据经过处理转化为道路特征数据上传到云端，然后经过精确的比对分析，剔除无效数据，对地图进行更新发送给车辆。

图 10.7　Here 高清地图

2. GPS/IMU

全球定位系统（Global Positioning System，GPS）最初用于军事。它的更新频率很慢，因此无法提供实时更新服务。惯性测量单元（Inertial Measurement Unit，IMU）是一系列复杂设备的集合，包括里程计、加速计、陀螺仪、指南针等，能够弥补 GPS 计算不准确的缺点，通过融合 GPS 和 IMU 可以提供准确和实时的位置更新服务。

GPS/IMU 定位的工作原理：IMU 每 5m 更新一次车辆定位，GPS 每 100ms 接收一次更新，使用卡尔曼滤波技术结合 GPS 和 IMU 的优点，用 GPS 的定位信息来纠正 IMU 的误差，从而产生快速准确的定位，这样的定位精度大约为 1m，其中 GPS 会受到干扰，存在一定的误差，此外 GPS 无法在隧道中工作。

3. 激光雷达

激光雷达通过发射激光束，接收表面反射激光，测量反射时间，确定距离来制作高清地图、定位和探测障碍物，可用于建图、定位和避障。激光雷达可以很好地获取周围环境的深度数据，通过行驶车辆向周围散射较强的激光脉冲，可以获取周围环境的局部点云，构建三维数字模型。通过多个车辆不同位置的点云对全局环境进行位置估计可以拼接成高清地图。图 10.8 所示的是用激光雷达检测结构化道路、可行驶区域、汽车和自行车。

图 10.8　用激光雷达检测结构化道路、可行驶区域、汽车和自行车

4. 摄像头

摄像头主要用于目标识别和跟踪，如车道、交通灯、人脸检测。无人驾驶汽车通常需要安装 8 个摄像头来探测车辆前方、后方、两侧的物体。

摄像头在定位上的应用原理：①通过对立体图像的三角测量来获取每个点深度信息的视图差；②通过连续立体图像帧的匹配和特征相关性分析来估计连续两帧之间的运动情况；③通过已知地图的显著特征来推断车辆的当前位置。摄像头定位对光照条件非常敏感，因此单独使用是不可靠的。在车辆急速转弯的情况下，图像特征匹配也会出现较大的误差，因此需要结合其他传感数据一起为无人驾驶车辆提供精确的定位和建图服务。

5. 毫米波雷达和声呐

雷达传感器在现代普通汽车上的应用主要是巡航定速方面，其能够根据前车的速度和位置调整刹车和油门，是常见的驾驶辅助系统，当有车辆或者行人靠近司机的视线盲区时，雷达传感器就会发出警示。声呐是雷达的近亲，就像是车辆的耳朵，发射的是超声波，而雷达发射的是电磁波；声呐是雷达的补充，能够近距离地感知细小的物体。

毫米波雷达和声呐组成避障的最后一道防线，能够感受到车辆前方障碍物的距离和速度，一旦有可能发生碰撞，无人驾驶汽车就应该制动或者转向进行避障。

6. 无人驾驶车辆的动态数据组成

无人驾驶的感知系统主要是通过各种传感器实时获取车辆周围的动态数据。完备的数据集是识别问题和改进解决方案的重要基础。无人驾驶要面对复杂多变的道路环境，为了对无人驾驶感知算法进行公正全面的评估，需要有大量细致的道路信息数据集。

目前已经有专门用于无人驾驶的数据集，如 KITTI 和 Cityscapes。下面以 KITTI 为例进行说明。如图 10.9 所示，KITTI 数据采集车拥有 1 套惯性导航系统（GPS/IMU）（OXTS RT 3003）、1 个激光雷达（Velodyne HDL-64E）、2 个 140 万像素灰色摄像头［Point Grey Flea2（FL2-14S3M-C），拍照频率为 10Hz］、2 个彩色摄像头［140 万像素，Point Grey Flea2（FL2-14S3C-C），拍照频率为 10Hz］。

图 10.9　KITTI 数据采集车

完整的数据集包含立体数据和光流数据。立体图像由两个摄像头同时拍摄，光流数据也由两个摄像头同时拍摄。通过立体数据来传递深度信息，通过光流数据来传递运动信息。

10.2 无人驾驶关键技术

10.2.1 深度学习在目标感知中的应用

无人驾驶的重要指标是行驶速度，这就要求实时地检测与识别出道路中的物体，包括移动的车辆、道路标志、建筑物等。传统的计算机视觉需要对输入的图像进行预处理，获取图像的明显特征，通过分类器输出识别的目标。2005 年，Dalal 和 Triggs 提出了一种基于方向梯度直方图（Histogram of Oriented Gradient）和支持向量机（Support Vector Machine，SVM）的算法，该算法首先对输入图像进行预处理，然后在滑动检测窗口上检测 HOG 的特征，并使用线性 SVM 分类器进行识别。该算法通过 HOG 检测窗口来获取检测对象的外观，并依赖支持向量机来处理高速的非线性目标。

此外，通过语义分割对图像进行标记，将摄像头拍到的数据转化成控制系统能够识别的指令，增加车辆对周围环境的理解。通过高清摄像头的输入，构建无人驾驶的三维感知系统：立体视觉、光流、场景流。近年来，随着对深度学习算法研究的深入和改进，相关技术极大地影响了计算机视觉领域，在解决诸如图像分类、目标检测、语义分割等问题方面获得较大的突破，不断更新的算法被应用到各种问题的解决当中。具有真实标签的大型数据处理以及 GPU 高性能计算都推动了深度学习的快速发展。由于深度神经网络复杂性较高，可以通过端到端的训练对视觉感知进行建模。

1. 卷积神经网络

卷积神经网络（Convolutional Neural Networks，CNN）是将卷积运算作为主要算子的深度神经网络。CNN 的研究可以追溯到 1968 年的大卫·休伯尔和托斯坦·维塞尔关于视觉皮层的研究上，该研究获得了诺贝尔奖。在 1988 年，杨立昆等提出了仿照视神经认知机的深度前馈神经网络。CNN 的主要特点：在两层隐含的神经元之间，网络连接不是在每层任何两个神经元之间都存在，而是保持局部连接，底层网络中的一块矩形区域将作为高层网络的输入；相同层中，不同的神经元之间输入权重共享，这利用了视觉输入时的平移不变性，显著减少了 CNN 模型的参数数量。

2. 目标检测

由于卷积神经网络在目标检测方面的出色表现，新的算法层出不穷，目前来说目标检测的算法可以总结为两条线：以 R-CNN 系列为代表的 Two-stage 算法（包括 R-CNN、Fast R-CNN、Faster R-CNN 等）和以 YOLO 为开端的 One-Stage 算法（包括 SSD 和 YOLO 系列算法）。一般来说，使用一个 CNN 进行直接预测时，Two-stage 的算法准确度高但是速度慢，One-stage 的算法速度快但准确度低。

Faster R-CNN 的检测步骤如下所述。

给定输入图像，首先生成对象的候选区域：Faster R-CNN 使用区域建议网络（Region Proposal Network，RPN）。如图 10.10 所示，RPN 以 CNN 的最后一个特征图为输入，使用 3×3 的滑动窗口将其连接到 256 维度的隐藏层上，最后连接到两个全连接层，一个用于目标分类，另一个用于获取目标坐标位置。考虑图像尺寸选择范围（128×128、256×256、512×512）和图像纵横比的选择范围（1:1、1:2、2:1），每个位置有 9 种选择，对于一个 1000×600 的图像，会产生约 [(1000/16)×(600/16]×9 ≈ 20000 种可能的组合。CNN 使得这种算法非常有效，最后使用非极大值抑制算法来消除冗余，并保留大约 2000 个对象区域建议窗口。

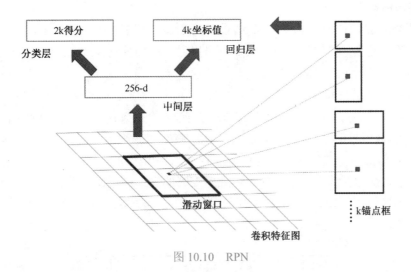

图 10.10　RPN

下面以 SSD、YOLO 为例对单阶段检测算法进行介绍。Faster R-CNN 准确率高，漏检率低，但是速度慢。YOLO 则相反，速度快，但准确率和漏检率不尽如人意。SSD 综合了它们的优点，对输入的 300×300 的图像，在 voc2007 数据集上检测，能够达到 58 帧 /s。SSD 网络结构如图 10.11 所示。单阶段检测算法的主要特点是没有区域建议网络，使用 VGG-16 的网络作为特征提取器，通过在顶部缩小卷积层，SSD 算法实际上考虑了目标不同的大小和位置，最后由 NMS 进行筛选，在多尺度的特征图上做目标检测和分类大大提高了泛化能力。由于SSD 省略了区域建议和图像特征图尺寸重新调整，从而获得了很快的检测速度。

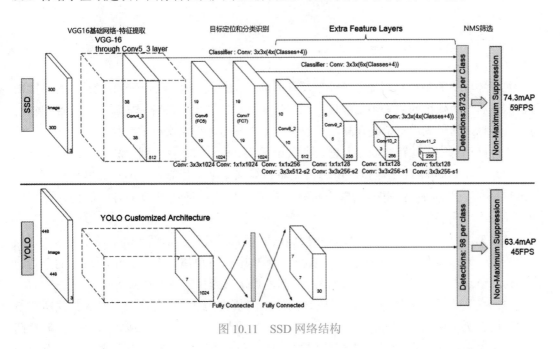

图 10.11　SSD 网络结构

3．语义分割

在无人驾驶的感知模块中，语义分割或者是场景理解是非常重要的。深度学习推动了语义分割的发展，大多数基于 CNN 的语义分割工作都是基于全卷积网络（Fully Convolutional Network，FCN）的。基于实验观察，通过去除分类层并用 1×1 的卷积层替换最后的全连接层，用于图像分类的 CNN（如 VGG-19）可以被转换成一个全卷积神经网络。全卷积神经网络不仅可以接收任何尺寸的图像作为输入，还可以输出与每个图像相关联的目标类别标签。

FCN 依靠高层特征的大感受野来预测像素及标签，这样会导致小目标被其他具有相同感受野的像素覆盖。这样的局部歧义问题可以通过增加视觉模式来解决。语义分割中的关键问题是将全局图像及信息与局部提取特征相结合。

金字塔场景理解网络（PSPNet）如图 10.12 所示，其主要组成部分是中间的金字塔池化模块，该算法的主要原理：输入图像首先通过一个基本的 CNN（PSPNet 使用的是残差网络）来提取特征图。特征图通过各种池化层将空间分辨率降低到 1×1、2×2、3×3、6×6 等来聚合图像上下文信息。由此产生的特征图将用来进行上下文表示，通过 1×1 的卷积层来缩小特征向量的大小，以便与特征感受野的大小成正比。最后，这些特征图会被采样成原始图像大小，并且与 CNN 中原始的特征图一起连接起来，最后使用一个卷积层来标记每个像素。

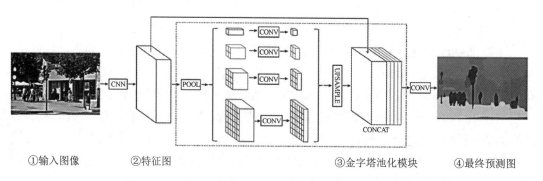

①输入图像　　②特征图　　③金字塔池化模块　　④最终预测图

图 10.12　PSPNet

10.2.2　典型的路径规划算法

动态环境中的路径规划是一个非常复杂的问题，最简单粗暴的方式是搜索所有可能的路径，然后使用代价函数来确定最佳路径，但是这样需要大量的计算资源，不能给出实时的导航信息，为了规避复杂的计算，一般使用概率模型来提供实时的路径。

针对自动驾驶中的路径规划问题，我们介绍其中典型的路径规划算法——Dijkstra（迪科斯彻）算法。Dijkstra 是典型的单源最短路径算法，用于计算一个节点到其他所有节点的最短路径。下面描述 Dijkstra 算法在路径规划问题上的应用细节，对应的伪代码如图 10.13 所示。

（1）车道点采样：通过高精度地图接口读取距离无人驾驶车辆一定半径范围内的道路信息数据，对车道信息进行点采样并放在集合 V 中。将距离无人驾驶车辆最近的车道点定义为源节点（src），将距离目的地最近的车道点定义为目的节点（dst）。

（2）车道点设置：将源节点 src 到自己的距离值设为 0，然后将源节点到其他所有节点的值设计为无穷大（infinity），这样源节点到目的节点的距离就变成了无穷大。创建两个图 dist 和 prev 分别保存源节点到其他节点距离和节点之间前置映射关系。将所有节点标记为未访问节点，添加到集合 Q。

（3）车道点遍历：遍历未访问点集 Q。

1）选择最短距离最小的为当前节点 u，将 u 节点从 Q 集合中移除。

```
1 function Dijkstra(Graph(V, E), src, dst)
2     create vertex set Q
3     create map dist, prev
4 for each vertex v in V                    // 初始化
5     dist[v] := infinity                   // 将各点的已知最短距离先设成无穷大
6     prev[v] := null                       // 各点的已知最短路径上的前趋都未知
7     add v to Q
8     add src to Q
9 dist[s] := 0                              // s到s的最小距离设为0
10
11 while Q is not an empty set
12     u := find minimum dist in Q          //首次循环源节点的值最小为0
13     remove u from Q
14     for each edge outgoing from u as (u, v)
15         if dist[v] > dist[u] + w(u, v)   // 拓展边 (u, v)
16             dist[v] := dist[u] + w(u, v) // 更新路径长度到更小的那个和值
17             prev[v] := u                 // 记录前趋顶点
18 S := empty sequence
19 u := dst
20 while prev[u]
21     insert u to the beginning of S
22     u := prev[u]
23 insert u to the beginning of S
24 merge the line point in S and return the merged sequence // 返回路径片段
```

图 10.13　基于车道有向图的 Dijkstra 路径规划算法实现

2）对于所有连接 u 节点的节点（设为节点 v）进行逐一访问，并计算节点 u 到节点 v 的距离 dist(u,v)，如果 dist(u,v) 加上 u 节点自身的距离（dist(u)）小于源节点到节点 v 的距离，那么对节点 v 的距离 dist(v) 进行更新，保存映射关系 prev(v) = u 和源节点到 v 的新的最短距离 dist(v)。

3）重复前两步，直到 Q 集合为空。

（4）构建最短路径。

1）构建空序列 S，设当前节点 u 为目的节点。

2）查看节点 u 是否有前置映射节点，如果有将该节点插入为序列的开始节点。

3）将序列开始节点设置为当前节点 u，继续寻找当前节点的前置节点。

4）重复上面两个步骤，直到前置节点为空。

（5）路径图构造：通过前 3 个步骤，完成了 Dijkstra 算法中构造车道之间距离最小表的过程。通过第 4 步，完成了最短路径图构造过程，算法最终的输出是车道点序列，可以将这些点打包成路径片段进行输出。

在上述算法中，如果存在车道点的距离为无穷大，说明从源点开始无法到达该道路节点，因此判定路径规划请求失败，这时要通过高清地图扩大半径范围进行重新规划。

10.2.3　车辆运动行为决策算法

在对周围环境理解的基础上，决策系统将实时地产生一个安全的行为规划，主要包括行为预测、路径规划、避障。其中，行为预测指无人驾驶车辆行驶在车流之中，决策系统需要对每个临近车辆进行行为预测，生成一个除了本车辆之外，其他车辆可以达到位置的随机模型，并且将这些可达点的概率模型关联起来。

车辆运动行为决策算法

在无人驾驶的决策系统中，使用一个统一的数学模型来进行求解是非常困难的，通常是建立一个基于规则的行为决策系统。在 DARPA 挑战赛中，斯坦福大学的无人驾驶系统 Junior 利用具有代价函数的有限状态机来计算无人驾驶车辆的轨迹和行为。卡内基梅隆大学无人驾驶系统 Boss，通过计算车道之间的空间差距和预设规则以及其他阈值一起触发车道的切换行为。随着无人驾驶系统研究的深入，贝叶斯模型在无人驾驶行为建模中越来越受欢迎。在贝叶斯模型中，马尔可夫决策过程（Markov Decision Process，MDP）在无人驾驶建模中被广泛应用。下面我们来看一下马尔可夫决策过程在无人驾驶中的实现方案。

马尔可夫决策过程（MDP）由以下 5 元组 (S,A,P_a,R_a,γ) 定义。

（1）S 表示无人驾驶车辆的状态空间。状态空间的划分通常和无人驾驶车辆在地图上的位置有关，在位置维度上，可以对地图进行空间上的切割和划分，在道路维度上，根据不同的道路特点，可以进行车道的位置划分等。

（2）A 表示行为决策的输出空间。一般来说，决策空间是一组固定的、提前设计好的所有可能行为的集合。比如决策状态可以是直行，跟随前车，左转、右转，因交通信号灯、行人或者车辆造成的等待。

（3）$P_a(s,s')=P_a(s'|s,a)$ 是状态转移概率，表示无人驾驶车辆当前处于状态 s，在执行决策 a 后，状态转化为 s' 的概率。

（4）$R_a(s,s')$ 是回报函数，表示采取决策 a 后，状态转化为 s' 的回报，这里的回报根据系统需要可以是我们综合考量状态转换的度量值，可以是车辆距离目的地的距离差值变化，也可以是车辆舒适度的变化或者是动作的执行难度和复杂度等。

（5）γ 是回报折扣因子。一般来说在一个时间帧里面作的决定，对下一个时间帧的状态会有影响，但是这种影响随着时间帧的增加而逐渐减弱。或者说距离越久远的时间帧对当前状态的影响越小。设当前时间帧的回报为 1，那么下一个时间帧的回报为 γ，再下一个为 γ^2，未来时间帧 t 的回报率被认为是 γ^t。折扣因子保证了相同量的折扣在当前总是比在将来更有价值。

在 MDP 问题的设定中，最优策略表示为 $\pi:s \to a$，是状态空间和决策空间的映射关系。对于系统任何一个状态 s，策略 π 会给出一个决策输出即 $a=\pi(s)$。由策略给出的决策带来的状态转移链被称为马尔可夫链，在数学上，对最优策略的优化通常是最大化累计回报：

$$\max(\sum_{t=0}^{\infty}\gamma^t R_{at}(s_t,s_{t+1}))$$

从上面的公式也可以看出，获取一个好策略的关键是回报函数的设计，在无人驾驶系统中，好的回报函数包含以下几个方面：

- 抵达目的地：无人驾驶的决策链应该是顺着路径规划的路线抵达目的地，如果决策偏离规划路线应该给予惩罚，反之应该给予鼓励。
- 安全无碰撞：驾驶的安全性对于无人驾驶来说非常重要，因此无人驾驶的移动状态偏离碰撞应该给予奖励，靠近碰撞应该给予惩罚。
- 舒适性和平顺性：无人驾驶的最终目的是提供舒适的驾驶环境，因此，驾驶过程中的平稳性非常重要，平稳安全的驾驶应该给予奖励，过于频繁或者突然的速度变化应该给予惩罚。

10.3　无人驾驶规划与控制

无人驾驶规划与控制

10.3.1　无人驾驶规划与控制模块

如图 10.13 所示，传感器数据用来刻画客观世界，将客观世界参数化以后，作为预测与控制的输入数据。预测与控制部分常带有主观色彩，主要根据周围环境和可预测变化作出行为决策。无人驾驶系统涉及复杂的软硬件交互控制，需要根据数据流向进行模块划分，解决子问题的同时，注意模块间的协作，图 10.14 中所有的模块共享一个总的时间钟，在每个时间帧里面，每个模块都在独立的工作，获取下层的输入和上层新发布的数据。

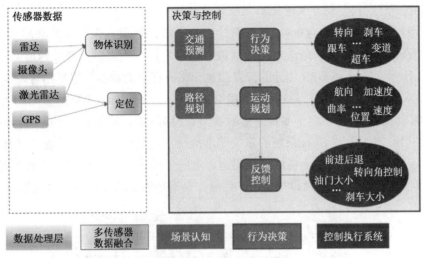

图 10.14　无人驾驶的决策控制系统

在预测与控制模块的外围是广义上的交通预测和路径规划。交通预测模块的输入是感知数据，主要是周围物体（如行人、自行车、摩托车、汽车等）所在的位置、移动方向、速度等。交通预测模块对感知到的物体进行分析，预测其交通轨迹，并将计算结果输入给上层的行为决策模块。路径规划模块的功能是显而易见的，路径规划就像我们使用地图进行导航一样，需要根据输入的起始地点制定最优的出行路线。只不过，在无人驾驶系统中，路径规划基于高清地图，环境参数更加复杂，在路径规划上决策点的分布非常密集，每个决策点需要制订不同的行车计划，并作为运动规划的输入。

行为决策在无人驾驶当中充当副驾驶的决策，根据下层输入，行为决策决定车辆要进行的操作，比如：在当前车道跟随前面车辆行驶，在交通信号灯前停车，等待行人或者车辆通过，进行变道或者超车等。行为决策既包含对无人驾驶车辆自身的控制，也包含与周围环境的交互，比如，车辆在决定跟随前车进行驾驶时，需要对前车的行为进行充分感知，并运用感知数据对自身车辆的运动行为进行约束。

运动规划相对行为决策来说则更加细致具体，在行车路径的轨迹点集上，运动规划需要根据当前的输入数据来计算当前轨迹点上，车辆所在的位置、速度、加速度、曲率以及涉及这些点的高阶导数。运动规划的工作要保证两点。第一：需要计算一定周期内的数据，因为运动规划要保证车辆行驶轨迹的连续性，在内部环境没有发生重大变化的情况下，连续周期的运行轨迹应该是平稳变化的。第二：需要保证输出的控制状态传达到硬件平台，在合理的物理控制范围内，不能超出硬件的物理控制界限。

反馈控制是将运动控制中轨迹点的操控数据分解成线控信号，用来操控制动、车轮和节气门等，使得实际形式的路线尽可能地接近规划路线。

以上所述从一般概念上，根据数据流的走向对无人驾驶中的模块进行了分解，实际上所有的模块看起来解决的都是相同的问题，模块之间的数据关系非常紧密，计算的结果也是相互依赖的。

10.3.2　无人驾驶车辆举例

前面介绍了不同的车辆定位技术，在实践当中，为了保证车辆定位的精度和鲁棒性，经常使用传感器融合的方式进行车辆的组合定位。下面介绍三个真实的无人驾驶车辆例子中用到的定位方法。

1. Boss——卡内基梅隆大学无人驾驶城市挑战赛赛车

Boss 通过多种传感器（GPS、激光雷达、毫米波雷达和摄像头等）来跟踪其他车辆，检测静态障碍。该车辆可以通过道路模型进行自主定位无人驾驶，驾驶速度高达 48km/h。如图 10.15 所示，Boss 将 GPS 估计的位置信息和带有标识的道路图进行结合，同时将 Boss 的差分 GPS、IMU 和轮式编码器的数据组合起来，可以增强 GPS 数据丢失的鲁棒性，将定位误差限制在 0.3m 内，由于多传感器融合，在没有 GPS 的情况下行驶 1km 后，能够将定位控制在 1m 内。虽然 Boss 系统的定位非常准确，但是它没有车道信息，为了识别车道边界，Boss 使用了俯视的激光雷达来检测道路上的车道线。Boss 通过算法对密集激光雷达扫描的数据进行分析来获取障碍物信息，然后在高清地图上附加道路障碍物信息图。

图 10.15　Boss——卡内基梅隆大学无人驾驶城市挑战赛赛车

2. Junior——斯坦福大学无人驾驶城市挑战赛赛车

同 Boss 一样，Junior（图 10.16）的定位从差分 GPS 辅助惯性导航系统开始，该系统是提供 GPS 坐标、惯性测量值和轮式里程计的实时集成系统，系统的实时位置和方向误差分别小于 100cm 和 0.1°。在系统中有多个激光雷达传感器提供三维道路结构以及路面反射率的实时测量数据，可利用这些数据进行车道线识别及车辆精确定位。

图 10.16　Junior——斯坦福大学无人驾驶城市挑战赛赛车

在数字地图上，Junior 使用本地激光雷达传感器进行细粒度定位，这种定位使用两种类型的信息：道路反射率和路边的障碍物。Junior 使用 RIEGL LMS-Q120 和 SICK LMS 传感器来检测反射率。这两个传感器都指向地面，使用一维直方图滤波器来估计车辆相对于数组地图的横向偏移。

3. Bertha——梅赛德斯奔驰无人驾驶车辆

Bertha 同 Boss、Junior 不一样，因为激光雷达设备价格较高而没有装载，Bertha 仅仅依靠视觉、雷达传感器以及准确的数字地图来了解复杂的交通情况。如图 10.17 所示，Bertha 系统使用的传感器如下：GPS 模块用于基本定位，10 个 120° 毫米波雷达用于交叉路口的监视；安装在车辆两侧的两个远程毫米波雷达用于监控农村道路交叉路口的快速交通情况；具有 35cm 基线的立体摄像头系统用于获取深度信息，范围为 60m；在仪表板上安装广角单目彩色摄像头，用于在转弯情况下进行交通灯识别和行人识别；向后的广角摄像头用于自我定位。

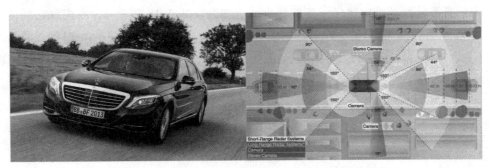

图 10.17　Bertha——梅赛德斯奔驰无人驾驶车辆

Bertha 无人驾驶车辆的 GNSS/InS 系统通常将定位误差限制在 1m 范围内，更重要的是为了将定位精度提高到分米级别，Bertha 团队开发了两个互补地图相对的定位算法：一种算法基于特征定位来标记大型的建筑物，在城市地区有显著的效果；另外一种算法基于道路标记定位，在乡村地区有比较好的定位效果。这两种算法都是基于视觉里程技术的。

课后题

1. 限制无人驾驶发展的主要因素有哪些？
2. 简述无人驾驶的传感系统的原理。
3. 简述无人驾驶的感知系统的原理。
4. 简述最短路径算法。
5. 简述马尔可夫在无人驾驶决策与控制中起到的作用。
6. 简述无人驾驶各模块之间的交互作用。

第 11 章　智能电子商务

本章导读

　　电子商务已经是我们生活中不可缺少的一部分。从 2018 年开始，中国就已经成为全球 B2C 电子商务最大市场，市场规模高达 1.36 万亿美元；在同一年，中国线上购物人数达 6.1 亿，也是在网上购物人数最多的国家。在如此巨大的市场规模下，人工智能体现出巨大的优势，诸如在个性化服务、智能化决策等方面日趋成熟，电商智能化发展迅速。那么，电子商务有什么特点？与传统交易方式有什么区别？电子商务能利用什么样的技术？智能的电子商务体现在什么地方？这些都是我们在快速发展的电子商务领域需要重点关注的内容。

本章要点

- 电子商务与智能电子商务的概述
- 智能电子商务相关技术
- 智能电子商务实际案例

11.1　电子商务

　　电子商务已经成为日常生活中的一部分，尤其在中国，电子商务的发展更是非常迅速。如今几乎可以在电商平台上买到任何物品，电商已经与我们的生活息息相关。据国家统计局电子商务交易平台调查显示，2019 年全国电子商务交易额为 34.81 万亿元，已经超过了大部分国家的 GDP。中国电子商务从业人员已经达到 4700 万人（2018 年数据），如果把这 4700 万人看成一个国家的话，在世界上可以排到第 30 名，超过了西班牙、阿根廷、加拿大这些国家。2017 年，全球电子商务企业前 10 位中，中国企业就占据四席：阿里巴巴、京东、苏宁、唯品会。中国电商零售额占据了世界一半的份额，也就是说，在这颗蓝色星球上，每当有 10 元的电商零售交易产生，就有 5 元发生在中国。

　　不仅如此，电子商务也已经是国家发展的重要组成部分。2017 年，商务部的报告指出，电子商务是我国数字经济中最活跃、最集中的表现形式之一。电商正"全面引领我国数字经济发展"，同年，实物商品电商零售对社会消费品零售总额增长的贡献率接近四成。"同时，电商产业在促进全面开放、推动深化改革、助力乡村振兴、带动创新创业等方面也发挥了积极作用，加快成为我国经济发展新动能"。电子商务已经在引领数字经济的发展。

　　电子商务已经取得了如此巨大的成就，未来会向什么方向发展？业界普遍认为，人工智能已成为电子商务发展的最大驱动力。人工智能与电子商务的结合，即本章将要介绍的

"智能电子商务"，将是电子商务发展的最大驱动力。图 11.1 所示是正在浏览电商网站的顾客。

图 11.1　正在浏览电商网站的顾客（图片来源：Unsplash）

11.1.1　电子商务概述

电子商务并没有一个统一的定义。有观点认为电子商务（Electronic Commerce，EC）是指以计算机网络为基础，利用互联网进行的商务贸易活动（全球性的）。也有观点认为只要是使用电子设备进行的商务活动就可以算是电子商务。一般而言，我们所说的电子商务是指前一种观点，也就是所谓"狭义的电子商务"。本书描述的也为狭义的电子商务。

1. 电子商务的特点

电子商务与传统商务活动有着明显的不同。这种不同一方面是技术带来的，比如交易速度和便捷性；而另一方面，基于技术带来的优势，电子商务与传统的商务贸易活动在商务活动本身方面也已展现出来了几个明显的特征，比如透明化和低成本化。而更深层次的特性，直到现在仍然在持续地涌现出来。根据李琪所著的《电子商务概论》，电子商务目前具有如下几个特点：

（1）快捷化：快捷化是电子商务的重要特点，在互联网技术支持下，电子商务交易可以瞬间完成。

（2）虚拟化：交易双方无须当面进行，交易虚拟化。

（3）低成本化：通过互联网进行的电商交易，时间成本和交易成本都大大降低。

（4）透明化：在电商平台的支持下，电商交易的各个环节都在平台上直接公示出来，较传统交易方式更为透明。

（5）标准化：电商平台要求交易按统一要求进行，更加标准化。

2. 电子商务的主要表现形式

通常在表述电子商务时，有 B2C、B2B 等若干种形式，在互联网相关的报道上也经常能看到这些词汇，近年来，也有 O2O 等新的表现形式出现，它们具体的含义如下：

（1）企业与消费者之间交易，Business to Consumer，通常简称为 B2C。B2C 是电商市场上规模最大的一种表现形式，2018 年，B2C 交易份额占全国总网络零售交易的 62.8%。

（2）企业与企业之间的交易，Business to Business，通常简称为 B2B。

（3）消费者与消费者之间的交易，Consumer to Consumer，通常简称为 C2C。

（4）线下商务与互联网之间的交易，Online To Offline，通常简称为 O2O，近年来发展迅速。

3. 智能电子商务

人工智能的发展为很多行业带来了颠覆性的变化，在人工智能的影响下，出现了很多行业的新模式和新业态。人工智能的发展替代了部分人类重复性的劳动甚至部分低创造性的劳动，它催生出很多就业的新模式、新业态。中国发展研究基金会的一项课题报告显示，人工智能已经显著提高了电商从业人员的收入，有95%的岗位从智能化工具中获益。有人工智能公司曾表示："我们将看到人工智能在作出决策、解决方案和提供洞察力方面发挥更大的作用。社会将因此变得更有效率。在电子商务领域和其他领域，我们将开始看到来自人工智能的巨大收益。我们将能够利用人工智能系统帮助人们将所需物品放到更快更便宜的位置，我们将能够让人们看到并购买他们不知道存在的东西，甚至知道他们想要的东西。"

人工智能在电商领域如此重要主要是因为：电商拥有非常庞大的数据，而数据是训练人工智能模型的必要条件；电商拥有巨大的规模优势，可以摊薄人工智能研发的成本；电商的商品销售，比传统交易存在更大的不确定性，使用人工智能识别这种不确定性成为天然的需求。

目前为止，人工智能在电子商务领域中典型的应用：智能客服和聊天机器人，自动化供应链决策、仓储和物流，推荐系统等。

11.1.2 电子商务与传统贸易的区别

在电商发展的初期，有众多观点认为电子商务与传统商务没有本质的不同，仅仅是销售渠道产生了变化。但随着电商的快速发展，电商的深层次影响逐步显现，电商与传统贸易的不同体现在两方面。

1. 电子商务货品交易分布是幂律分布而非正态分布

幂律分布——电商爆款产生的秘密

传统的商务贸易活动，很多情况货品的成交分布会被认为是近似正态分布。如在传统的供应链预测问题上，或者报童问题（报童问题：每天早上，报童向报社以低价采购报纸，然后以较高价格卖出，如果不能卖出则需要赔钱处理掉。报童应该如何确定报纸的采购数量？）的解决上，货品的销售分布都经常被简化为正态分布的销售曲线，但电子商务的销售分布与正态分布完全不同，大部分情况下会呈现类似幂律分布的形态。

电子商务销售中的幂率分布可以用无标度网络进行解释。电子商务可以看成人与货的连接网络的形成，网络中每种货物节点的度即这个货物的销售数量。这个网络的形成与无标度网络类似，都有两种机制：生长机制和偏好连接。生长机制指的是商品在电商平台上架后，新节点（顾客）将顾客与原来的节点（商品）连接。人和货不断地进行连接。而偏好连接指的是每个新节点（顾客）和已经存在的节点（商品）连接，选择商品节点的概率正比于该商品拥有的连接数。也就是说，如果有两个商品可供选择，其中一个商品的连接数是另一个的两倍，则连接数多的商品被选到的概率也是另一个节点的两倍，如图11.2所示。

究其原因，这种现象与电商平台的推荐机制和顾客的心理效应可能都有关系。电商平台会将高销量的商品推荐至首页、搜索页、活动页等位置。在搜索结果和千人千面的商品推荐中，也会考虑销量的因素，这导致更好的销售会得到更好的位置，从而促使销量变得更大，形成正反馈效应。而顾客也有从众心理，会认为更多购买的商品是更值得买的，这也会使这种强者越强的效应更加明显。对比传统贸易方法，顾客是比较难获得商品的销量信息的，而销售商也很难做到根据商品销售情况，实时或半实时地调整商品位置。所以，如图 11.3 所示，传统的销售更像随机网络，其销售结果表现为正态分布。而电商的销售则可用无标度网络来表示，销售结果呈现出幂律分布的特征。

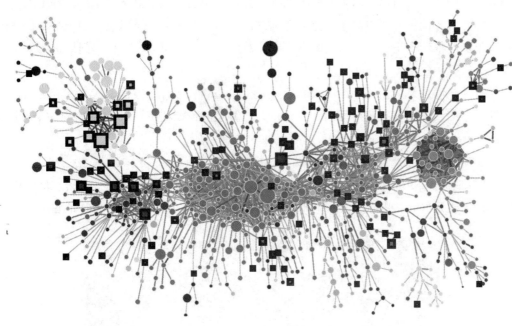

图 11.2　商品与客户连接的电商网络示意，各种商品与各种顾客产生了无标度网络的连接（图片来源：Unsplash）

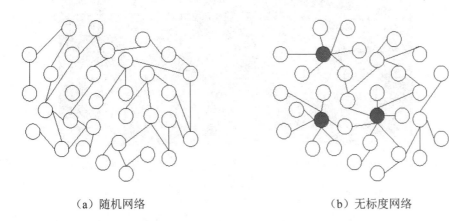

（a）随机网络　　　　　　　　（b）无标度网络

图 11.3　随机网络与无标度网络（图片来源：Unsplash）

近年来，随着互联网的发展，以无标度网络为典型代表的复杂网络被越来越多地研究，其表现出来的幂律分布特性也被用来解释电商中的诸多现象。它对商业的影响是深远的，其更多的特征还有待进一步的探索。

2. 电子商务天然具备人工智能的基础

人工智能的应用主要依赖于算法、算力和数据。近年来，人工智能领域在算法和算力方面有了非常大的提升，在一系列问题上都取得了突破性的进展。但大规模的、优质的数据仍然非常稀缺。

电子商务较传统贸易而言，所有的重要操作都是在线上完成的。线上天然具备数据留存的优势，收集数据的效率、准确程度、数据规模都明显好于传统的贸易方式。电商天然具备高质量的数据集。所以电子商务天然具备人工智能的基础。

国内的电子商务与国外相比呈现出了不同的特点。国外更倾向于使用独立站点的方式进行电子商务贸易。顾客由搜索引擎、社交网络引导至电子商务站点。在这种方式下，电子商务站点的所有者可以获取用户的全部行为数据。国内的电子商务形态更依赖于电商平台，品牌方或者销售方在电商平台建立店铺进行销售。这种方式可以获取的一手数据变得非常有限，但依赖于平台方提供的数据平台和算法工具，也可以以更低的门槛进行人工智能算法的研究和应用。

同时，电商也是人工智能应用较为容易获得收益的领域，一方面，人工智能可以直接在电商网站应用，很容易获得反馈。另外，人工智能的模型训练可以直接以网站成交金额（Gross Merchandise Volume，GMV）等收益型指标最大化为训练的目标，从而直接在应用人工智能模型后获得成交金额的增长。

相信随着人工智能技术和电商技术的演进，电商的数据与人工智能技术的发展可以形成一个良性的正反馈，以获得更大的收益。图 11.4 所示表现出了公司对数据的重视。

图 11.4　一家公司的座右铭：数据可以作出更好的选择（图片来源：Unsplash）

11.2　智能电子商务关键技术

11.2.1　电子商务技术发展

一般而言，传统的电子商务技术包括网络技术、Web 浏览技术、数据库技术、安全技术、电子支付技术。

随着技术的快速演进和发展，上述技术已经成为电商领域的基础设施。互联网技术已经从计算机互联网发展至移动互联网，移动互联网也从 2G 进入 5G 时代。Web 浏览技术在电商应用中已经不再占据核心位置，取而代之的是移动 App。数据库技术从传统的关系型数据库，发展到超大规模的分布式数据库和各类非关系型数据库。这些本章将不再重点描述。伴随着电子商务的发展，很多新技术也在高速发展。典型的技术包括高并发应用场景下的分布式技术、计算广告技术、知识图谱技术等。

11.2.2　高并发应用场景下的分布式技术

高并发应用场景下的分布式技术为"双十一"等购物节提供了秒杀技术支持。每年的"双十一"大型购物节都是对电商技术的大考。秒杀考验的并不是一个技术单项，而是对整个技术架构的一个综合挑战。

总体来看，支持高并发秒杀等应用场景，主要需要注意两个原则。首先，尽量将请求拦截在前端，如果不做拦截，则网络请求会瞬间压到后端，响应速度极慢，几乎所有请求都超时。在设计支持秒杀的架构时，要保证到后端的网络请求不超过设计的最大容量，让整个系统能撑住，即使部分用户前端出现响应慢的情况也要保证系统整体是可用的。其次，要注意多使用缓存，秒杀是典型的读多写少的场景，非常适合使用缓存。

秒杀的底层在于分布式技术架构，包括 CDN 技术、分布式数据库技术、分布式文件系统、应用服务器集群技术等。分布式架构的核心在于能做到横向扩展，即当业务量增加时，能通过增加服务器的方式应对巨大的流量。分布式系统是一个复杂的技术，实现分布式的技术往往存在多种陷阱，看似简单的实现在不经意间就容易出错。本章并不涉及分布式计算的技术细节，下面以几个例子来讲解分布式计算、分布式架构的复杂之处。

（1）状态的保持。电子商务常用的 HTTP 协议是一种无状态协议，无状态协议的含义是，每次 HTTP 请求，服务端不知道客户端是哪个，为了保持状态往往需要 Cookie 和 Session 等技术的支持。这些技术在非分布式环境下往往非常正常。但在分布式环境下，容易出现状态丢失、复制失败、无法获取状态等情况，此时需要采用如 Redis 等集中状态处理的节点来维持。

（2）持久化。用户上传的商品图片如何保存？在非分布式环境下只需要简单保存于本地即可。在分布式环境下保存到本地会使其他节点无法读取文件，此时必须使用包括 SAN 等在内的集中存储或分布式存储服务。图 11.5 所示是一个分布式系统机房的设备。

图 11.5　分布式系统机房的设备（图片来源：Unsplash）

11.2.3　计算广告技术

计算广告是电子商务领域一项新兴的技术，涉及搜索技术、语义技术、统计模型、机器学习、分类、优化以及微观经济学。计算广告最重要的挑战是在特定上下文中，在"人"和"广告"之间找到"最佳匹配"，并在非常短的时间内响应用户。

要做好计算广告，必须结合业务与技术来实现。一般来讲，要实现计算广告，必须对业务有极为深刻的了解。电子商务的业务了解所必需的途径是数据分析，而且是涉及用户交互行为的海量技术分析。这就要求计算广告平台必须依托于大数据分析平台，即在 Hive、Spark、ElasticSearch 等大数据分析平台的支撑下，运用对比分析、趋势分析、多维分析等方法将业务了解深入再进行计算广告的实现。

本质上，计算广告是去预估电子商务用户是否会点击某种类型的广告（或商品），只要预估的用户行为相对准确，就可以向用户提供不反感且愿意点击的广告内容，从而实现广告主、品牌方、平台方和客户多方共赢。所以计算广告的重中之重是对用户行为进行建模，预测用户在将来一段时间可能的操作。这种建模传统上会使用逻辑回归、贝叶斯等方法。使用这些方法时会做大量的特征工程工作（基于业务将用户的行为特征抽象为逻辑回归可用的特征值），来预测客户的点击率。近年来，建模时也会采用包括深度学习在内的各种方法来提升预测的性能。

11.2.4　知识图谱技术

形形色色的购物社群——
电商图谱的应用

电子商务有海量的商品数据、消费者数据、交易数据和其他数据（如用户行为数据等）。这些数据如何产生作用？在知识图谱得到广泛应用之前，一般只有两种方式：一种是通过从业人员的个人能力，结合数据得到判断结果，并把判断结果沉淀为自己的经验；另一种是通过机器学习和统计学的算法从数据中发现规律再加以应用。这两种方法都有问题，通过个人能力沉淀的经验容易受到各种因素的影响，处理的数据量也非常有限。而使用机器学习的方法，则存在过拟合、结果可能无法解读等限制。

在这种情况下，知识图谱（Knowledge Graph/Vault）得到了电商领域的重视。知识图谱本质上是语义网络，是一种基于图的数据结构，由节点和边组成。在知识图谱里，每个节点表示现实世界中存在的"实体"，每条边为实体与实体之间的"关系"。知识图谱是关系的最有效的表示方式。通俗来讲，知识图谱就是把所有不同种类的信息连接在一起而得到的一个关系网络。知识图谱提供了从"关系"的角度去分析问题的方法。知识图谱综合了自然语言处理（Natural Language Processing，NLP）、语义推理和深度学习等技术，广泛地应用于搜索、前端导购、智能问答、创新业务等领域中：帮助品牌商透视全局数据；帮助平台治理运营发现问题商品；帮助行业基于确定的信息选品，做人货场匹配，提高消费者购物体验等；为新零售提供了可靠的智能引擎。

11.3　智能电子商务案例

11.3.1　典型的电子商务技术架构

一个典型的大数据
系统架构

图 11.6 描述了一个电子商务品牌的技术架构（以韩都衣舍为例）。该架构共有九个应用层次。根据技术与业务应用的距离，整个架构可以分为前台、中台、后台三大部分。

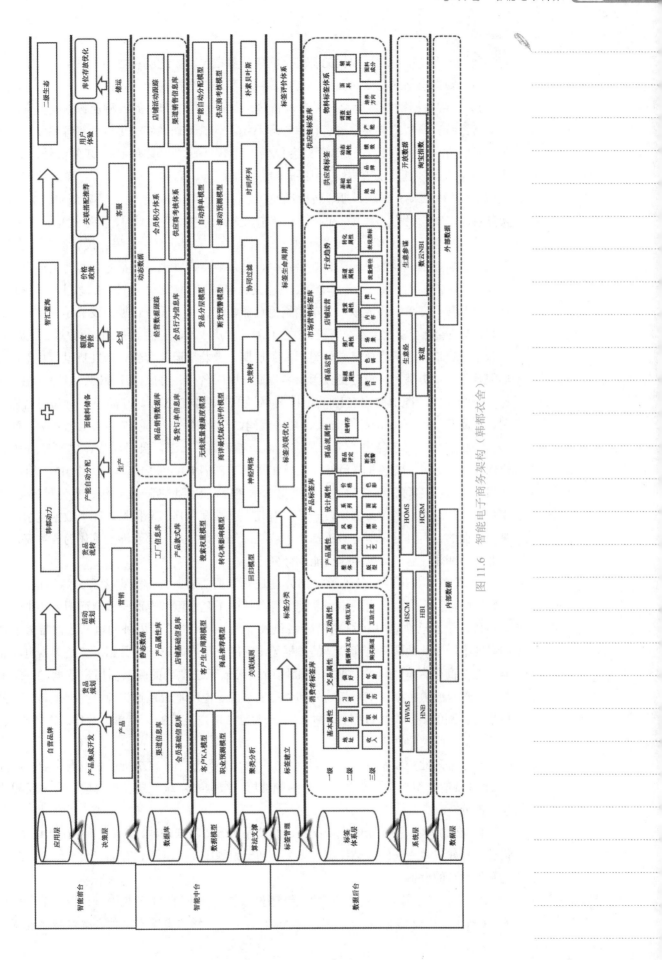

图 11.6 智能电子商务架构（韩都衣舍）

1. 数据后台

数据后台是整个应用架构的基础。它包括数据层、系统层和标签体系层三大部分。

（1）数据层指的是原始数据，有内部数据和外部数据两种。

1）内部数据指的是运营、生产、仓储、营销过程中产生的各种业务数据，来源于各大业务系统。典型的业务系统有订单管理系统、仓储管理系统、供应链管理系统等。这类数据往往非常复杂，比如订单数据会包括"订单明细 ID、订单 ID、订单编号、交易号、平台 ID、平台类型、订单类型、店铺 ID、店铺编码、店铺名称、来源订单、快递费、快递成本、交易日期、付款日期、转换日期、是否已开票、买家留言、买家邮箱、买家昵称、卖家备注、卖家昵称、手工订单、订单状态、内部便签、拒单原因、买家账号、创建时间、一口价、销售价、成本价、折扣数额、实付金额、实付金额 - 去税、代理价格、总金额、数量、销售成本、销售毛利额、是否行销、是否缺货、本地商品货号、本地条形码、平台商品名称、订单明细状态、订单金额、订单支付金额、订单支付金额 - 去税、订单折扣金额、订单总数量、订单销售成本、订单销售毛利额、省、市、发货日期、发货年、发货月、发货日、发货金额、发货金额 - 去税、发货件数、发货成本、退款金额、退货数量、退货成本、退货申请日期、退货审核日期、退货收到日期、未发货退款金额、未发货退货数量、退款单编号、退款类型、客户退货原因、客户退货原因名称、客服标注原因、客服标注原因名称、详细原因、详细原因名称、SKU 名称、季节、季节名称、产品小组、部门名称、性别、产品负责人 ID、产品负责人、规格代码、规格名称、颜色代码、颜色名称、商品分类、类目名称、工艺品类、工艺品类名称、工艺类目、工艺类目名称、生产部门 ID、生产部门、业务组、生产业务员 ID、生产业务员、部门 ID、部门名称、大组 ID、大组名称、小组 ID、小组名称、新老款、转季类型、吊牌价、上架日期、支付年、支付月、支付日、支付日期"这 100 多个数据字段。其中有几十个维度和几十个指标。此类数据复杂的原因是多方面的，而且几乎所有数据都不可或缺，每个数据几乎都会涉及具体的业务流程，随着业务的变化，这类数据维度可能也会变化。

2）此外，数据层的外部数据部分也是非常重要的。外部数据大多来源于电商平台。与国外的电商不同，国内的电商品牌大部分依附于几个巨型电商平台，而国外的电商品牌会更依赖于自己独立的 B2C 电商网站和 App。这种状态给国内外的电商数据带来了几个明显的不同：一是国内电商品牌的数据会缺乏用户行为的第一手数据；二是国内电商品牌能通过电商平台拿到一些凭独立电商网站或 App 无法拿到的脱敏后用户数据，以及市场与竞品部分脱敏数据。本章指的外部数据主要就是电商平台通过接口、数据工具、数据分析平台得到的多种类型数据。此类数据一般包括用户类数据、订单类数据、市场类数据、竞争数据、品类数据等。

（2）处理此类复杂数据，需要一个完善的 IT 系统。图 11.7 所示为电商企业中电商业务 IT 系统的典型架构。整个架构分为物理层、数据（系统）层、平台层、应用层和决策层 5 部分。

1）在物理层，不少新的电商品牌已经使用云服务器来构建，在本案例中出于成本考虑，仍然为自建机房搭建的基础设施。在整个基础设施中，服务器、存储、负载均衡、防火墙为必须具有的设备。

2）数据（系统）层是近年来发展较快的一层，传统的 IT 架构中，使用大型商用数据库（Oracle、DB2 等）配合光存储（SAN）是常见的解决方案。这种方案可靠性较高，但投资大、扩容复杂，不利于业务的快速发展，在新的架构中，已经逐步被开源数据库、云数据库和新兴的分布式数据库所取代。另外也有很多专用的数据库发展起来，比如用于缓存系统的键值型数据库、用于多种用途的数据结构数据库（以 Redis 为代表）、适合前端程序直接访问的文档型数据库、适合物联网的时序数据库以及适合大数据存储的 Hadoop 体系数据库等。这些数据库都在近年电商的应用中发挥了重大的作用。

3）平台层在 IT 架构中极为重要。它提供的基础能力会直接决定整个 IT 架构是否可以良好地解耦。这其中比较重要的是服务总线架构，以及消息处理系统。服务总线架构决定了整个系统是否可以良好地进行分布式扩容，以及是否可以迁移至近年来比较流行的微服务架构。但需要注意的是，分布式调用一向是系统中最容易出现问题的地方，而一旦分布式系统出现了问题，调试、复现、跟踪、修复都是比较费时费力的。

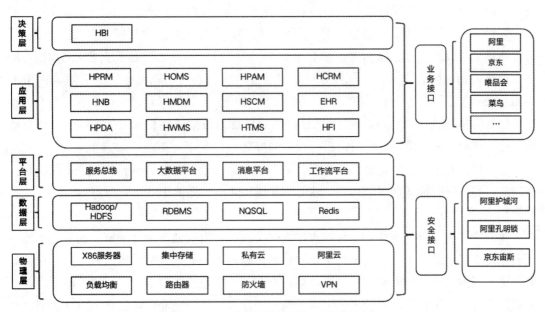

图 11.7　IT 系统的典型架构（韩都衣舍）

一个良好的服务总线可以帮助解决这些问题。消息处理系统是伴随着电商的秒杀等玩法必须建立起来的子系统。电商在举办"双十一""六一八"这些年度大型促销活动时，其订单量和其他数据量的峰值，往往是日常数据量的几百倍至几千倍，系统如果直接处理这些数据后果一般是灾难性的，所有环节都会卡死。而系统的卡死，对电商企业而言又是灾难性的：订单无法处理、产品无法发货、客服无法向客户解释、大量退款发生。大型促销期间临时招聘的仓储、物流、客服人员都会无事可做，可能直接让一个品牌面临倒闭的风险。而消息系统就是将这些峰值涌进来的数据，以比较平缓的方式让系统来处理。消息处理系统一般会采用消息发布—订阅的模式进行处理。如一个订单进来后并不直接进业务系统，而是存储在消息队列服务器中。由业务系统主动从队列中拉取订单处理，处理完后再拉取下一个，直至拉取完所有的订单数据。

4）应用层是电商企业在自身组织架构下直接进行电商业务处理的一层。比较重要的应用层系统主要有订单管理系统、仓储管理系统、供应链管理系统等。这三大系统分别处理客户的消费订单、仓库的出库入库、产品的生产这几大关键环节。一旦这三个系统出现问题，整个电商业务就会停摆。另外客户关系管理系统、运营支撑系统、营销活动管理系统、物流系统、主数据管理系统等也都非常重要。

5）决策层是电商品牌非常重要的一层。电商与传统贸易形式相比，很大的优势就是拥有海量的数据。但想要从海量的数据中找出规律，形成知识，为业务决策服务，必须通过商业智能系统的大量数据分析与挖掘才能完成。一般而言，商业智能系统主要包括几类分析：一类是基础的数据报表；一类是通过对比分析和趋势分析，由业务分析人员去做进一步的数据解读，如年同比数据，是电商在日常分析中看得最多的；最后一类是数据挖掘，即使用数据算法来寻找数据规律最终达到支持决策的目的，如客户评论中的文本数据挖掘、基于订单数据的回归预测等。

（3）标签体系层是在数据层之上根据企业标准，将数据转化为维度标签的一层体系。比如产品上"袖长"标签的建立过程，指的就是通过企业内部的标签构建逻辑，根据供应链管理系统中的产品工艺要求的袖长，转化为"长袖""短袖""七分袖""五分袖"等类型的过程。一旦标签建立好之后，就可以在多个业务层面对袖型标签进行分析，如今年"双十一"短袖在南方城市的销量如何等。另外，标签建立好之后，也可以使用数据挖掘/人工智能算法对数据进行建模和做特征工程工作，以获得对业务来说更有描述性的数据。还是以袖长为例，因为袖长在不同厂家的定义可能有所差别，所以直接使用工艺单的 SKU（SKU 指的是最小库存单元，如一个产品的绿色 M 码）袖长厘米数，往往不容易与业务与客户行为直接挂钩。但一旦将一个 SKU 的袖长转变为短袖或者长袖的标签，当做模型特征工程工作或者进行模型训练时，都有很大的好处。

标签建立起来之后，也需要一整套体系对标签进行维护，包括标签的建立、维护、打标、销毁等。只有管理良好的标签，映射到数据上才是合适的标签。

2. 智慧中台

智慧中台主要指各类业务优化、预测和决策模型。电商业务涉及非常多的数据，而电商业务的决策也是基于数据而来的。使用这些数据得到更有效、更精准的决策，就是智慧中台这一层的目标。和大家想象的可能略有不同的地方是，智慧中台这一层并不一定完全由机器学习等人工智能算法做出，因为现实中的业务落地涉及非常多的环节，这时简化的模型反而更容易发挥效果。另外一方面，受限于成本和业务，我们可能无法拿到足够的供模型训练的数据，这时简化的模型也是有存在的必要的。但从长远考虑，基于算法的、能处理海量数据的、具备优化能力的算法模型一定是智慧中台的核心。

电商的业务流程涉及非常多的环节，需要用的业务模型也非常多，如在客户方面，有KA 客户模型［计算客户是否属于核心客户（享受差异化服务）］、客户生命周期预测模型（预测客户在整个生命周期中为品牌贡献的 GMV）、客户流失模型（预测客户是否有可能出现流失）、客户复购模型（预测客户在这次营销活动中是否会复购）等。

在市场方面，有一个很重要的模型是销售预测模型。这个模型在电子商务的业务链条中起到了承接的作用。销售预测模型的作用是预测一个商品在稳定的市场条件下，下一个销售周期的销售件数。电子商务的销售具备明显的周期性，在固定的月份和促销活动中，销售指标会具有明显的规律，这种规律体现为在前期各类指标表现好的商品，在后期一般会有相应的销售表现。预测的难点在于，销售的维度非常多，仅销售订单维度就有 100 多个业务字段，加上客户、商品等维度信息，维度会膨胀得很厉害。有经验的业务分析师会去寻找那些最重要的数据维度，比如商品被加入购物车的数量、商品的流量等，但维度的减少，也可能意味着某些重要因素被忽略掉了。为了解决这个问题，可使用机器学习算法来处理海量的维度数据。销售件数预测出来后，市场端的营销资源分配、供应链的生产订单排期，甚至仓储的库位摆放，都可以根据销售件数来进行优化。

在供应链方面，有缺货预警、产能分配、生产波次优化等数据模型对供应链进行指导。

在实际业务上，往往一个业务操作可能会影响到很多环节，这时也会涉及多个模型的联动。是否可以统一评价每个业务动作给集团层面造成的影响？如对销售价格的调整造成了销量的变化，同时影响到了仓储的调拨、工厂的生产波次、面料的储备等。这一系列的调整，是否存在一个最优解？是否有可能通过模型不仅得到具体的执行建议，甚至给出长期的战略方向？这都是智慧中台希望解决的问题。

在人工智能领域，对综合类决策的作出也是一个热门的方向。现实中要考虑问题的复杂程度往往远远超过目前人工智能已经取得突破的棋类游戏领域。以围棋为例，围棋的棋盘有 19×19=361 个方格，每一步都有 361 种可能走法。但在电子商务运营的过程中，一个商品每天都可以有近乎无穷种运营的可能性。如商品价格的调整是向上调整还是向下调整、给不同人群发放不同的优惠券、是否参与某次促销活动等。

3. 智能前台

韩都衣舍的智慧前台一般指数据决策支持系统。具体的决策支持系统包括商业智能系统、竞品情报组系统和人工智能系统。下面主要介绍商业智能系统。

商业智能系统是电商企业非常重视的系统。一方面，品牌的各种数据指标需要从商业智能系统输出，用于进行考核和对比；另一方面，商业智能的分析结果对各个业务端口下一步的业务动作也可以起到指导性的作用。商业智能系统在数据获取上分为离线数据和在线数据两部分。离线数据一般按天更新，用于处理较复杂的、需要精准无误的业务数据。在线数据可以实时计算，用于支撑实时要求较高的（如"双十一"大促期间货品的实时毛利率）的数据获取、汇总和计算。

图 11.8 描述了一个典型的商业智能系统架构。

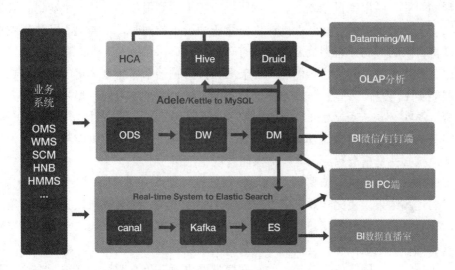

图 11.8　典型的商业智能系统架构（韩都衣舍）

图 11.9 展示了一个用于产品设计的决策支持例子：流行趋势热词关联分析。这个例子使用了数据后台每天采集的 50 万在线商品数据，将其进行属性分解后进行频繁项集模式挖掘，用于观察近期流行的热门流行词，同时还可以找出与某个热门流行词（如"复古"）关联的流行词的关联热度，给设计师设计提供灵感。

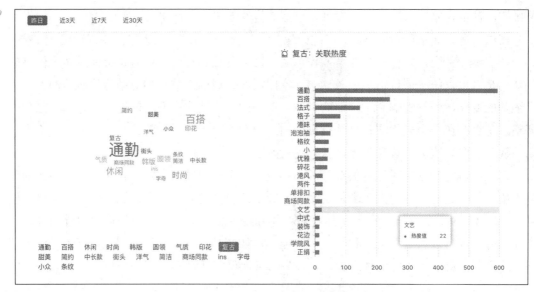

图 11.9　流行趋势热词关联分析（韩都衣舍）

AI 在电商企业的典型应用

11.3.2　案例一：基于 xgboost 的销量预测

提高需求预测的精准度，是所有的供应链研究都想突破的一个方向。相比传统的线下品牌，互联网电商服装企业在预测上难度要大得多，必须做好两方面工作：一方面是销量预测，另一方面是供应链仿真。销量预测要依靠人工智能的算法来实施，人工智能算法最明显的一个优势就是，它可以考虑到很多人无法发现的维度。比如用户的收藏数，这个指标经过统计学的变换之后对未来一段时间的销量是有影响的，但这种规律是即使有经验的员工可能也无法发现的。xgboost 算法用的数据就可以超过上百个维度。另外，供应链仿真可以帮助企业在做出销量预测之后，利用供应链来达到最佳的效果。供应链仿真还可以帮助测试多个生产下单的方案，做到在供应量压力最小的同时，不会出现断货影响销售的情况，以将有限的产能分布到最需要返单的产品上。

如服装销售预测，其销售预测准确性甚至直接影响一个零售型公司的生死存亡。如果预测衣服能卖 10 万件，并进了 10 万件的货，但实际只卖了 5 万件，那剩下的 5 万件库存足以拖垮一家小公司。反之，如果预测比较准确，买入和卖出基本持平，那么在供应链、仓储、客服、市场等各个端口都会轻松很多。现在经常提到的智慧供应链或者所说的新旧动能转换，核心就是精准预测出客户需求而开展生产。

这个过程一般包括以下步骤：收集数据，建立及完善数据模型，然后投入使用来预测。一般较好的预测结果误差比专业员工做的预测还要低 30%。需要注意以下两点。第一，不断验证，反复完善。精准预测是很难用采购的形式来发挥最大作用的，需要一点点地积累数据、吃透业务、吃透技术，即使差一点最终结果也会差不少。第二，持续完善，不能一蹴而就。比如一个小团队做了一年半的时间模型结果才开始有明显的好转，在这之前团队一直承受了很大的压力，但这个工作确实需要时间。第三，打好提前量，提前布局数据的积累。第四，不要相信模型准确率这个指标，最好是跟人 PK，一旦模型的效果接近人工的效果，那就不需要人来做这个工作了。得到一个令人满意的准确率很容易，但这个准确率实际上却没有任何实用价值，比如第一次做"双十一"预测在某些预测上准确率超过了 98%，但经过一段时间后再看完全没用。

图 11.10 描述了销量预测系统的整体架构。从左至右依次是基础数据、数据整合、特

征工程及模型训练三大部分。

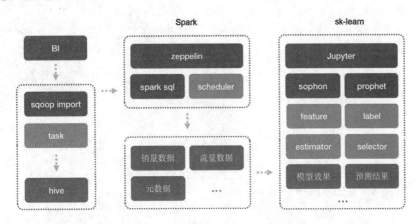

图 11.10 基于人工智能的销售预测系统的整体架构（韩都衣舍）

韩都衣舍的人工智能应用系统可以分成两种技术路线。一种是以 Spark 为主的大规模数据应用集群，主要用于处理大规模的海量数据、做特征工程工作、进行分布式计算的模型训练等；另一种是 Python 可以直接运营的 sk-learn 技术架构，当模型训练的数据量不大时，使用 Jupyter-notebook 和 Python 的组合，更为灵活方便。

图 11.11 描述了销量预测系统的样本数据形式。收集的数据包括销售指标、经营指标。模型的列表是活动销量。

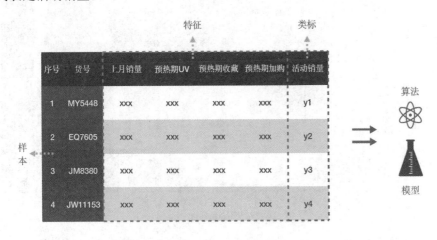

图 11.11 销量预测系统的样本数据形成

销量预测是机器学习中典型的分类或者回归形式的学习，通过图 11.11 所示的样本数据，结合典型的回归或者分类算法即可得到结果。在本案例中，使用的算法是 xgboost 算法。但使用随机森林等算法也可以获得不错的效果。

在完成一次预测后，一定要对预测的结果进行评估和误差分析。图 11.12 列出了误差分析中常用的一种方法，即残差图法。图中的线段是误差为 0 的线，离此线越近说明误差越小，离此线越远说明误差越大。使用残差图可以很容易地发现误差较大的点，以此发现是预测高了还是低了等，从而可以进一步去看误差较大的原因（如特别的营销设置等）。

图 11.13 为销量预测完成后，针对销量分段做的进一步的误差分析。这也是很有用的一种方法，并且这个方法一般会跟专家预测的结果进行对比，发现具体哪个销量段的误差更大。在下次预测的时候，就可以针对误差较大的分段进行定向优化，也可以采用模型 + 专家预测组合的方法来进行预测。

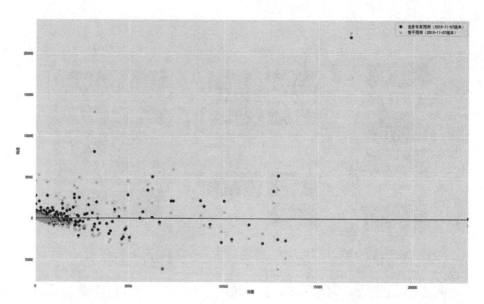

图 11.12 销量预测模型结果评估（2019"双十一"预热预测对比残差图）

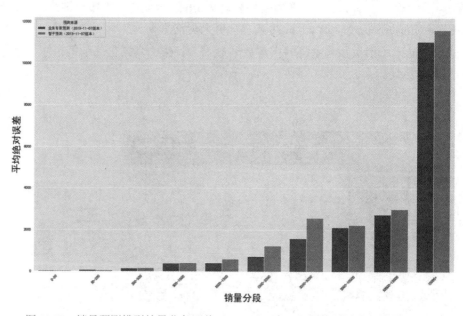

图 11.13 销量预测模型结果业务评估（2019"双十一"预热预测分段效果对比）

11.3.3 案例二：基于 NLP 的客户感知分析

这个案例是一个很实用也很有意思的案例，具体的工作是对客户的商品评价进行数据分析。大家在网上买完东西，很多人会写一个商品的评价。这些评价是商家了解自己产品最好的渠道之一，商品质量好不好，送货的快递快不快，在评价上都可以体现出来。一家小店可能只需要店主每天自己在后台看看就行。

但像韩都衣舍这种规模的店铺，一天可能会有几万条评价数据，因此需要专门客服小组来处理这些评价，如果一条条地看，且好评差评都人工记录下来，非常烦琐。我们可利用自然语言解析的技术，自动处理这些海量的数据，并分门别类地列出每条评价中对上身效果、质量、物流、颜色等的评价，准确率达到 90%，节省了人力物力，一年多处理了430 万条评价。但它的作用远远不止以上所述的这些，比如，评价是可以跟供应链结合的。

如图 11.14 所示，在基于 NLP 的应用系统中，每当有一个客户对 A 供应商的差评，就降低一点点对 A 供应商的评级，派给它的单就可以少一点点，而且这一切是完全可以自动进行且自动反馈的，可以让数据自动地流动起来，这也是阿里参谋长曾鸣提出的"活数据"的意思。

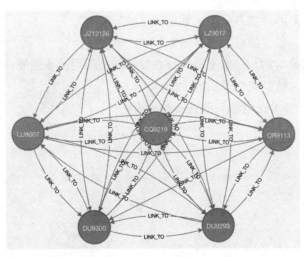

图 11.14　基于 NLP 的应用系统

11.3.4　案例三：基于知识图谱的商品链接优化

知识图谱是近年来比较火热的研究领域，但具体落地的业务场景，与人工智能技术比相对窄了一些，其主要在金融风控、商品推荐、实体知识推理等领域有较为成功的案例。在电商领域，电商平台对知识图谱的应用更多一些。本章介绍一个在电商品牌中值得参考的例子（利用商品与商品直接的链接，对商品互链进行优化）。

如图 11.15 所示，电商的商品是可以以用户为桥梁互相链接的。一旦一个用户同时购买了商品 A 和商品 B，就可以定义为商品 A 和商品 B 之间产生了一个链接。这个链接也可以定义为浏览、收藏、加购商品。形成链接之后，商品与商品之间就构成了一个网络。如前述章节所述，这个网络是一个无标度网络。它拥有无标度网络的性质，如小世界、六度分隔、幂律分布等。同时，这个网络也可以使用图数据挖掘的方法，找出网络中有用的若干性质。

图 11.15　一个典型的货品链接图

图 11.16 是一个对商品互链形成的知识图谱的 PageRank 计算。这个算法可以得到每个商品在商品互链的网络中各自的重要程度。这个重要程度不一定关系到销售或者利润，但对商品之间的网络链接非常重要。要破坏这个网络链接，最好的办法就是去攻击 PageRank 得分高的商品。由于无标度网络的特性，这种中心节点对整个网络的影响极大，如果取消对商品的推荐机制，则可能影响很大，从而影响电商整体的流量。

货号	类目	PageRank分数
GS9312	休闲裤	8.040507
IG8487	牛仔裤	5.869746
DU9300	卫衣/绒衫	5.473368
NW12200	卫衣/绒衫	4.840228
NG9933	连衣裙	4.675050

图 11.16　PageRank 计算得分结果表

图 11.17 所示的图谱是关于社群发现的结果。通过网络社群能明显发现只对某一类商品感兴趣的用户，或者只对某个明星代言的产品感兴趣的用户。这个社群的形成跟电商平台的推荐机制有很大的关系。电商平台推荐的产品都是用户感兴趣的产品，容易形成"信息茧房"效应，从而使这个群体的用户接触到的都是这个群体的相关商品。

图 11.17　一个典型的知识图谱社群发现应用

课后题

1. 简述电子商务的特点。
2. 为什么电子商务天然具备人工智能的基础？
3. 传统电子商务包含的技术有哪些？
4. 简述电子商务购物节技术支持的高并发秒杀等应用场景需要注意的两个原则。
5. 举例说明人工智能在电子商务中的作用。
6. 请简述 NLP 技术在电子商务领域的应用场景。

第 12 章　智能医疗

本章导读

智能医疗通过医疗信息平台，利用先进的物联网、大数据和人工智能技术，实现患者与医务人员、医疗机构、医疗设备之间的互动，使医疗过程信息化、智能化和互动化。有效医学数据的获取加快了人工智能在智能医疗领域的发展，人工智能技术也逐渐成为影响医疗行业发展、提升医疗服务水平的重要因素。目前，人工智能技术在医疗领域的应用主要在医学影像分析、辅助诊断、药物研发、健康管理、疾病预测等方面。智能医疗推进整个医疗体系的变革，具有重要的社会意义。本章讲解了智能医疗的基本情况、体系和技术架构、医疗人工智能和应用案例。

本章要点

- ♀ 智能医疗的基础知识
- ♀ 智能医疗的关键技术
- ♀ 智能医疗的应用案例

12.1　智能医疗概述

智能医疗概述

12.1.1　智能医疗概念

智能医疗是利用先进的网络、通信和数字技术，实现医疗信息的智能化采集、转换、存储、传输和后处理，及各项医疗业务流程的数字化运作，使患者与医务人员、医疗机构、医疗设备等医疗元素之间的信息定义、信息采集与交互达到信息化、智能化和互动化的新型医疗过程。智能医疗不仅仅是数字化医疗设备的简单集合，而是根据医疗标准和医疗数据库，设计和开发医疗智能设备和智能软件，诊断并分析有关个人生理和心理状况的数据，并将这些数据通过互联网实现数据库在医疗元素之间的实时更新、信息互动和智能处理。

智能医疗是把物联网技术、人工智能和大数据技术应用于整个医疗过程的现代化医疗方式，可实现医疗的信息数字化、过程远程化、流程科学化和服务人性化。人工智能（Artificial Intelligence，AI）的发展促使智能医疗发展成为一项重要产业。通过发展智能医疗，区域内有限的医疗资源可全面共享，医疗服务产业随之升级，人们亦可获得极为便捷、及时和精准的医疗服务。

12.1.2　智能医疗历史

智能医疗的突破性发展越来越倚重 AI，其迅速发展和普及提高了医疗质量，降低了医疗成本，能够帮助医疗行业解决资源短缺、分配不均等众多民生问题。

1956 年夏季在美国达特茅斯大学举行的首次 AI 研讨会，McCarthy 第一次提出 AI 的概念，标志着 AI 学科的诞生。AI 是计算机科学的一个分支，是对人的意识和思维过程进行模拟并系统应用的一门新兴科学。该领域的研究包括机器人、语言识别、图像识别、自然语言处理和专家系统等。这对智能医疗的发展起到关键作用。智能医疗的主要发展方向包括智能健康管理、辅助诊断、医学识别、药品研发、病理风险预测等，其终极目标是 AI 辅助甚至代替医师来为患者诊断、治疗。

最早在医疗领域进行 AI 的探索出现在 20 世纪 70 年代。1972 年，由利兹大学研发的 AAPHelp 是医疗领域最早出现的 AI 系统，这个系统主要用于对腹部剧痛的辅助诊断和手术。1974 年匹兹堡大学研发的 INTERNISTI 可用于对内科复杂疾病的辅助诊断，1976 年由斯坦福大学研发的 MYCIN 能对感染性疾病患者进行智能诊断，在其内部共有 500 条规则，只要按顺序依次回答其提问，系统就能自动判断出患者所感染细菌的类别，为其开出相应的抗生素处方。此外，还有罗格斯大学开发的 CASNET/Glaucoma，MIT 开发的 PIP、ABEL，斯坦福大学开发的 ONCOCIN 等。到 80 年代，已经有一些商业化应用系统出现，比如 QMR（Quick Medical Reference）、DXplain，它们主要依据临床表现提供诊断方案。然而，由于医疗的高度复杂性和保守性，早期的智能医疗系统在医学中的实际应用都不是很成功。

智能医疗领域的行业标杆是 IBM Watson，目前已通过 AI 在智能医疗的应用中做出实际成效。癌症治疗领域排名前三的医院都在运行 Watson，并且 Watson 已经正式进入中国。除了 IBM 之外，谷歌、微软等科技巨头也在智能医疗领域取得了积极进展。2016 年 2 月，谷歌 DeepMind 公布成立 DeepMind Health 部门，与英国国家健康系统合作，帮助他们提高效率，辅助决策。DeepMind 同时应用于对具体疾病的诊疗，例如通过深度学习对头颈癌患者开展放疗疗法设计，与眼科医院合作将 AI 技术应用于及早发现和治疗威胁视力的眼部疾病等。同年，微软也宣布启动将 AI 用于医疗健康的 Hanover 计划，帮助寻找最有效的药物和治疗方案，并且与俄勒冈卫生科学大学合作，共同进行药物研发和个性化治疗。

我国智能医疗的发展始于 20 世纪 80 年代初，起步虽然较发达国家晚，但是发展速度迅猛。1978 年北京中医医院关幼波教授与计算机科学领域的专家合作开发了"关幼波肝病诊疗程序"，第一次将医学专家系统应用到我国传统中医领域。2016 年 10 月，百度以"开启智能医疗新时代"为主题，正式对外发布百度 AI 在医疗领域内的最新成果——百度医疗大脑，对标谷歌和 IBM 的同类产品。百度医疗大脑通过海量医疗数据、专业文献的采集与分析，模拟医生问诊流程，依据用户的症状，给出诊疗最终建议。腾讯则依托丰富的用户数据量和数据维度，探索发展医疗 AI。2017 年 7 月，阿里健康发布了医疗 AI Doctor You。Doctor You 系统包括临床医学科研诊断平台、医疗辅助检测引擎、医师能力培训系统等。此外阿里健康还与多地政府、医院、科研院校等外部机构合作，开发打造包括糖尿病、肺癌预测、心理智能、眼底筛查在内的 20 种常见、多发疾病的智能诊断引擎。

2017 年 7 月，国务院出台《国务院关于印发新一代人工智能发展规划的通知》（国发〔2017〕35 号），提出发展便捷高效的智能服务，推广应用 AI 治疗新模式新手段，建立快速精准的智能医疗体系。在智慧医院建设方面，加强手术机器人，智能诊疗助手，柔性可穿戴、生物兼容的生理监测系统等设备的研发；在药物领域，基于 AI 开展大规模基因组识别、蛋白组学、代谢组学等研究和新药研发，推进医药监管智能化；通过 AI 的应用，加强流行病智能监测和防控。同年 12 月，工信部发布《促进新一代人工智能产业发展三年行动计划（2018—2020 年）》，推动医学影像数据采集标准化与规范化，加快医疗影像辅助诊断系统的产品化及临床辅助应用。2018 年 4 月，国务院办公厅发布《关于促进"互联网＋医疗健康"发展的意见》（国办发〔2018〕26 号），健全"互联网＋医疗健康"服务体系，完善"互联网＋医疗健康"支撑体系。2020 年新型冠状肺炎疫情期间，AI 技术在快速体温检测、大数据防控、机器人接待、医学影像判别等方面发挥了重要作用。预计未来，国家将继续出台政策鼓励智能医疗产业发展。

12.1.3　智能医疗展望

Tractica 预测，包括硬件和服务销售在内的收入，2025 年医疗保健 AI 市场将超过 340 亿美元。医学图像分析、医疗保健 VDA、计算药物有效性、医疗建议、患者数据处理、医疗诊断援助、将文书工作转换为数据、自动生成报告、医院病人管理系统、生物标志物发现等将成为前 10 个用例。AI 技术将推动医疗保健行业的成本降低，并使得患者诊断、监控和治疗更加高效、准确，医疗健康服务可以覆盖更多人群，如图 12.1 所示。

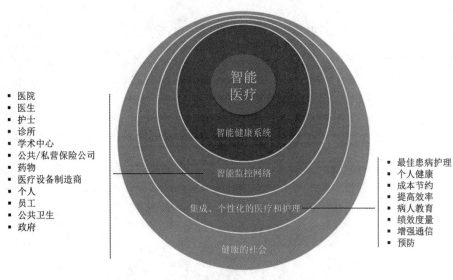

图 12.1　智能医疗与社会发展

智能医疗未来主要有 5 个应用方向，分别是医学影像、辅助诊断、药物研发、健康管理、疾病风险预测。这些应用借由数字化、可视化模式，可使有限的医疗资源让更多人共享。从目前医疗信息化的发展来看，随着医疗卫生社区化、保健化的发展趋势日益明显，通过射频仪器等相关终端设备在家庭中进行体征信息的实时跟踪与监控，并通过有效的物联网技术实现医院对患者或者是亚健康病人的实时诊断与健康提醒，可有效地减少病患的发生与控制病患病情的发展。未来的智能医疗还将向个性化方向发展，建立个体化的健康档案。此外，智能医疗在药物开发、药品管理和用药环节的应用过程也将发挥更加显著的作用。智能医疗还将衍生多种产品，如智能胶囊等。

中国智能医疗市场的真正启动，不仅影响医疗服务行业本身，还将直接触动网络供应商、系统集成商、无线设备供应商等行业。同时，智能医疗领域通过快速的发展和变革，将逐渐形成高度集约，深层次协作，高科技水平的、系统性的、社会化的，集开发、生产、应用、反馈、整合为一体的高标准市场。由此，智能医疗将使看病变得简单：患者到医院，只需在自助机上刷一下身份证，就能完成挂号；患者到任何一家医院看病，医生只需输入患者身份证号码，就立即能看到之前所有的健康信息、检查数据；佩戴传感器在身上，医生就能随时掌握患者的心跳、脉搏、体温等生命体征，一旦出现异常，与之相连的智能医疗系统就会预警，提醒患者及时就医，还会生成诊断信息和救治建议，以帮患者争取黄金救治时间。

12.2　智能医疗关键技术

从技术发展的历程看，AI 分为计算智能、感知智能、认知智能三个阶段。第一阶段机器开始像人类一样会计算，传递信息；第二阶段机器开始看懂和听懂，作出判断，采取一些行动；第三阶段机器能够像人一样思考，主动采取行动。从数据有效性和商业模式的发展来看，医疗 AI 应用也可以分为三个阶段。第一阶段为数据整合阶段。深度学习等先进算法已经出现，但由于医疗数据标准化程度低，共享机制弱，AI 在医疗行业的应用领域和效果受限。第二阶段是"数据共享＋感知智能"阶段。当医疗数据融合到一定程度后，将会在辅助诊疗、图像识别等各领域出现辅助技术。在这个阶段，数据和算法相辅相成，有效数据将促进算法的实施得到进一步优化。第三阶段是"健康大数据＋认知智能"阶段。在此阶段，AI 整体上从感知智能向认知智能发展，健康大数据的获取成本也将降低，人类将步入个性化医疗时代，该阶段将出现替代人类医生的 AI 应用。医疗人工智能的技术阶段如图 12.2 所示。

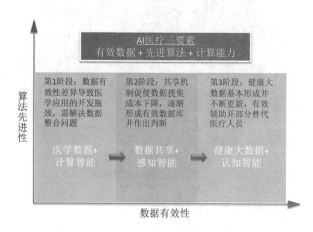

图 12.2　医疗人工智能的技术阶段

智能医疗服务平台架构

12.2.1　体系架构

1.　应用服务平台

智慧医疗卫生应用服务平台主要由智慧医疗公众访问平台构成，通过居民健康自助门户搭建一个以用户为中心的一体化居民健康服务体系，对居民的健康状况、疾病发生发展和康复的全过程实现监测与评估，从而提供健康咨询和自我健康管理等服务。还可通过手机等移动终端设备获取个人电子健康档案／电子病历，实现日常的医疗咨询以及健康和用药提醒等。智能医疗服务平台架构如图 12.3 所示。

当前卫生信息化取得了很大的进展，实现了计算机和网络技术在医疗卫生系统的广泛使用，很多医疗机构（医院、社区卫生服务中心、疾控中心等）构建了基本的业务信息系统（Point of Service，POS）。但卫生信息系统的业务内容繁多，标准和规范也纷繁复杂，各信息系统开发和采用的技术差别较大，同时涉及不同的运行机构、监管部门等，造成了系统之间相互独立并形成信息孤岛，特别是区域医疗卫生信息网络（Regional Healthcare Information Network，RHIN）内实现跨医疗机构的临床与医疗健康信息的共享和交换非常困难，这迫切需要构建统一完整的居民健康档案以及跨医疗机构的信息共享机制，协同不同医疗机构的业务信息系统，避免病人在不同医院间的不必要的重复性检查，实现居民电子病历和健康档案信息的共享和交换，预防和监控重大疾病，为相关部门提供全面准确的决策支持，从而达到降低医疗成本、减少医疗事故、提高公共卫生服务水平、使病人享受到更好的医疗服务的目的。

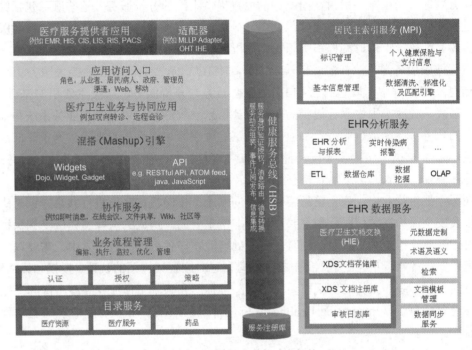

图 12.3　智能医疗服务平台架构

解决上述问题的方案是在区域内统一构建以居民为核心的电子健康档案（Electronic Health Record，EHR）。电子健康档案是以人为核心、以生命周期为主线，涵盖个人健康信息的档案数据。数据涵盖人的生命周期中的重大健康事件（出生、计划免疫、历次体检、门诊、住院以及受过的健康教育等），从而形成一个完整的动态的个人终生健康档案。根据面向服务的架构思想（SOA），结合区域医疗行业内的现状和需求，图 12.3 给出了以电子健康档案为核心的区域医疗参考解决方案架构，具体如下所述。

（1）医疗服务提供者应用以及适配器：代表着医疗机构已构建好的基本业务信息系统，以及为了方便这些系统接入到区域医疗解决方案而提供的适配器。

（2）应用访问入口、医疗卫生业务与协同应用、混搭引擎等：表示参与区域医疗的入口、跨医疗机构的协同和共享应用、Web 2.0 的一些基础服务等。

（3）协作服务：表示医疗机构的相关人员可以使用即时消息等手段实现沟通和协作。

（4）业务流程管理：表示区域医疗中对业务流程的编排、执行、监控和优化。

（5）EHR 数据服务：存储、管理和交换居民电子健康档案的系统，它是构造区域医疗卫生信息平台的基础。其中，数据服务的核心是基于 HIE（Healthcare Information Exchange）实现的。医疗文档的交换和共享是搭建电子健康档案系统的关键，而 HIE 采用标准化方式交换医疗文档。

（6）居民主索引服务：居民主索引系统 MPI（Master Patient Index，也可以称为 EMPI，

Enterprise Master Person Index）实现病人的主数据管理，提供病人基本信息、索引信息管理和查询的服务。区域医疗中病人在多个社区建有健康档案，在多家医院就诊，并与多个公卫机构有关系。而每个机构都有各自的身份标识，搭建 MPI 可以关联这些标识，为每个人建立完整的信息视图。MPI 采用标准化方式接收并管理人员信息和身份标识，提供查询和索引功能。

（7）EHR 分析服务：对电子健康档案数据建立面向临床与健康的数据模型，实现多维度分析数据、临床数据挖掘。当居民的健康信息得到统一标准的管理之后，需要考虑的是如何有效地再利用这些信息，给不同的用户提供不同的分析服务，这些服务包括针对病人的健康分析和预测，针对政府部门的统计分析、疾病预测、预警、监控等，针对医疗服务提供者提供决策支持、流程和资源优化分析、科研分析等。

（8）健康服务总线（Health Service Bus，HSB）：提供统一的总线接入服务。在区域医疗信息共享过程中，既包括诸如 EHR 数据服务、分析服务、居民主索引等基础服务，也包括医院、社区等卫生服务提供的基本业务信息系统 POS，以及基本业务系统和基础服务之上的业务协同和流程服务，如双向转制、远程会诊、慢性病管理等。为了降低系统的耦合度，采用 SOA，将提供不同功能的系统封装为服务，都连接到中间的健康服务总线，完成各种协议的接入、消息的转换、路由以及安全管理等。

在医疗卫生行业内，病人信息将会在不同系统、不同机构之间进行共享，针对病人的隐私以及安全保护在区域医疗信息共享中是非常重要的。病人的医疗文档应受到保护，在适当时候开放给指定医生查看。同时，安全处理散布在各机构的应用之中，需要以统一的方式配置安全策略，并进行集中的执行和管理，这对应着架构图的认证、授权和策略模块。

智能医疗系统的架构的实现需要立足于医学标准和医院工作流程并参考国际上先进的医疗信息集成规范（Integrating Healthcare Enterprise，IHE），开发有针对性的驱动程序和管理软件。

- 强大的工作流管理引擎：专用的工作流引擎，可根据医院具体流程进行自定义配置，最大程度适应医院现有工作方式，易于推广。
- 贯穿始终的影像质量控制：从影像拍摄到影像显示的过程，都有完善的影像质量控制功能模块对影像质量进行控制，保证了高质量的影像输出，避免由于影像质量导致的误诊和漏诊。
- 系统维稳模块：支持集群技术和备份技术，可以保证系统能不间断运行，满足医院 $7 \times 24 \times 365$ 的应用要求。
- 实时快速的数据处理：将监测信号进行转换和放大，同时在第一时间挖掘有效参数、整合批量数据。所涉及的软件需支持数据格式转换，对数据安全性亦应重点考虑。
- 远程监控与备案：与责任评估和保险业务相关联，对硬件设备和诊疗操作等全程进行监控和记录，同时提供预警和报警参数。
- 用户自定义模块：用户根据自己的特定需求、特殊需要有针对性地选择某些功能，或者对特殊用户群体单独设计易用性软件。

2. 支撑云平台

云平台主要包括云服务平台和云数据中心。云服务平台是医疗行业的一体化平台，以服务的方式完成医疗卫生机构的数据采集、交换、整合，通过提供统一的基础服务实现以居民健康档案为核心，以电子病历为基础，以慢性病防治为重点，以决策分析为保证的智慧云服务，实现医疗机构的互联互通，建立智慧医疗数据中心。云数据中心是在统一的核心数据框架建立的前提之下，基于国家标准进行建设的，能够完成医疗机构相关信息的汇聚整合，支撑居民健康信息共享的中心节点。基于云计算的数据中心通过对海量医疗数据的挖掘、分析，辅助管理者进行有效决策，能够提供最可靠、最安全、最便捷的海量数据存储服务。

3. 专家数据库

智能系统通过模拟人类的决策制定过程在计算机中构建一个包含知识的组件，利用专门的技术提取知识（定义域），结合专业医师的意见，将知识移动到"知识系统"中，这样的系统被称为"专家系统"。专家系统从不同的专家那里获取知识、方法策略、经历、启发（试错法）、理智的和直觉的信息。医疗专家系统数据处理方向如图 12.4 所示。

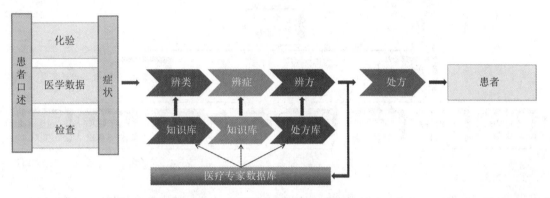

图 12.4　医疗专家系统数据处理方向

利用 AI、专家数据库等先进技术，建立专家数据库系统，可提供诊断行业专家级的智能分析业务。基层医疗机构的医生可以将病情特征和检查设备的数据上传到该专家系统，系统通过智能诊断分析，能迅速给出分析结果，协助医生确诊。该手段的应用可有效提高基层医疗机构的诊断效率和准确度。

4. 设施平台

从结构组成上来看，智能医疗系统包括硬件和软件两部分。智能医疗的硬件设备主要包括如下几种：

（1）数据中心：服务器、台式计算机、笔记本以及便携式存储终端。

（2）识别系统：智能卡或其他便携式识别芯片。

（3）传感设备：基于纳米技术与生物技术的医疗传感器，将生物、医学表征转换为易于读取的电学或光学信号。

（4）常规诊室：身高、体重、血压、血氧等一般性检查；心电图检查。

（5）医学诊室：血常规 18 项、肝功能三项、肾功能三项、乙肝两对半、血脂四项、血糖等分析检测；X 光，MRI，超声等影像检测。

（6）交互系统：网络会议、在线会诊、急诊等所需的高清影像录入设备。

（7）通信平台：多区呼叫、远程调控、无线路由等设备。

智能医疗的全面发展必将要求硬件环境、数据信息格式和功能连接的统一，否则将使跨系统应用陷入困境。优秀的软件开发是达到上述要求的关键途径。软件的设计需要建立在对众多医院信息化解决方案的功能分析和对基层医疗机构需求的仔细调研的基础之上。通过精选、融合已有软件功能，结合全新设计，构建出功能全面、结构精炼、操作简单、实用高效的整体化信息解决平台，是软件平台设计的法宝。智能医疗的软件设计应具备灵活的配置部署方案，根据医院的规模和应用情况提供合理的解决方案，可完全独立运行，也可与不同厂商的放射信息系统（Radiology Information System，RIS）/医院信息系统（Hospital Information System，HIS）集成应用。医疗通信系统和远程医疗系统的软件构成如图 12.5 所示。

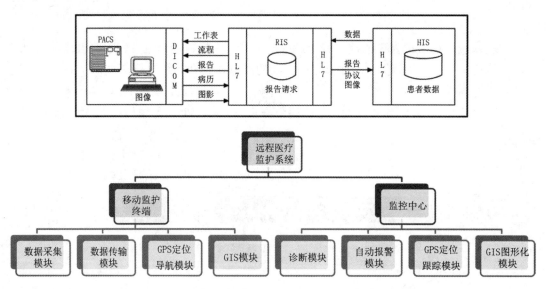

图 12.5 医疗通信系统和远程医疗系统的软件构成

同时应提供标准的医疗数位影像传输标准、医疗环境电子信息交换标准、医疗与临床编码规范标准，能直接与支持标准接口的设备和系统进行通信，方便互联和外部沟通。内部数据通信应实现系统负担小，传输效率高；系统开销少，标准升级容易；全面融入医院信息系统。通过人性化、专业化的软件，将医诊过程智能化和数字化。先进的图像处理技术应重点设计，让用户更直观、更准确地获得诊疗结果。便捷的资料检索调阅也应考虑，最大限度简化工作流程，辅助医生更快、更准确地作出诊断。

5. 标准体系

标准规范体系是智能医疗建设的基础工作，也是进行信息交换与共享的基本前提。在遵循"统一规范、统一代码、统一接口"的原则下进行医疗建设，通过规范的业务梳理和标准化的数据定义，要求系统建设必须严格遵守既定的标准和技术路线，从而实现多部门、多系统、多技术以及异构平台环境下的信息互联互通，确保整个系统的成熟性、拓展性和适应性，规避系统建设的风险。标准体系主要包括智慧医疗卫生标准体系、电子健康档案以及电子病历数据标准与信息交换标准、智慧医疗卫生系统相关机构管理规定、居民电子健康档案管理规定、医疗卫生机构信息系统介入标准、医疗资源信息共享标准、卫生管理信息共享标准等。

6. 安全体系

智能医疗主要从 6 个方面建设安全防护体系，包括物理安全、网络安全、主机安全、应用安全、数据安全和安全管理，为智慧医疗卫生系统安全防护提供有力技术支持。通过采用多层次、多方面的技术手段和方法，实现全面的防护、检测、响应等安全保障措施，确保智慧医疗体系整体具备安全防护、监控管理、测试评估、应急响应等能力。

12.2.2 技术架构

智能医疗的技术架构共分为 3 层，分别为应用层、网络层、终端及感知延伸层。应用层根据医疗健康业务场景分为 7 个系统模块：

（1）业务管理系统，包括医院收费和药品管理系统。

（2）电子病历系统，包括病人信息、影像信息。

（3）临床应用系统，包括计算机化医生医嘱录入系统（Computerized Physician Order Entry，CPOE）等。

（4）慢性疾病管理系统。

（5）区域医疗信息交换系统。

（6）临床支持决策系统。

（7）公共健康卫生系统。

网络层包括有线网络和无线网络，有线方式可支持以太网、串口通信和现场总线等方式，无线方式可支持 WiFi、移动网、RFID、蓝牙等。网关在网络层与感知延伸层之间进行数据存储和协议转换，并通过接入网发送，具有对业务终端的控制管理能力。

终端及感知延伸层指的是为医疗健康监测业务提供硬件保证的各类传感器终端。针对不同的应用，这些传感器终端可以组成相应的传感器网络，如心电监测传感器、呼吸传感器、血压传感器、血糖传感器、GPS 和摄像头等设备。

智能医疗的关键技术包括物联网技术、云计算技术、移动计算技术、数据融合技术和传感技术。

1. 物联网技术

国际电信联盟把 RFID 技术、传感器技术、纳米技术、智能嵌入技术视为物联网发展过程中的关键技术。在医疗卫生领域，物联网的主要应用技术包括物资管理可视化技术、医疗信息数字化技术、医疗过程数字化技术。例如，借助于医疗物联网技术实现即时监测和自动数据采集以及远程医疗监护；借助 RFID 标识码，利用移动设备管理系统，在无线网络条件下直接进入系统实时完成设备标识、定位、管理、监控，实现大型医疗设备的充分利用和高度共享，大幅度降低医疗成本。同时，运用物联网技术可以实现患者、血液以及医护管理等的信息智能化。基于物联网技术的智能医疗示意图如图 12.6 所示。

图 12.6　基于物联网技术的智能医疗示意图

2. 云计算技术

云计算是网格计算、分布式计算、网络存储、虚拟化等传统计算机和网络技术发展融合的产物，也是一种新兴的共享基础架构。医疗行业的云计算中，病人的电子医疗记录或检验信息都存储在中央服务器中，病人的信息和相关资料可以全球存取，医护人员从因特网激活的设备上实时获取资料。它的超大规模、虚拟化、多用户、高可靠性、高可扩展性特点改变了医疗卫生行业信息化方式，极大地降低了医疗行业信息系统建设成本，为医疗机构提高患者个性化服务质量提供了强有力的支撑，实现了智能医疗以患者为中心的理念和更深入的智能化。

3. 移动计算技术

移动计算技术是指移动终端通过无线通信与其他移动终端或固定计算设备进行有目的的信息交互。移动计算帮助完成对医疗机构内部网络传感器获得的信息的语义理解、推理和决策，随时可以通过某种设备访问所需要的信息，实现智能控制。移动计算为远地移动对象的检测与预警、数据的快速传送提供支撑，为医护人员的急救赢得时间。

4. 数据融合技术

数据融合技术是指充分利用不同时间与空间的多传感器信息，采用计算机对按时序获得的若干观测信息，在一定准则下加以自动分析、综合、支配和使用，获得对被测对象的一致性解释与描述，以完成所需的决策和评估任务而进行的信息处理技术。以医学图像为例，在临床诊断、治疗、手术导航中，将各种模式的图像进行配准和融合，提供互补的医学信息，实现功能图像与形态图像的融合，定位功能障碍区的解剖位置和实现功能/结构关系的评估与研究。对源自多传感器的不同时刻的目标信息或同一时刻的多目标信息进行综合处理，协调优化，大大提高了医疗系统的智能化与信息化水平。智能医疗的数据融合技术示意图如图 12.7 所示。

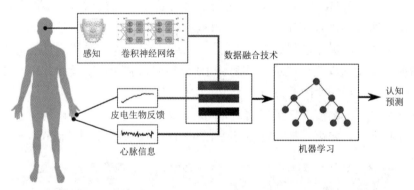

图 12.7 智能医疗的数据融合技术示意图

5. 传感技术

医疗传感设备是智能医疗系统的核心组成部分。根据特定的医疗要求而设计的医疗传感器利用生物化学、光学和电化学反应原理，将生理信号转换为光信号或电信号，通过对信号进行放大和模数转换，测量相应的生理指数。

生物传感器由生物分子识别部分（敏感组件）和转换部分（换能器）构成。分子识别部分是医疗传感器选择性测定的基础，被测目标在该部分可以引起某种物理变化或化学变化。特定的酶、抗体、组织、细胞等可以有选择性地分辨目标物质，如抗体和抗原的结合、酶与基质的结合。在设计医疗传感器时，选择适合测定对象的、具有识别功能的物质是极为重要的前提，同时还要考虑到所产生的复合物的特性。根据分子识别过程所引起的化学变化或物理变化去选择换能器，是研制高质量生物传感器的另一重要环节。敏感元件中化学物质的生成或消耗会使光、热等物理量产生相应的变化，进而反映被测物质信息。生物化学反应过程产生的信息是多元化的，微电子学和现代传感技术的成果已为检测这些信息提供了丰富的手段。

12.2.3 AI 医疗

AI 的核心是算法，基础条件是数据及计算能力，因此，医疗与 AI 结合的关键要素是"算法＋医学数据＋计算能力"。先进算法是实现医疗人工智能的核心，能够提升数据使用效率。随着先进算法的不断开发，AI 从计算智能迈向感知智能，未来将会向认知智能迈进。先进算法能够提升从信息到"知识"的转化效率，提升智能化程度。

有效的医疗大数据是 AI 应用的基础。医疗数据的有效性包括 3 个方面：电子化程度、标准化程度和共享机制。电子化程度强调数据和病历的供给量；标准化程度强调数据之间的可比性和通用性；共享机制强调数据获取渠道的便利性和合法性。只有满足上述 3 个方面的条件，医疗大数据才能得到有效搜集和应用，进而为 AI 打下基础。

计算能力是医疗 AI 的另一基础条件。未来量子计算以及速度更快的芯片的产生，将进一步推动 AI 应用的发展。

随着 AI 技术和诊断系统的飞速发展，智能医疗表现出越来越强大的生命力。智能诊断系统可以存储病理生理机构的描述模型和专家医生的医疗知识，并根据患者的病症进行推理判断，给出诊断治疗意见。在诊断中，系统询问患者病症、解释病症、推断疾病发展、形成各种治疗计划、解释证明上述各项的合理性、复诊时重新估计患者状况。智能诊断系统和贝叶斯推理如图 12.8 所示。

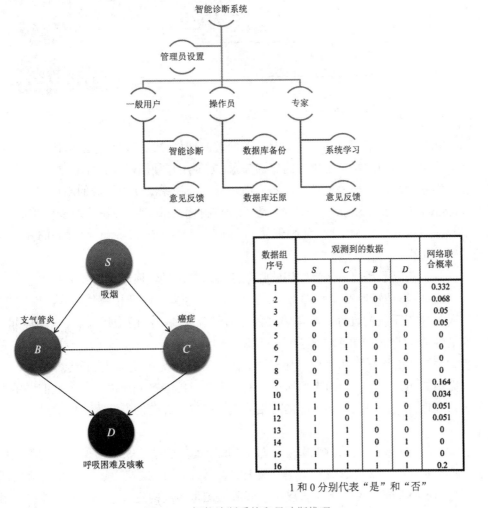

图 12.8 智能诊断系统和贝叶斯推理

在 AI 的应用中，存在着一个最基本的问题，即建模的不确定性，这个问题一直影响着智能诊断的发展。自动化技术能帮助提高诊断、解剖整形、功能图的再现性（重复能力）等，加之人们固有的视觉系统对信息的不准确性和不确定性处理的缺陷，从而有必要从多模式识别分类器中提取和融合数据。常用的经典概率和 DemPster-Schafers 的迹象理论被应用到这个领域，至 20 世纪 80 年代中期贝叶斯网络成为最受欢迎的工具，AI 才在临床诊断上得到了应用。现在，AI 技术的医学虚拟应用不仅要对特定病人进行模拟，而且要对整个治疗过程中可能出现的反应和问题有精确的预测和提出相应的对策，这是 21 世纪医学虚拟应用的核心目标。

医学专家系统（Medical Expert System，MES）是 AI 技术应用在医疗诊断领域中的一个重要分支。在功能上，它是一个在某个领域内具有专家水平解题能力的程序系统，其运用专家系统的设计原理与方法，模拟医学专家诊断疾病的思维过程。它可以帮助医生解决复杂的医学问题，可以作为医生诊断的辅助工具，可以继承和发扬医学专家的宝贵理论及丰富的临床经验。系统的结构主要有五大部件：知识获取子系统、知识库、动态数据库、推理机和人机接口，其核心部分是知识库和推理机。图 12.9 给出了疾病智能诊断系统的结构框架图。

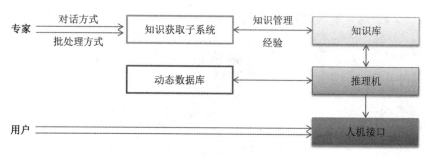

图 12.9　疾病智能诊断系统的结构框架图

（1）知识库：包括两方面，一是对相关问题的搜集，二是对问题的解决方案。知识库必须包含足量的知识才能满足用户的查询需求，方便用户使用。知识库必须包含如下文档：具有技术性知识深度的技术文档；给不同用户提供知识系统使用指导的用户文档。知识库系统（Knowledge Base System，KBS）是 AI 领域的重要基础。知识管理系统（Knowledge Management System，KMS）促使知识从一个源流向另一个源，所有收集到的知识都需要必要的管理过程。

（2）知识获取子系统：负责知识的收集并将这些信息转换成内部表示形式。

1）知识收集是知识工程师从人、专家组、文献资料、手册中收集信息，构建准确的、结构完善的知识系统的过程。收集的过程包括结合重要主题的采访（非正式的、正式的、事件回忆性的、漫想性的等）、观察、填写调查问卷（面向病人、家属、专家和执业者等），通过咨询"为什么这样"和"如何处理"这样的问题，反复收集和校正专家的知识，最终来形成完整的知识结构。一组专家所给出的知识有可能会产生矛盾，因为他们采用不同的因果关系处理方式，因此，必须收集对相关问题有更多经验的专业人员的信息并得出最终结论。

2）知识的内部表示就是把领域专家的知识用适当的结构表示出来，以便在计算机中存储、检索和修改，最终形成知识库。知识的表示方式可以是陈述，也可以是流程图。陈述知识是通过事实描述性的句子来展示，而流程图是通过构建关系一步一步地将一组句子连接在一起。知识必须被编码才能成为专家系统的一部分，至少可以被专家系统识别。

（3）知识管理：管理、分享存储在知识库中的信息的过程。知识管理支持后续的决定制定。目前发展的知识挖掘推理技术能够更加快速和准确地集成知识管理和决定制定系统。

（4）决策制定：解决医疗问题的决策制定过程，辅助整理决策制定过程中的各种情形，提高结论产出率。医疗结论的形成基本上取决于医疗诊断数据集，这些数据集都各自存储着不同的信息，具有各向异性，如病人的病史、症状、实验报告、病因、疗程、医师诊断、护理人员信息等。为了能够使数据库便于今后的使用，医疗信息系统的维护变得非常必要。这个医疗信息系统包括不同的辅助板块：账号、账款、药剂、病人护理、急诊记录、病人进出院记录等，所有这些都记录在备注栏中。基于医疗信息系统的决策制定可以将一些问题模式化。有很多因果提取法来支持医疗决策的执行：

1）事实因果法：在事实因果中，以往案例的记录至关重要，它按照时间的关联进行追溯，进而解决与以往事件具有相似性的新问题。不断收集的案例存储在数据库中，这样的数据库称为案例库，是知识重现的途径。

2）规律因果法：在规律因果中，问题经过分配，通过经验法则来解决，解决的方式是前导性的。经验法则基于经验按照 IF <a problem> THEN <set of conditions> 的形式形成，此处，AND、OR、ELSE 等都可以加入来增加处理程序并得到可以解决问题的流程和规则。

3）概率因果法：在概率因果法中，不确定事件的概率通过条件概率的贝斯定理指导系统来自动得出结论。对应最大概率的结果最可能解决问题，这一结果可以进一步用统计和数学方法进行确定。

4）经验因果法：在经验因果法中，特殊的具有操作性的经验被载入知识检索库中，来解决相应的问题；载入的内容还包括自我决定、客观判断、感知、智理和常识。不同的经验需要进一步的处理和管理。

（5）经验：没有经过实践的知识意义并不大，知识和经验需要经过有机结合，只有这样才能体现更加出色的智能化诊断功能。经验可以是之前已经被验证的知识，也可以是超级专业的特定知识，例如，执业医生根据常规检查的结果得出"没有问题"的结论，这个结论可以称为"经验"。只有基于问题得出的知识、并且这个知识能够解决该问题时，知识才能成为典型的"经验"。有时，经验（经过实践的知识）和医学检查测试相互混合，成为专家知识管理系统（expert KMS）。

（6）经验管理：存储、处理经验和回应管理过程的工具。所存储的新经验包括可直接付诸实践的信息，它们被录入知识库以后，可以处理和管理新的经验。因此，经验和知识管理彼此相关联，对智能系统的建模以及 AI 的实现都非常重要。知识管理同样在商务管理、信息技术和 AI 中作用巨大。

（7）推理：依据一定的原则从已有的事实出发推出结论的过程。推理机检测这些知识的展示流程，包括规则、语义网络、框架和本体。在智能诊断系统中，通常使用的是基于知识的推理，常用的推理方式有正向推理、反向推理和混合推理等。

1）规则：之前提到的因果法在规则的指导下给某项结论做出解释。

2）语义网络：语义网络是图形表示法中被标记的节点，通过前后链接、用形象的方式来展示知识。知识工程师会很容易理解这些网络结构，因为他们可以结合专家知识分层次地将对象予以展示。

3）框架：框架本身也是分层次的，它们用表格的形式给存储的信息进行简化和展示，一个框架中的知识的属性可以传递给另一个框架。

4）本体：本体通过参考用以体现知识、知识库和专家系统的特定的标准符号来对特殳的对象进行展示。

知识推理机原理示意图和流程图如图 12.10 所示。

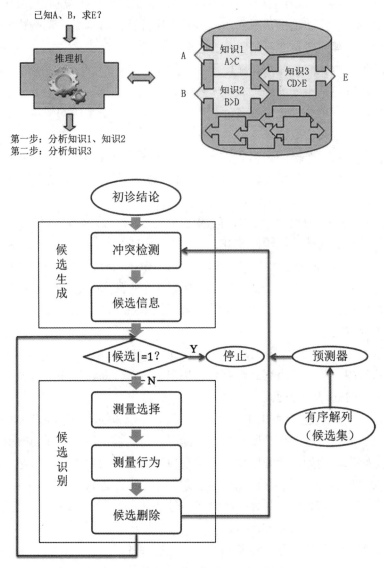

图 12.10 知识推理机原理示意图和流程图

（8）案例分析。当病人输入自己的症状特征时，系统能够初步诊断出患者所患的疾病类型，然后根据反向推理，系统提醒病人是否还有其他症状特征以便能够更多地了解患者，从而能正确地诊断出病人的疾病类型。

例如，当病人有"最低血压超过 90mmHg"症状，系统则能初步诊断病人的情况属于心血管内科，并且很有可能得的是高血压类型疾病。然后反向推理病人输入的症状特征是不是与该疾病类型的症状完全相同，所以系统会提示病人是否还有其他症状，譬如"最高血压超过 140mmHg"。

算法分析过程：

- 正向推理：输出患者有可能得的疾病类型为高血压。
- 反向推理：根据高血压疾病类型的特征，从规则库中查找发现还有"最高血压超过 140mmHG"这种症状，所以系统会发现并且输出提示用户是否有该症状，然后根据用户输入继续诊断。

同样，当病人输入"上火"这种症状后，系统首先检查规则库，找到和此症状相关的疾病类型为"植物神经功能失调症"，然后反向推理，检索出该疾病类型还有其他的一系列症状，如眩晕、心慌等症状特征。具体算法分析同上面患者有"最低血压超过90mmHg"症状的诊断类似。

12.3　智能医疗应用案例

智能医疗应用案例

伴随着人口老龄化和人均寿命的延长，国内医疗需求不断上升，但存在医疗资源匮乏、分布不均衡、医疗卫生高端人才欠缺、医生培养周期过长、人均医疗健康支出不足等严峻问题，亟须新技术投入解决医疗健康产业的短板问题。政策、资本、技术和社会接受度的提升均推动了"AI+医疗"各应用场景的快速发展。

从目前我国智能医疗领域产品的分布来看，"AI+医疗"主要集中在八大应用场景，包括疾病风险预测、医学影像、辅助诊疗、药物挖掘、健康管理、医院管理、辅助医学研究平台、虚拟助理等。因计算机视觉与基因测序技术的发展，疾病风险预测和医学影像场景下的应用数量最多，相关产品相对成熟，产品主要以尚未成熟的软件形态存在，算法模型尚处于训练优化阶段，未完成大规模应用，主要面向医院、体检中心、药店、制药企业、研究机构、保险公司、互联网医疗等，业务模式主要以科研合作方式展开，引入技术、训练模型，获取数据与服务。人工智能医疗的应用场景如图12.11所示。

图 12.11　人工智能医疗的应用场景

12.3.1　虚拟助理

类似于苹果的 Siri、亚马逊的 ALEXA、微软的 CORTANA、天猫精灵、小米人工智能音箱等通用型"虚拟助理"，通过文字或语言的方式，与机器进行类似人的交流互动，医疗领域中的虚拟助理属于专用型虚拟助理，基于专业领域的知识系统，通过智能语音技术（包括语音识别、语音合成和声纹识别）和自然语言处理技术（包括自然语言理解与自然语言生成），实现人机交互，实现语音电子病历、智能导诊、智能问诊、推荐用药及衍生出的更多需求。

1. 语音电子病历

目前我国医生书写病历占用大量工作时间，采用传统书写病例方式转录计算机效率低下，虚拟助理可以帮助医生将主诉内容实时转换成文本，录入 HIS/PACS/CIS 等医院信息管理软件中，提高填写病历效率，避免医生时间和精力的浪费，使其能更多地投入到与患者交流和疾病诊断中。

国内已有很多公司可以提供语音电子病历，产品形态主要是软硬件一体的全套解决方案，软件是以语音识别引擎为核心、以医疗知识系统为基础的语音对话系统（语音 OS），硬件是医用麦克风。医疗专用麦克风主要用来增强说话者声音、抑制环境噪声干扰。语音识别引擎可以实现人机交互与文本转写，文字自动录入计算机或平板的光标位置，相当于医疗级的"语音输入法"。

医疗知识系统包含各类疾病、症状、药品以及其他医学术语，是语音对话系统的基础，帮助完成语音识别、病历纠错。公司与医院进行科研合作，公司通过医院的脱敏病历数据和临床使用不断训练模型优化算法，医院免费试用公司的语音电子病历产品，共享公司优化后的产品。

2. 智能导诊机器人

机器人是目前我国 AI 领域的热门应用，技术相对成熟，资本市场热捧，服务范围包括医院、银行、车站、商场、工厂以及各类服务性场所。医疗领域的导诊机器人主要采用人脸识别、语音识别、远场识别等技术，通过人机交互，实现挂号、科室分布及就医流程引导、身份识别、数据分析、知识普及等功能。

2017 年开始，导诊机器人已陆续在北京、湖北、浙江、广州、安徽、云南等地医院和药店中使用。只要在机器人后台嫁接医院信息等知识系统，机器人就可以实现导诊功能，因此国内的众多机器人制造厂商都有机会开发医疗市场。例如，Eyewisdom 眼病 AI 辅助诊断系统由一个机器人、一台眼底相机、一个类似网络路由器的装置和 AI 软件系统组成。通过人机互动，机器人可以引导被检查者向检查系统输入个人的生日、年龄、姓名、病史等信息；受检者输入完整个人信息后，由工作人员操作眼底相机为其拍摄眼底照片；照片通过路由器上传至辅助诊断软件系统，最终由 AI 软件作出诊断；被检者扫描机器人屏幕上二维码即可获得其诊断报告。

3. 智能问诊

智能问诊主要用来解决目前医疗领域普遍存在的医患沟通效率低下与医生供给不足两大难题。智能问诊系统包括预问诊和自诊两大功能。预问诊是患者在完成挂号后，访问搭载智能问诊系统的医院 App 或公众号的智能问诊模块，系统根据患者交互输入的基本信息、症状、既往病史、过敏史等信息生成初步诊断报告，将其推送给医生，减少医患沟通内容，缩短问诊时间，提升医患沟通效率。自诊则是患者在手机或 PC 端通过人机交互完成智能问诊，生成诊断报告给患者参考。智能问诊系统是移动医疗平台服务升级的突破口。

4. 推荐用药

我国药品市场正在快速增长，药品市场将是千亿级的消费市场。推荐用药市场潜力巨大，目前该细分领域的应用主要以面向公司的业务模式（B2B）为主，向线上医药电商以及线下药店开放系统接口，使自测用药服务迅速扩散，同时优化算法模型，为后期主打面向消费者的模式（B2C）培养用户使用习惯和升级产品。

虚拟助理是目前较受资本青睐的 AI 医疗健康细分领域，目前国外用户所熟知的医健虚拟助理是 Babylon Health，而国内在虚拟助手上也发展迅速。Babylon 在过去两年里建立了一个庞大的医学症状数据库，拥有多于 36500 个案例的数据库，在看医生前利用语音识别来询问用户一系列问题。Babylon Health 需要经过两个阶段的建造。第一个阶段有两个步骤，第一步是自然语言处理，听懂患者对症状的描述；第二步根据疾病数据库里面的内容进行对比和深度学习，对患者提供医疗和护理建议。这个阶段局限于肾脏、肝脏、胆固醇和骨科等较小范围的领域。在第二个阶段，随着更大规模数据库的加入和更长时间的训练，Babylon Health 将提供更多种类的疾病建议。

我国监管部门要求虚拟助理在轻疾方面仅能够提供一些咨询和建议，不能提供诊断，在重症方面只能提议立刻前往医院或代拨医院急救电话。业内医师也同样对该应用产生了质疑，因为患者并不完全了解身体所出的状况，表达的时候会漏掉一些关键信息，同时咨询的时候会使用大量的非专业词汇，虚拟助理可能没有办法去挖掘真正有用的信息作出更准确的判断。以上是虚拟助理目前存在的问题。

12.3.2　医学影像

医学影像与 AI 的结合，是数字医疗领域较新的分支。医学影像包含了海量的数据，即使有经验的医生有时也显得无所适从。医学影像的解读需要长时间专业经验的积累，放射科医生的培养周期相对较长，而 AI 在对图像的检测效率和精度两个方面，都可以做得比专业医生更快，还可以减小人为操作的误判率。医学影像是目前 AI 在医疗领域最热门的应用场景之一，主要运用计算机视觉技术解决 3 种需求。

（1）病灶识别与标注：针对医学影像进行图像分割、特征提取、定量分析、对比分析等工作。X 光照片的分辨率为 3000×2000 像素，其中的恶性肿瘤的尺寸为 3×3 像素左右。从非常大的图像上判断一个很小的阴影状物体是不是恶性肿瘤，是非常难的任务。首先会将一张胶片进行预处理，然后分割成若干小块，再在每一块中提取特征值和数据库进行对比，最后经过匹配后作出阳性判断。在整个诊断过程中，AI 会自己进行深度学习，在病历库中寻找案例，作出自己判断。放射科医师诊断 1 名患者的 CT 扫描图像需要 10～20 分钟，写诊断报告需要 5 分钟左右，而 AI 则可以在不到 1 分钟内实现。例如，智能 X 线辅助筛查产品（AI-DR）、智能 CT 辅助筛查产品（AI-CT）已在医院、体检中心、互联网医疗中临床使用，利用深度学习的方法之一卷积神经网络（Convolutional Neural Network，ConvNet）对放射技师检查过有无恶性肿瘤及肿瘤位置等的大量医疗图像数据进行机器学习，自动总结出代表恶性肿瘤形状等的特征。

（2）靶区自动勾画与自适应放疗：针对肿瘤放疗环节的影像进行处理。一般一套片子需要经过 4 名放疗科医生同时标注、相互审核一致，并在此基础上做病理检验确认才可用，导致获取可用影像数据的门槛较高，因此应用受到限制。

（3）影像三维重建与分割：针对手术环节的应用。影像三维重建在 20 世纪就已经被采用过，但由于配准缺陷而使用率不高，AI 的引入采用进化计算的算法，有效解决了配准缺陷周期性复发的问题而更精准，并结合 3D 手术规划功能，自动化重构出患者器官的真实 3D 模型，与 3D 打印机无缝对接，实现 3D 实体器官模型的打印，帮助医生进行术前规划，确保手术顺利，也推动了医疗数字化和精准化发展。

无论是对患者、放射科医师还是医院，AI 在医学影像上的帮助都是巨大的，可帮助患者更快速地完成 X 光、B 超、CT 等健康检查，获得更准确的诊断建议；帮助医师更快完成读片，更准确地辅助诊断；医院也可以得到云平台支持，建立多元数据库，降低成本。医学影像的大规模应用主要受益于计算机视觉技术的成熟，我国目前面临影像科、放疗科医生供给严重不足，具有丰富临床经验、高质量的医生十分短缺，影科医生目测和经验判断导致误诊和漏诊率较高，影像科医生读片和放疗科医生靶区勾画耗费时间较长等问题。

AI 应用在医学影像领域将能够为医生阅片和靶区勾画提供辅助和参考，大大节省医生时间，提高诊断、放疗及手术的精度。美国企业 Enlitic 通过给计算机展示足够多的疾病图像，如脑肿瘤，使计算机能够自动给医生标出脑肿瘤所在。实验证明，该公司研发的相关系统的癌症检出率超越了 4 位顶级放射科医生，诊断出了人类医生无法诊断出的 7% 的癌症。Enlitic 的系统可以使 CT 扫描图像的诊断时间减半，当骨裂面积小到只占到整张 X 光片 0.1% 时，也能准确识别出来。医疗内窥镜检查导入 AI 技术，可将检查画面数值化，能够快速精准地判断病人检查部位是否有病变、病变是否为恶性以及今后病变的可能性。据悉，AI 诊断在约 0.2s 内完成，这将极大地缩短内窥镜检查的时间。

智能医学影像主要以影像识别与处理软件为主，产品处于搭建基础模型向优化模型过渡，落地速度较慢，主要受从医院获得数据量不足、邀请专业影像科医生对医学影像进行病灶标注成本较高以及产品上市门槛较高等因素影响。产品在合法销售前需要申请经营许可证、生产许可证、医疗器械证，并须经过国家食品药品监督管理总局（CFDA）认证。CFDA 的审批需要与国家指定的三甲医院合作进行临床测试，并须通过医院的医学伦理委员会的伦理审查，与临床试验的病人签订合同，在国家专业机构进行进一步的检测和报备，最后获得 CFDA 认证进行合法销售。

医学影像中心是集约化的第三方医学影像诊断中心，可集中存储和管理区域内的影像及资料全面共享，减轻大医院影像科负担、实现分级诊疗。《健康中国 2030》提出要发展专业的医学检验中心、医疗影像中心、病理诊断中心和血液透析中心等，未来医疗影像中心将承载全面且先进的"AI+ 医学影像"产品。据第三方统计，从 100 家与 AI 相关的非上市企业营收来看，共有 10% 属于 AI 医疗公司，其中 60% 属于 AI 医学影像领域，而在融资方面，AI 医学影像是获得融资最多的医疗领域。从中国 AI 医学影像行业的发展来看，目前主要应用在疾病筛查方面，以肿瘤和慢病领域为主。大部分公司都与医院展开广泛合作，并且在肺结节、眼底、乳腺癌、宫颈癌方面已有较为成熟的产品。

12.3.3 辅助诊疗

除了利用医学影像辅助医生进行诊断与治疗以外，辅助诊疗还包括：

（1）医疗大数据辅助诊疗，包括基于认知计算的辅助诊疗解决方案，以 IBM Waston for Oncology 为代表。认知计算是借助深度学习算法读懂大数据，认知非结构化数据，通过理解、推理、学习训练让系统或人类交互训练或进行非结构化数据的自我训练。认知计算有产品类、流程类和分析类三大应用。产品类应用将认知计算嵌入产品内实现智能行为、自然交流及自动化。流程类应用实现业务流程自动化。分析类应用用来揭示模式、作出预测及行动决策。

医疗大数据辅助诊疗是基于海量医疗数据与 AI 算法发现病症规律，为医生诊断和治疗提供参考。目前主要面临医院数据壁垒、样本量小、成本高和数据结构化比例低（数据未实现电子化、以纸质形式保存）等三大问题。现有技术主要是通过和医院科研合作的方式来突破这个瓶颈；此外，还可与基因公司、专业药品研发公司、移动医疗公司合作提供标准化的增值服务。

（2）医疗机器人，是指针对诊断与治疗环节的机器人。医疗领域的机器人主要包括手术机器人（包括骨科及神经外科手术机器人）、肠胃检查与诊断机器人（包括胶囊内窥镜、胃镜诊断治疗辅助机器人等）、康复机器人及其他用于治疗的机器人（智能静脉输液药物配置机器人）。达·芬奇手术系统是医疗机器人的典型代表。达·芬奇手术系统分为两部分：手术室的手术台和医生可以在远程操控的终端。手术台是一个有三个机械手臂的机器人，它负责对病人进行手术。该机器人拥有"微创、精确、过滤人的抖动、高灵活度、伤口更小、流血更少、术后恢复所需时间更短"等诸多优势。全球医疗机器人市场空间巨大，波士顿咨询数据显示，未来五年年复合增长率约为15.4%。目前我国医疗机器人正在逐渐打破进口机器人的垄断地位。

12.3.4　疾病风险预测

疾病风险预测主要是指通过基因测序与检测提前预测疾病发生的风险。疾病风险预测与精准医学的发展密不可分，人类基因组计划促进基因测序进步，推动商业化进程。基因测序技术已进化至第三代，第三代测序方法时间大大缩短、成本大大降低，基因测序方法的逐渐成熟推动了基因测序技术的商业化进程。我国致力于疾病风险预测的应用主要是两类：

（1）掌握基因测序核心技术，研发基因测序仪器所使用的应用。业务模式主要是通过中游合作伙伴开发测序仪的功能。

（2）利用基因测序仪，面向医院或企业（B端）和消费者（C端）提供测序服务的应用。业务模式则主要是面向B端或者C端的具体要求，开发测序相关应用。

2019年，谷歌以患者的医疗信息为基础开发了可以提前预测心脏病、癌症、失明等重大疾病的AI。例如，通过机器学习，将糖尿病、视网膜症根据健康状况来分为5个等级，预测患者是否会失明。AI根据患者有糖尿病与否，以88万件诊断数据为基础，搭载深层神经网，反复训练机器学习模型，对数年内失明的可能性进行了正确的预测。世界上有4亿1000名糖尿病患者丧失了视力，仅在印度糖尿病患者中就有45%诊断为失明，如果使用AI来预测患者患病的可能性，那么可以提前预防诊断治疗并大大提高医务从业者工作效率。

12.3.5　药物挖掘

药物挖掘主要是完成新药研发、老药新用、药物筛选、药物副作用预测、药物跟踪研究等工作，经历了3个阶段。第一个阶段是1930—1960年之间的随机筛选药物阶段。这是一个随机发现的时代，随机筛选药物的典型代表就是利用细菌培养法从自然资源中筛选抗生素。第二个阶段是1970—2000年，这个时代技术更加先进，可以使用高吞吐量的靶向筛选大型化学库。组合化学的出现改变了人类获取新化合物的方式，人们可以通过较少的步骤在短时间内同时合成大量化合物，在这样的背景下高通量筛选的技术应运而生。高通量筛选技术可以在短时间内对大量候选化合物完成筛选，经过发展，已经成为比较成熟的技术，不仅仅应用于对组合化学库的化合物筛选，还更多地应用于对现有化合物库的筛选，如降低胆固醇的他汀类药物，就是这样被发现的。第三个阶段是虚拟药物筛选阶段，将药物筛选的过程在计算机上进行模拟，对化合物可能的活性作出预测，进而对比较有可能成为药物的化合物进行有针对性的实体筛选，从而可以极大地减少药物开发成本。在医药领域，最早利用计算机技术和AI并且进展较大的就是药物挖掘，如研发新药、老药新用、药物筛选、预测药物副作用、药物跟踪研究等。这实际上已经产生了一门新学科，即药物临床研究的计算机仿真。人工智能辅助药物发现如图12.12所示。

传统药物研发存在周期过长、研发成本高、成功率低等痛点，一种新药的开发平均需要10年时间，耗资15亿美元，但随着药物开发难度的增大，目前一种新药会耗资40亿～120亿美元，还不能保证成功。新药研发除了要求药品的疗效外，还需要保证其安全性，必须经过动物实验和Ⅰ、Ⅱ、Ⅲ期临床试验。而即便Ⅲ期临床试验后批准上市，还有Ⅳ期临床研究，即新药上市后的再评价。根据 Global Market Insight 的数据统计，药物研发在全球 AI 医疗市场中的份额最大，占比达到 35%。在药物研发方面我国的新药研发目前还是以仿制药和改良药为主，而国外研发主要以创新药为主。

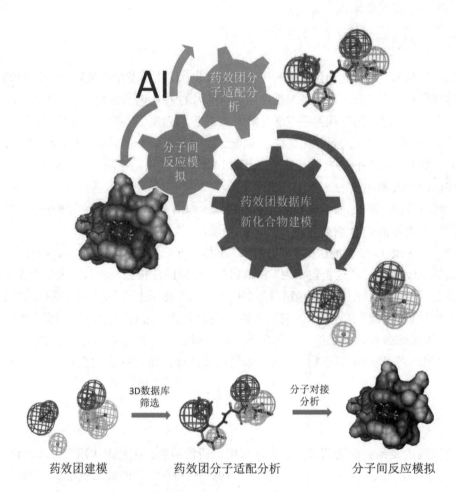

药效团建模　　　　　药效团分子适配分析　　　　　分子间反应模拟

图 12.12　人工智能辅助药物发现

AI 技术应用于药物研发主要用于分析化合物的构效关系（药物化学结构与药效的关系）以及预测小分子药物晶型结构，AI 可以提高化合物筛选效率、优化构效关系，并结合医学数据快速找到符合条件的目标物。首先，在新药筛选时，可以获得安全性较高的几种备选物。当很多种甚至成千上万个化合物都对某个疾病显示出某种疗效，但又对它们的安全性难以判断时，便可以利用人工智能所具有的策略网络和评价网络以及蒙特卡洛树搜索算法，来挑选最具有安全性的化合物，作为新药的最佳备选者。其次，对于尚未进入动物实验和人体试验阶段的新药，也可以利用 AI 来检测其安全性。因为，每一种药物作用的靶向蛋白和受体都并不专一，如果作用于非靶向受体和蛋白就会引起副作用。AI 可以通过对既有的近千种已知药物的副作用进行筛选搜索，以判定其是否会有副作用，或副作用的大与小，由此选择那些产生副作用概率最小和实际产生副作用危害最小的药物进入动物实验和人体试验，从而大大增加成功的概率，节约时间和成本。此外，利用 AI 还可模拟和检测药物进入体内后的吸收、分布、代谢和排泄、给药剂量－浓度－效应之间的关系等，让药物研发进入快车道。

美国硅谷公司 Atomwise 是药物挖掘与 AI 结合领域比较有代表性的初创公司，通过 IBM 超级计算机，在分子结构数据库中筛选治疗方法，评估出 820 万种药物研发的候选化合物。2015 年，公司基于现有的候选药物，利用 AI 技术，在不到一天的时间内对现有的 7000 多种药物进行了分析测试，成功地寻找出能控制埃博拉病毒的两种候选药物，并且成本不超过 1000 美元；以往类似研究需要耗时数月甚至数年时间并且成本需要上亿乃至数十亿美元。这为寻找埃博拉病毒治疗方案做出了贡献。根据该公司的统计，如果利用传统方法，这项分析需要花费数月甚至数年才能完成。

AI 应用在药物挖掘领域使得新药研发时间大大缩短，研发成本大大降低，还改变了用药的普适性原则，通过低成本、快速的药物挖掘研发个性化治疗药物，特别在抗肿瘤药、心血管药、孤儿药及欠发达地区的常见传染病药研发方面效果显著，但算法仍需大量的时间和数据积累，短期内仍难独立应用。

12.3.6 健康管理

健康管理是运用信息和医疗技术，在健康保健、科学医疗的基础上，建立一套完善、周密和个性化的服务程序，维护并促进健康，帮助亚健康人群建立有序健康的生活方式，远离疾病，在出现临床症状时及时就医并尽快恢复健康。健康管理主要包括营养学应用、身体健康管理和精神健康管理。

（1）营养学应用：利用 AI 技术对食物进行识别与检测，帮助用户合理膳食，保持健康的饮食习惯。David Zeevi 团队 2015 年在 *Cell* 发表论文，阐释了机器学习应用于营养学的积极作用。通过分析标准化饮食的结果，研究者发现即便食用同样的食品，不同人的反应依然存在巨大差异。这表明，过去通过经验得出的"推荐营养摄入"从根本上就有漏洞。接下来，研究者开发了一套机器学习算法，分析学习血样、肠道菌群特征与餐后血糖水平之间的关联，并尝试用标准化食品进行血糖预测。机器学习算法被 800 名志愿者的数据训练之后，变得能够预测食物对人体血糖水平的影响。随后，研究者在第二组人群上（100 个志愿者）验证机器学习得出的预测模型，效果非常理想。研究者在第三组人群上（26 个志愿者）进行双盲试验，最终的研究结果表明，机器学习算法给出了更精准的营养学建议，成功控制了餐后血糖水平，结果优于传统专家建议。这为机器学习以及精准营养学打开了一扇大门，同时这篇重磅论文也登上了当期杂志的封面。然而中餐和西餐有较大的区别，中餐难以标准化，即使是同一道菜不同师傅的做法也不尽相同。同时，菜品搭配不同和烹饪手段不同导致菜品多样化，数据不全，无法做到量身定制营养套餐。推广中餐营养标准化，针对个人用户进行个性化营养建议是未来的发展方向。

（2）身体健康管理：主要表现为结合智能穿戴设备等硬件提供的健康类数据，利用 AI 技术分析用户健康水平，为用户提供饮食起居方面的建议，进行行为干预帮助用户养成良好的生活习惯。全球领先的医疗科技公司美敦力在 2018 年宣布，其连续血糖监测系统已经通过了 FDA 审核，这套系统适用于 14～75 岁的糖尿病患者，预测低血糖症状的准确率达到了 98.5%。有了这个系统，患者的监护人就可以通过实时查看或接收短信提醒，更好地掌握患者的病情。

（3）精神健康管理：主要表现为利用人脸跟踪与识别、情感处理、智能语音、数据挖掘等 AI 技术进行情绪管理，对精神疾病进行预测和治疗。世界权威医学杂志《柳叶刀》2015 年数据显示，我国约 1.73 亿人有精神疾病，但其中 1.58 亿人从未接受过专业治疗，《中国卫生统计年鉴》也指出，2010—2014 年我国精神专科医院入院人次年复合增长率达到

12.3%，精神专科医院诊疗人次年均增长 10.4%，我国精神疾病患者在逐年快速增长。"AI+精神疾病管理"的技术和应用开发势在必行，潜力巨大。

但由于目前智能硬件难以深层检测医学数据以及移动端"数据孤岛"现象，各类健康数据难以整合至一个平台，健康管理类应用尚未挖掘数据深层价值。

课后题

1．人工智能技术在医疗领域的主要应用有哪些？简述目前智能医疗在我国的主要应用场景。

2．人工智能在智能医疗领域的探索始于哪一年代？我国智能医疗的发展始于哪一年代？

3．医疗人工智能应用可以分为哪 3 个阶段？请详细说明。

4．请画出智能诊断系统的结构框架图。

5．我国智能医疗在哪些方面存在不足？

参考文献

[1] 人工智能标准化白皮书（2018 版）[M]．北京：中国电子技术标准化研究院，2018．

[2] 尼克．人工智能简史 [M]．北京：人民邮电出版社，2017．

[3] 李德毅，于剑，中国人工智能学会．人工智能导论 [M]．北京：中国科学技术出版社，2018．

[4] 梁森山．VR 与 3D 教育蓝皮书 [M]．北京：人民邮电出版社：创客教育，2018．

[5] 姚海鹏，王露瑶，刘韵洁．大数据与人工智能导论 [M]．北京：人民邮电出版社，2017．

[6] 李嘉璇．TensorFlow 技术解析与实战 [M]．北京：人民邮电出版社，2017．

[7] 张海生．人工智能与教育深度融合发展的现实、困境与推进策略 [J]．当代教育论坛，2021（2）：57-65．

[8] 周洪，胡文山，张立明，等．智能家居控制系统 [M]．北京：中国电力出版社，2006．

[9] 王万良．人工智能导论 [M]．4 版．北京：高等教育出版社，2017．

[10] 李涛，王次臣，李华康．知识图谱的发展与构建 [J]．南京理工大学学报，2017，41（1）：22-34．

[11] 徐增林，盛泳潘，贺丽荣，等．知识图谱技术综述 [J]．电子科技大学学报，2016，45（04）：589-606．

[12] 曹菡．空间关系推理的知识表示与推理机制研究 [D]．武汉：武汉大学，2002．

[13] 黄河燕．一种面向对象的启发式推理算法 [J]．计算机学报，1993（02）：155-157．

[14] 杨志保，胡久清．论知识表示方法 [J]．计算机科学，1984（04）：17-24．

[15] 姚文凤，甄彤，吕宗旺，等．车牌字符分割与识别技术研究 [J]．现代电子技术，2020，43（19）：65-69．

[16] 贾熹滨，李让，胡长建，等．智能对话系统研究综述 [J]．北京工业大学学报，2017，43（09）：1344-1356．

[17] 李靓，孙存威，谢凯，等．基于深度学习的小样本声纹识别方法 [J]．计算机工程，2019，45（03）：262-267，272．

[18] 王琦，焦文潭，高向川．博物馆温湿度检测系统的研究与改进 [J]．现代电子技术，2020，43（09）：92-95．

[19] 魏克军，赵洋，徐晓燕．6G 愿景及潜在关键技术分析 [J]．移动通信，2020，44（6）：17-21．

[20] 5G 自动驾驶联盟．5G 自动驾驶白皮书 [R]．2018．

[21] IMT-2020（5G）推进组．C-V2X 白皮书 [R]．2018.

[22] 李东泽．基于 5G 的车联网技术的优势分析 [J]．通讯世界，2019，26（10）：146-147.

[23] 朱雪田．5G 车联网技术与标准进展 [J]．电子技术应用，2019，45（08）：1-4，9.

[24] 刘凯．WiFi 技术及其在智能家居中的应用研究 [J]．黑龙江科技信息，2013（30）：167.

[25] 谢盛嘉．大数据时代背景下数据挖掘技术的应用研究 [J]．计算机产品与流通，2020（5）：128.

[26] 邓仲华，刘伟伟，陆颖隽．基于云计算的大数据挖掘内涵及解决方案研究 [J]．情报理论与实践，2015，38（07）：103-108.

[27] 汪建基，马永强，陈仕涛，等．碎片化知识处理与网络化人工智能 [J]．中国科学：信息科学，2017，47（02）：171-192.

[28] 钟会玲，吴昊旻，陈迎迎，等．不完整信息下城市交通速度修复算法 [J]．黑龙江交通科技，2016，39（09）：166-168.

[29] 卢鹏，芦立华．基于云计算技术的分布式网络海量数据处理系统设计 [J]．现代电子技术，2020，43（18）：36-39.

[30] 唐文虎，陈星宇，钱瞳，等．面向智慧能源系统的数字孪生技术及其应用 [J]．中国工程科学，2020，22（04）：74-85.

[31] 邱锡鹏．神经网络与深度学习 [M]．北京：电子工业出版社，2020.

[32] 杨强，张宇，戴文渊，等．迁移学习 [M]．北京：机械工业出版社，2020.

[33] 周志华．机器学习 [M]．北京：清华大学出版，2018.

[34] KENNEDY J．群体智能 [M]．北京：人民邮电出版社，2009.

[35] 中国信息通信研究院．人工智能安全框架（2020 年）[R].

[36] 张蕾，崔勇，刘静，等．机器学习在网络空间安全研究中的应用 [J]．计算机学报，2018，41（9）：1943-1975.

[37] 腾讯安全管理部，赛博研究院．人工智能赋能网络空间安全：模式与实践 [EB/OL].
[2019-11-29]．https://xw.qq.com/cmsid/20180919A0UPBH00.

[38] 高翔，张涛．视觉 SLAM 十四讲：从理论到实践 [M]．北京：电子工业出版社，2017.

[39] GANGULY K．GAN 实战生成对抗网络 [M]．北京：电子工业出版社，2018.

[40] 章毓晋．计算机视觉教程 [M]．北京：人民邮电出版社，2017.

[41] 邓力，俞栋．深度学习：方法及应用 [M]．北京：机械工业出版社，2016.

[42] RUSSELL S J.Artificial Intelligence:A Modern Approach[M]．北京：人民邮电出版社，2002.

[43] FORSYTH D A, PONCE J．计算机视觉：一种现代方法 [M]．高永强，译．北京：电子工业出版社，2004.

[44] 胡正乙，谭庆昌，孙秋成．基于 RGB-D 的室内场景实时三维重建算法 [J]．东北大

学学报（自然科学版），2017，38（12）：1764-1768.

[45]　詹新明，黄南山，杨灿. 语音识别技术研究进展 [J]. 现代计算机(专业版)，2008(9)：43-45.

[46]　倪崇嘉，刘文举，徐波. 汉语大词汇量连续语音识别系统研究进展 [J]. 中文信息学报，2009，23（1）：112.

[47]　魏艳娜. 基于连续语音识别的码本数据信息优化研究 [J]. 北华航天工业学院学报，2020，30（01）：11-13.

[48]　孟庆春，齐勇，张淑军，等. 智能机器人及其发展 [J]. 中国海洋大学学报（自然科学版），2004（5）：831-838.

[49]　陈雯柏. 智能机器人原理与实践 [M]. 北京：清华大学出版社，2016.

[50]　陶永. 智能机器人研究现状及发展趋势的思考与建议 [J]. 高技术通信，2019（29）：149-163.

[51]　张媛媛. 智能机器人语音交互专利技术分析 [J]. 河南科技，2020（9）：153-160.

[52]　宋一凡. 基于视觉手势识别的人机交互系统 [J]. 计算机科学，2019（11）：570-573.

[53]　MARTINEZ A, GOVERS F X. 机器人人工智能 [M]. 时永安，译. 北京：电子工业出版社，2020.

[54]　张涛. 机器人概论 [M]. 北京：机械工业出版社，2020.

[55]　FERNANDEZ E. ROS 机器人程序设计 [M]. 刘品杰，译. 北京：机械工业出版社，2017.

[56]　戴凤智，刘波，岳远里. 机器人设计与制作 [M]. 北京：化学工业出版社，2016.

[57]　宗成庆. 统计自然语言处理 [M]. 2 版. 北京：清华大学出版社，2019.

[58]　赵京胜，宋梦雪，高祥. 自然语言处理发展及应用综述 [J]. 信息技术与信息化，2019（07）：142-145.

[59]　黄昌宁，张小风. 自然语言处理技术的三个里程碑 [J]. 外语教学与研究，2002（3）：180-187.

[60]　梁伟光，李庆华. 专家系统综述 [J]. 才智，2010（27）：51.

[61]　闫琰. 基于深度学习的文本表示与分类方法研究 [D]. 北京：北京科技大学，2016.

[62]　陈恩红，邱思语，许畅，等. 单词嵌入——自然语言的连续空间表示 [J]. 数据采集与处理，2014，29（1）：19-29.

[63]　王威. 基于统计学习的中文分词方法的研究 [D]. 沈阳：东北大学，2015.

[64]　罗枭. 基于深度学习的自然语言处理研究综述 [J]. 智能计算机与应用，2020，10（04）：133-137.

[65]　周飞燕，金林鹏，董军. 卷积神经网络研究综述 [J]. 计算机学报，2017，40（06）：1229-1251.

[66]　高庆狮，高小宇. 统一语言学基础 [M]. 北京：科学出版社，2009.

[67]　邢超. 智能问答系统的设计与实现 [D]. 北京：北京交通大学，2015.

[68] 史津竹，安靖雅，代凯，等. 无人驾驶：人工智能如何颠覆汽车 [M]. 北京：机械工业出版社，2019.

[69] 宁津生，姚宜斌，张小红. 全球导航卫星系统发展综述 [J]. 导航定位学报，2013，1（01）：3-8.

[70] 陈忱. 无人驾驶系统中智能算法及其安全性研究 [D]. 南京：南京邮电大学，2019.

[71] 颜姜慧. 智慧交通系统自组织演化视角下智能汽车发展路径研究 [D]. 徐州：中国矿业大学，2020.

[72] 航天三江重工公司成功研制 5G 网络智能 110t 无人驾驶矿用车 [J]. 军民两用技术与产品，2019（11）：66.

[73] 阮杨志. 基于云辐射的机场高填方压实质量实时监控系统 [D]. 北京：北京航空航天大学，2018.

[74] 李琪. 电子商务概论 [M]. 北京：高等教育出版社，2009.

[75] 刘鹏，王超. 计算广告 [M]. 北京：人民邮电出版社，2015.

[76] 医疗人工智能的历史发展与构成要素. 中国健康产业创新平台.

[77] 中国人工智能医疗行业市场前景及投资机会研究报告. 中商产业研究院.

[78] 武琼，陈敏. 智慧医疗的体系架构及关键技术 [J]. 国医学杂志，2013，8（8），98-100.

[79] 张翼英. 物联网典型应用案例 [M]. 北京：中国水利水电出版社，2016.

[80] 刘龙强. "穿戴式医疗电子与健康云"企业联合研发创新中心关于健康服务业方面所做的工作. 江苏省发展和改革委员会，2014.

[81] 曾照芳，安琳. 人工智能技术在临床医疗诊断中的应用及发展 [J]. 分子诊断与治疗杂志，2007，000（005）：22-25.

[82] 周燕玲，王羡欠. 浅议疾病智能诊断系统的研究 [J]. 硅谷，2009，02（2）：22.

[83] 医疗人工智能十大产品发展分析，EO Intelligence.

[84] SHALOM L. Deep Learning and Linguistic Representation[M]. Boca Raton: CRC Press, 2020.

[85] GAURAV J, VIVEK K, RAGHAVENDRA R. AI and Deep Learning in Biometric Security:Trends,Potential,and Challenges[M]. Boca Raton: CRC Press, 2020.

[86] KRISHNA K S, AKANSHA S, JENN W L, et al. Deep Learning and IoT in Healthcare Systems: Paradigms and Applications [M]. Pittsburgh: Apple Academic Press, 2020.

[87] RUPASHI K. Overview of Data Mining[J]. Journal of Trend in Scientific Research and Development, 2020,4(4):1-4.

[88] ZHOU Z H. A Brief Introduction to Weakly Supervised Learning[J]. National Science Review, 2017(1):1.

[89] FERN X. Reinforcement Learning. Course in CS 434: Machine Learning and Data Mining. https://eecs.oregonstate.edu/people/fern-xiaoli.

[90] PAN S J, YANG Q. A Survey on Transfer Learning[J]. IEEE Transactions on Knowledge

and Data Engineering, 2010,22(10):1345-1359.

[91] GUTMANN M U, HYVÄRINEN A. Extracting Coactivated Features from Multiple Datasets[C]// Artificial Neural & Machine Learning-icann-international Conference on Artifical Neural Networks. DBLP, 2011.

[92] SHIMIZU S, INAZUMI T, SOGAWA Y, et al. DirectLiNGAM: A Direct Method for Learning A Linear Non-Gaussian Structural Equation Model[J]. Journal of Machine Learning Research, 2011, 12(2):1225-1248.

[93] HYVÄRINEN A. Testing The ICA Mixing Matrix Based on Inter-Subject or Inter-Session Consistency[J]. Neuroimage,2011,58(1):122-136.

[94] Global Artificial Intelligence-based Cybersecurity Market 2018-2022[EB/OL] [2019-12-26]. https://www.businesswire.com/news/home/20180611005807/en/Global-Artificial-Intelligence-based-Cybersecurity-Market-2018-2022-Rising.

[95] VEERAMACHANENI K, ARNALDO I, KORRAPATI V, et al. AI2:Training a Big Data Machine to Defend[C]// 2016 IEEE 2nd International Conference on Big Data Security on Cloud (BigDataSecurity), IEEE International Conference on High Performance and Smart Computing (HPSC) and IEEE International Conference on Intelligent Data and Security (IDS). IEEE, 2016.

[96] FERDOWSI A, SAAD W. Generative Adversarial Networks for Distributed Intrusion Detection in the Internet of Things[EB/OL]. //2019.https://www.researchgate.net/publication/333600668_Generative_Adversarial_Networks_for_Distributed_Intrusion_Detection_in_the_Internet_of_Things.

[97] YE G X,TANG Z Y, FANG D Y, et al. Yet Another Text Captcha Solver:A Generative Adversarial Network Based Approach[C]// the 2018 ACM SIGSAC Conference. ACM, 2018:332-348.

[98] Heybe-Pentest Automation Toolkit[EB/OL]. (2015-08-06) [2019-11-29].https://www.blackhat.com /us-15/arsenal.html#heybe-pentest-automation-toolkit.

[99] Automatic Machine Learning Penetration Test Tool:Deep Exploit [EB/OL]. [2019-9-20]. https://github.com/13o-bbr-bbq/machine_learning_security/blob/master/DeepExploit/doc/BHUSA2018Arsenal_20180802.pdf.

[100] THIES J, MICHAEL Z, STAMMINGER M, et al. Face2Face: Real-Time Face Capture and Reenactment of RGB Videos[C]// IEEE Conference on Computer Vision and Pattern Recognition (CVPR). ACM,2016:2387-2395.

[101] SUWAJANAKORN S, SEITZ S M, KEMELMACHER-SHLIZERMAN I. Synthesizing Obama: Learning Lip Sync from Audio[J]. ACM Transactions on Graphics, 2017,36(4CD):95.1-95.13.

[102] ZHOU H, LIU Y, LIU Z, et al. Talking Face Generation by Adversarially Disentangled Audio-Visual Representation[C]// 2019 AAAI Conference on Artificial Intelligence

(AAAI), 2019.

[103] CHAN C, GINOSAR S,ZHOU T H, et al. Everybody Dance Now[EB/OL].[2019-11-29]. https://arxiv.org/abs/1808.07371.

[104] KIRAT D, JANG J Y, STOECKLIN M P. DeepLocker-Concealing Targeted Attacks with AI Locksmithing [EB/OL].[2019-9-20].https://i.blackhat.com/us-18/Thu-August-9/us-18-Kirat-DeepLocker-Concealing-Targeted-Attacks-with-AI-Locksmithing.pdf.

[105] XU W, QI Y, EVANS D. Automatically evading classifiers[C]// Proceedings of the 2016 Network and Distributed Systems Symposium, 2016:21-24.

[106] LE Q V, RANZATO M, MONGA R, et al. Building High-level Features Using Large Scale Unsupervised Learning[EB/OL].[2019-12-9].https://arxiv.org/abs/1112.6209.

[107] SZEGEDY C, ZAREMBA W, SUTSKEVER I, et al. Intriguing Properties of Neural Networks[C]// International Conference on Learning Representations (ICLR), 2014.

[108] KRIZHEVSKY A, SUTSKEVER I, HINTON G. Imagenet Classification with Deep Convolutional Neural Networks[C]// International Conference on Neural Information Processing Systems, 2012.

[109] KURAKIN A, GOODFELLOW I, BENGIO S. Adversarial Machine Learning At Scale[EB/OL].[2019-12-9].https://arxiv.org/abs/1611.01236.

[110] KURAKIN A, GOODFELLOW I, BENGIO S. Adversarial Examples In The Physical World[C]// International Conference on Learning Representations (ICLR), 2017.

[111] MOOSAVI-DEZFOOLI S, FAWZI A, FROSSARD P. DeepFool: A Simple And Accurate Method To Fool Deep Neural Networks[C]// IEEE Conference on Computer Vision and Pattern Recognition (CVPR),2016.

[112] PAPERNOT N, MCDANIEL P, JHA S, et al. The Limitations of Deep Learning in Adversarial Settings[C]// Proceedings of IEEE European Symposium on Security and Privacy, 2016.

[113] SU J, VARGAS D V, KOUICHI S. One Pixel Attack For Fooling Deep Neural Networks[EB/OL].(2017-10-24)[2019-12-9].https://arxiv.org/abs/1710.08864.

[114] SARKAR S, BANSAL A, MAHBUB U, et al. UPSET and ANGRI:Breaking High Performance Image Classifiers[EB/OL].(2017-7-4) [2019-12-9].https://arxiv.org/abs/1707.01159.

[115] PAPERNOT N, MCDANIEL P, GOODFELLOW I. Transferability In Machine Learning:From Phenomena To Black-Box Attacks Using Adversarial Samples[EB/OL]. (2016-5-24) [2019-12-9]. https://arxiv.org/abs/1605.07277.

[116] DONG Y, LIAO F, PANG T, et al. Boosting Adversarial Attacks With Momentum[C]// Proceedings of the IEEE Conference on Computer Vision and Pattern Recognition (CVPR), 2018.

[117] QUINLAN J R. Induction Of Decision Trees[J]. Machine Learning, 1986,1(1):81-106.

[118] HORCHER G. Woman Says Her Amazon Device Recorded Private Conversation, Sent It Out To Random Contact[EB/OL].(2018-5-25) [2019-10-21].https://www.kiro7.com /news/ local/ woman-says-her -amazon-device- recorded -private-conversation -sent-it- out -to-random-contact/755507974.

[119] ISO/TS 15066:2016Robots And Robotic Devices—Collaborative Robots [EB/OL].(2016-02).[2019-08-27].https://www.iso.org/standard/62996.html.

[120] Asilomar Ai Principles [EB/OL].[2019-09-02].https://futureoflife.org/ai-principles/.

[121] KSE U, CANKAYA I A, YIGIT T. Ethics and Safety in the Future of Artificial Intelligence: Remarkable Issues[EB/OL]. 2018. https://www.researchgate.net/publication/326252493_ Ethics_and_Safety_in_the_Future_of_Artificial_Intelligence_Remarkable_Issues

[122] ARTAL P, BENITO A, TABERNERO J. The Human Eye Is an Example of Robust Optical Design[J]. Journal of Vision. 2006,6(1):1-7.

[123] SCHARSTEIN D, SZELISKI R. A Taxonomy and Evaluation of Dense Two-Frame Stereo Correspondence Algorithms[J]. International Journal of Computer Vision, 2002,47(1-3):7-42.

[124] IAN G, YOSHUA B, AARON C. Deep Learning[M]. Massachusetts: The MIT Press，2016.

[125] RICHARD H, ANDREW Z. Multiple View Geometry in Computer Vision[M]. 2nd ed. Cambridge University Press, 2004.

[126] REED S, AKATA Z, YAN X, et al. Generative Adversarial Text to Image Synthesis[C]// International Conference on Machine Learning (ICML). JMLR.org,2016.

[127] XU T, ZHANG P, HUANG Q, et al. Attngan: Fine-Grained Text to Image Generation with Attentional Generative adversarial networks. 2017.

[128] DAI A, NIENER M, ZOLLHFER M, et al. BundleFusion: Real-Time Globally Consistent 3D Reconstruction Using On-the-Fly Surface Reintegration[J]. ACM Transactions on Graphics, 2016,36(4):1.

[129] LORENSEN W E, CLINE H E. Marching cubes: A High-Resolution 3D Surface Construction Algorithm[J]. ACM SIGGRAPH Computer Graphics, 1987,21(4):163-169.

[130] ZHANG Y, FUNKHOUSER T. Deep Depth Completion of a Single RGB-D Image[C]// 2018 IEEE/CVF Conference on Computer Vision and Pattern Recognition, Salt Lake City, UT, 2018,175-185.

[131] WHITESIDE S P, PETER B D, ELLIOT N P. The Speech Chain: The Physics and Biology of Spoken Language[M], 2nd ed. Worth Publishers, 1993.

[132] DANIEL J. Speech and Language Processing: An Introduction to Natural Language Processing, Computational Linguistics,and Speech Recognition[M]. 北京：人民邮电出版社 , 2010.

[133] CHOMOSKY N. Three Models for the Description of Language[J]. Institute of Radio

Engineers Transactions on Information Theroy, 1956,2:113-124.

[134] BROWN P F, COKE J, PIETRA S A D, et al. A Statistical Approach to Machine Translation[J]. Computational Linguistics. 1990,16(2):79-85.

[135] BROWN P F, PIETRA S A D, PIETRA V J D, et al. Word-sense Disambiguation Using Statistical Methods. In: Proceedings of ACL, 1991a:264-270.

[136] BROWN P F, PIETRA S A D, PIETRA V J D, et al. A Statistical Approach to Sense Disambiguation in Machine Translation[C]// In: Proceedings of the Fourth DARPA Workshop on Speech and Natural Language. Morgan Kaufman Publishers, 1991b:146-151.

[137] BROWN P F, PIETRA S A D, Pietra V J D, et al. An Estimate of an Upper Bound for the Entropy of English[J]. Computational Linguistics, 1992a,18(1):31-40.

[138] BROWN P F, PIETRA V, SOUZA P, et al. Class-Based N-Gram Models Of Natural Language[J]. Computational Linguistics, 1992b,18(4):467-479.

[139] BROWN P F, PIETRA S A D, PIETRA V, et al. The Mathematics of Statistical Machine Translation: Parameter Estimation[J]. Computational Linguistics, 1993,19(2):263-309.

[140] SALTON G, WONG A, YANG C S. A Vector Space Model For Automatic Indexing[J]. Communications of the ACM, 1975,18(11): 613-620.

[141] HINTON G E, OSINDERO S, TEH Y W. A Fast Learning Algorithm For Deep Belief Nets[J]. Neural Computation, 2006,18(7):1527-1554.

[142] SATO S, NAGAO M. Towards Memory-based Translation[C]// Conference on Computational Linguistics. Association for Computational Linguistics, 1990:247-252.

[143] NAGAO M. A Framework of a Mechanical Translation between Japanese and Englishby Analogy Principle[M]. Elsevier Science Publishers, 1984.

[144] SCHELER G. Machine Translation of Aspectual Categories Using Neural Networks[C]// In: Proceedings of KI-94 Work shop, 1994, 18:389-390.

[145] MANNING C D, SCHUTZE H. Foundations of Statistical Natura Language Processing[M]. Massachusetts:The MIT Press, 1999.

[146] STUDER R, BENJAMINS V R, FENSEL D. Knowledge Engineering: Principles and Methods[J]. Data & Knowledge Engineering, 1998,25(1):161-197.

[147] WONG W, LIU W, BENNAMOUN M. Ontology Learning Fromtext: A Look Back And Into The Future[J]. ACM Computing Surveys, 2012,4(4):20123915468506.

[148] JEFFREY C. An Introduction to GNSS[M]. Galgary, AB: NovAtel Inc.,2010.

[149] GEIGER A, LENZ P, URTASUN R. Are we ready for autonomous driving? The KITTI vision benchmark suite[C]// 2012 IEEE Conference on Computer Vision and Pattern Recognition, Providence, RI, 2012, 3354-3361.

[150] FRITSCH J, KÜHNL T, GEIGER A. A New Performance Measure and Evaluation Benchmark For Road Detection Algorithms[C]// 16th International IEEE Conference on Intelligent Transportation Systems (ITSC 2013), 2013,1693-1700.

[151] ZIEGLER J, BENDER P, SCHREIBER M, et al. Making Bertha Drive—An Autonomous Journey on a Historic Route[J]. IEEE Intelligent Transportation Systems Magazine, 2014,6(2):8-20.

[152] MENZE M, GEIGER A. Object Scene Flow For Autonomous Vehicles[C]// 2015 IEEE Conference on Computer Vision and Pattern Recognition(CVPR), Boston, MA, 2015,3061-3070.

[153] DALAL N, TRIGGS B. Histograms Of Oriented Gradients For Human Detection[C]// 2005 IEEE Computer Society Conference on Computer Vision and Pattern Recognition (CVPR'05), San Diego, CA, USA, 2005,1:886-893.

随手笔记